Karl Bosch

Lotto und andere Zufälle

Karl Bosch

Lotto und andere Zufälle

Wie man die Gewinnquoten erhöht

ISBN-13: 978-3-322-85002-7   e-ISBN-13: 978-3-322-85001-0
DOI: 10.1007/978-3-322-85001-0

Vorwort

Beim Lotto am Samstag, dem 11. Juni 1994 gewann ein junger Mann aus Freiburg mit einem Einsatz von 12,50 DM über 3,5 Millionen DM. Die Gewinnreihe lautete: 13, 20, 26, 42, 44, 45. Der Mann war immer vom großen Lottogewinn überzeugt und wurde deshalb von seinen Freunden belächelt. Schon mit einem geringen Einsatz ist im Lotto ein Millionengewinn möglich. Daher geben sehr viele Personen Woche für Woche ihre Tippzettel ab, in der Hoffnung, damit einmal einen größeren Gewinn zu erzielen. Am Samstag, dem 25. Juni 1994 betrug der Gesamteinsatz 116,4 Millionen DM, beim vorangehenden Mittwochslotto waren es 23,2 Millionen DM. Hinzu kommen noch Bearbeitungsgebühren.

Im Sommer 1994 brach in Deutschland das Lotto-Fieber aus. Bei der Ziehung am Samstag, dem 27. August 1994 gab es zum achten Mal hintereinander keinen Sechser mit Superzahl. Die für die Gewinnklasse I (sechs Richtige mit Superzahl) zur Verfügung stehenden Ausschüttungssummen wurden jeweils im Jackpot angesammelt. Nach der Ziehung am 27.8. kletterte er auf über 28,5 Millionen DM an. Der Gesamteinsatz betrug an diesem Samstag über 290 Millionen DM. Bei der nächsten Ziehung am 3. September kommen vermutlich noch mehr als 6 Millionen DM hinzu, so daß im ersten Rang etwa 35 Millionen DM zur Ausschüttung vorhanden sein dürften. Zum Zeitpunkt der Drucklegung dieses Buches ist noch nicht bekannt, zu welchem Zeitpunkt der Jackpot „geknackt" wird. Die Chance, daß dies am 3. September geschieht, liegt bei einem Gesamteinsatz von 290 Millionen DM bei etwa 80 Prozent. Sie, verehrte Leserin und verehrter Leser, werden das „Ende des Jackpots" sicherlich genau verfolgt haben.

Viele Spieler suchen krampfhaft nach einer Möglichkeit, mit der sie vielleicht ihre Gewinnchance vergrößern können. Manche tippen Zahlen, die schon längere Zeit nicht mehr ausgespielt wurden, andere spielen Systeme oder schließen sich einer Tippgemeinschaft an. Sehr viele Personen ermitteln die Reihen aus ihren Geburtsdaten oder wählen Reihen, die auf dem Lotto-Zettel Muster ergeben. Andere suchen Tippreihen, die ihrer Meinung nach von den Mitspielern kaum getippt werden und daher im Falle eines Gewinnes hohe Quoten versprechen. Wenn dann jemand gewinnt, führt er dies in der Regel auf seine „geniale Tippidee" zurück. Dabei muß allerdings die Frage gestellt werden, ob der Gewinn nicht einzig und allein auf den Zufall zurückgeführt werden kann.

Wir werden in Kapitel 17 zeigen, daß ein „Spiel gegen den Zufall" praktisch aussichtslos ist. In Kapitel 18 werden über 6,8 Millionen Tippreihen ausgewertet, die an einem bestimmten Samstag des Jahres 1993 in Baden-Württemberg tatsächlich abgegeben wurden. Darin soll das Tippverhalten analysiert werden. Wir werden feststellen, daß Mustertips und Reihen mit vielen Geburtstagszahlen bei den Spielern sehr beliebt sind. Dort werden auch die bei den Spielern beliebten und unbelieben Zahlen angegeben. In Tabellen werden schließlich die beliebtesten Tippreihen zusammengestellt, bei denen die Quoten für einen Sechser deutlich unter 2 000 DM liegen dürften. Bei der mit Abstand beliebtesten Reihe 7, 13, 19, 25, 31, 37 würde es für einen Sechser kaum 200 DM geben. Hier handelt es sich um die Diagonalreihe von rechts oben nach links unten.

In den ersten 16 Abschnitten beschäftigen wir uns allgemein mit Problemen der Wahrscheinlichkeitsrechnung und Statistik. Diese sollen im wesentlichen anhand von Beispielen anschaulich dargestellt und gelöst werden. Viele dieser Beispiele stammen aus dem Bereich der Glücksspiele, aus dem täglichen Leben oder aus aktuellen Fernsehsendungen. Beispiele dafür sind: Gewinnchancen und Gewinnerwartungen beim Roulette, Skat, Münzwurf, Würfelspiele und Tennis. Wir begründen auch, weshalb die erste Ausspielung der Glücksspirale im Jahre 1971 nicht ganz korrekt war. Für das bekannte „Drei-Türen- oder Ziegenproblem" werden zwei verschiedene Lösungswege angegeben. Ferner beschäftigen wir uns mit dem Altersaufbau und der Lebenserwartung.

Allgemein soll klargestellt werden, welche statistischen Aussagen in einem konkreten Fall gemacht werden können. Dabei werden oft naheliegende Vermutungen widerlegt.

VI

Wir zeigen, wie ein Datenmaterial graphisch korrekt dargestellt werden kann, und welche Mittelwerte zur Charakterisierung der Daten geeignet sind.

Im Kapitel 16 „Über die statistische Lüge" wird vor falschen Datendarstellungen und Aussagen gewarnt. Dort wird auch gezeigt, wie man z. B. einem Bäcker nachweisen kann, daß er vor einer Kontrolle die Brötchen mit einem zu leichten Gewicht aussortiert hat.

Stuttgart-Hohenheim, den 30. August 1994　　　　　　　*Karl Bosch*

Die Entwicklung des Lottos

Das Zahlenlotto soll seinen Ursprung in Italien haben. Im 16. Jahrhundert wurden in Genua jeweils fünf Mitglieder des Großen Rates aus 90 Kandidaten zufällig ausgewählt. Dazu wurde der Name eines jeden Kandidaten auf einen Zettel geschrieben. Die 90 Zettel wurden in einen Topf gelegt, daraus wurden dann fünf Stück zufällig gezogen. Die erste Ziehung dieses sogenannten „Lotto di Genova" wurde im Jahre 1519 öffentlich durchgeführt.

Später wurden die Namen durch die Zahlen 1 bis 90 ersetzt. Damit war das Zahlenlotto geboren. In Italien werden im Zahlenlotto heute noch 5 aus 90 Zahlen gezogen.

In Deutschland fand das Zahlenlotto erstmals im Jahre 1707 in Schöppenstedt, einem Städtchen in Niedersachsen statt. Friedrich der Große führte im Jahre 1763 in Preußen das Zahlenlotto als Glücksspiel ein.

Das jetzige Zahlenlotto mit 6 aus 49 Kugeln wurde zum ersten Mal am 9. Oktober 1955 in Hamburg durchgeführt. Dabei nahmen die Länder Hamburg, Nordrhein-Westfalen und Schleswig-Holstein als „Nordwest-Lotto" sowie Bayern als „Süd-Lotto" gemeinsam teil. Bei dieser ersten Ausspielung kostete der Einsatz für eine Reihe 0,50 DM. Dabei wurden nur 145 565 DM eingesetzt. Beim Lotto am Samstag wurde der Einsatz später auf 1 DM erhöht, im Jahre 1994 beträgt der Einsatz 1,25 DM. Die Gesamteinsätze pro Spieltag liegen inzwischen über 100 Millionen DM.

Inzwischen wurde auch das Lotto am Mittwoch eingeführt. Hier nimmt jede Tippreihe bei einem Einsatz von 1 DM gleichzeitig an den beiden Ziehungen teil.

Inhaltsverzeichnis

Kapitel 1
Einleitung

In einer Fernsehsendung am 28.1.1993 trat ein jüngerer Mann auf, der
fest davon überzeugt war, daß die Medizin in spätestens 500 Jahren
den Tod „besiegen" würde. Aus diesem Grund wollte er sich nach seinem Tod einfrieren lassen, damit die Ärzte ihn dann zu gegebener Zeit
zum „ewigen irdischen Leben" auferwecken könnten. Auf die Frage der
Moderatorin, wie groß er denn die Wahrscheinlichkeit einschätze, daß
es nach spätestens 500 Jahren tatsächlich kein Sterben mehr gebe, antwortete er: „zu 60 Prozent". Ich persönlich würde diesem Ereignis die
Chance (Wahrscheinlichkeit) Null geben, weil ich fest davon überzeugt
bin, daß der irdische Tod nie und nimmer besiegt werden kann. Eine andere Person schätzt z. B. die Wahrscheinlichkeit dafür, daß die Medizin
in spätestens 500 Jahren den „Tod besiegt" hat, mit 1 Prozent ein. Durch
die Angabe einer so kleinen Wahrscheinlichkeit bringt diese Person zum
Ausdruck, daß sie nicht daran glaubt. Einen Irrtum schließt sie aber auch
nicht völlig aus. Bei dieser Diskussion werden die Wahrscheinlichkeiten bzw. Chancen von den einzelnen Personen verschieden angegeben.
Weitere Beispiele, in denen ein subjektiver Wahrscheinlichkeitsbegriff
benutzt wird, sind:
„Wahrscheinlich wird im nächsten Jahr die Arbeitslosenquote zurückge-
hen."
„Mit sehr großer Wahrscheinlichkeit wird sich während der nächsten
fünf Jahre die Anzahl der AIDS-infizierten Personen mindestens verdoppeln."
„Mit an Sicherheit grenzender Wahrscheinlichkeit wird das Verkehrsun-
fallopfer K. seine Verletzungen überleben."
„Bei der nächsten Wahl wird die Partei A kaum die 5-Prozent-Hürde
schaffen."

„Der faule Student Fritz wird die bevorstehende Prüfung mit großer Wahrscheinlichkeit nicht bestehen."

Bei solchen Redewendungen werden die Begriffe „wahrscheinlich", „sehr wahrscheinlich", „mit an Sicherheit grenzender Wahrscheinlichkeit" oder „unwahrscheinlich" benutzt, um in verschiedenen Abstufungen zum Ausdruck zu bringen, wie stark man vom Ein- bzw. Nichteintreten des entsprechenden Ereignisses überzeugt ist. Andere Personen würden die entsprechenden Chancen größer oder kleiner einschätzen. Daher handelt es sich bei diesem Wahrscheinlichkeitsbegriff um eine **personenabhängige, subjektive Wahrscheinlichkeit**, die in keiner Weise meßbar oder nachvollziehbar ist.

Aufgrund verschiedener Überlegungen und Berechnungen werden einzelne Wissenschaftler die Wahrscheinlichkeit für einen Kernreaktorunfall während einer bestimmten Zeitspanne verschieden groß angeben. Daher handelt es sich auch hier um eine subjektive Wahrscheinlichkeit.

Allgemein kann eine solche subjektive Wahrscheinlichkeit als personenabhängiger Grad des persönlichen Überzeugtseins vom Eintreten bzw. Nichteintreten des entsprechenden Ereignisses interpretiert werden. Je mehr man an das Eintreten des Ereignisses glaubt, desto größer ist die subjektive Wahrscheinlichkeit. Die höchste Stufe ist das völlige Überzeugtsein vom Eintreten. In diesem Fall geht man vom sicheren Eintreten aus. Die Wahrscheinlichkeit ist dann 100 Prozent oder gleich 1. Bei der niedrigsten Stufe hält man das Eintreten für unmöglich. Hier setzt man die Wahrscheinlichkeit gleich 0. Bei einer subjektiven Chance von 1:1 wird die größte Unsicherheit zugelassen. Dann hält man es für gleichwahrscheinlich, ob das Ereignis oder das Gegenteil davon eintreffen wird. Die Wahrscheinlichkeit ist dann 50 Prozent oder 0,5. Dies ist z. B. beim Werfen einer Münze der Fall. Beiden Versuchsergebnissen Wappen und Zahl wird die gleiche Chance eingeräumt.

Mit dem subjektiven Wahrscheinlichkeitsbegriff kann man nicht viel anfangen, da er sehr stark personenabhängig ist. Für jede Person würde man eine andere Wahrscheinlichkeit erhalten.

In der Wahrscheinlichkeitsrechnung und Statistik möchte man jedoch einen personenunabhängigen, allgemein gültigen, also einen objektiven Wahrscheinlichkeitsbegriff verwenden. Dieser objektive Wahrscheinlichkeitsbegriff spielt vor allem bei beliebig oft wiederholbaren Zufallsexperimenten eine wichtige Rolle, wie z. B. bei Glücksspielen. Die Gewichte der von einer Maschine abgepackten Zucker- oder Salzpakete hängen ebenfalls vom Zufall ab, da es kaum möglich sein dürfte, Maschinen so zu konstruieren, daß sie die vorgegebene Menge exakt abfüllen. Das gleiche gilt für die Füllmenge von Bier-, Wein-, Essig- oder Ölflaschen.

Die **objektive (statistische) Wahrscheinlichkeit** eines Ereignisses dient als Schätzwert für die Häufigkeit des entsprechenden Ereignisses in einer langen Versuchsserie. Ereignisse mit einer großen Wahrscheinlichkeit werden im allgemeinen oft, Ereignisse mit einer kleinen Wahrscheinlichkeit dagegen selten eintreten. Bei einem Ereignis, welches die Wahrscheinlichkeit 0,25 besitzt, kann man erwarten, daß es auf Dauer in ungefähr 25 Prozent der Versuche eintreten wird.

Beim Lotto meinen viele Teilnehmer, Reihen entdeckt zu haben, deren Chancen größer sind als die anderer Reihen. Sie hoffen, damit möglichst schnell einen Sechser zu erzielen. Oft werden in Inseraten „todsichere Systeme" gegen Geld angeboten, mit denen die Gewinnchance angeblich viel größer ist als mit anderen Tippreihen. So ist in einem Werbeprospekt wörtlich zu lesen: „Nutzen Sie den mathematischen Vorteil. Wie Sie wissen, gibt es 13,9 Millionen Möglichkeiten, 6 Kreuzchen auf dem Lottoschein zu machen. Ein 49-Zahlen-System müßte also alle diese Kombinationen beinhalten. Decken wir jedoch nur 36 der 49 Zahlen ab, verringern sich die Möglichkeiten automatisch um 12 Millionen! Und das System muß „nur" noch aus 1,9 Millionen Kombinationen erstellt werden. Mit diesem mathematischen Vorteil profitieren Sie von enorm hohen Trefferquoten. Wenn Sie Ihre Chance noch steigern wollen, dann decken Sie mit 3 Systemen, also 21 DM Wocheneinsatz, alle 49 Zahlen optimal ab."

Sind die Chancen bei dieser Tippgemeinschaft tatsächlich größer, oder handelt es sich bei diesem Werbetext um einen reinen Bluff? Folgende Feststellung dürfte auch Sie - verehrte Leserin und verehrter Leser - skeptisch machen: Wenn jemand tatsächlich im Besitze eines absolut sicheren Systems wäre, so würde er dieses doch vermutlich nicht weiterverkaufen, sondern selbst damit spielen. In Abschnitt 17.5.7 werden wir zeigen, daß die in dem Werbeprospekt aufgestellte Behauptung nicht richtig ist.

1994 gewann in Süddeutschland ein Mann mehr als 10 Millionen DM im Lotto. Auf dem Sterbebett sagte Jahre vorher sein Vater zu ihm: „Mein Sohn, ich kann Dir leider keine Reichtümer hinterlassen, dafür gebe ich Dir eine Tippreihe. Spiele regelmäßig damit, und Du wirst einmal sehr reich werden". Woche für Woche gab der Sohn diese Tippreihe ab. Nach ungefähr 10 Jahren wurde sie gezogen und der Sohn wurde damit sehr reich. Hat dieser Vater tatsächlich eine besondere „Eingebung" gehabt oder ist der Gewinn einzig und allein auf den Zufall zurückzuführen?

Anfang der 90er Jahre setzte ein Bankdirektor ihm anvertraute Kundengelder im Lotto ein. Er hielt offensichtlich die Gewinnchancen im Lotto für größer als bei einer anderen Kapitalanlage. Wie zu erwarten, waren nach einiger Zeit die Gelder der Kunden verloren, der Bankdirektor wurde wegen Veruntreuung verurteilt.

Bei einem Besuch in einem Spielcasino kann man immer wieder Personen beobachten, die sämtliche ausgespielten Zahlen sorgfältig aufschreiben und damit ein „System" entwickeln, mit dem sie angeblich sehr hohe Gewinnchancen besitzen. Falls jemand mit einem solchen System tatsächlich einmal größere Gewinne erzielen oder sogar die Spielbank „sprengen" sollte, würde er dies bestimmt auf sein „geniales System" zurückführen. In einem solchen Fall taucht sofort die Frage auf: „Hat diese Person nicht einfach Glück gehabt, so daß dieser hohe Gewinn auf den Zufall zurückgeführt werden kann?" Doch meistens führen auch die entdeckten „Systeme" nicht zum gewünschten Erfolg. Dann bleibt nur noch die Hoffnung auf die Zukunft.

Das Drei-Türen- oder Ziegenproblem

Im August 1991 wurde in der Zeitschrift „Der Spiegel" als Reaktion auf die vorangegangene Diskussion in der Wochenzeitung „Die Zeit" folgendes Problem aufgenommen und in Leserzuschriften kommentiert: In einem Quiz darf eine Person eine von drei verschlossenen Türen auswählen. Hinter einer Tür ist als Preis ein Auto, hinter den beiden anderen Türen befindet sich jeweils ein kleiner Trostpreis. Manchmal ist der Trostpreis eine Ziege. Daher spricht man auch vom Ziegenproblem. Der Spielleiter weiß, hinter welcher der drei Türen sich das Auto befindet. Er läßt eine der vom Kandidaten nicht ausgewählten Türen öffnen, hinter der sich das Auto nicht befindet, und fragt den Kandidaten: „Bleiben Sie bei ihrer Entscheidung oder wollen Sie zu der anderen nicht geöffneten Tür wechseln?"

Wie soll sich die Kandidatin oder der Kandidat verhalten? Soll die erste Entscheidung beibehalten werden oder wird durch einen Wechsel auf die andere Tür die Chance auf das Auto vergrößert? Dieses Problem werden wir später lösen. Die Lösung möchte ich allerdings schon an dieser Stelle verraten: Ein Wechsel lohnt sich, denn dadurch wird die Gewinnchance verdoppelt.

Wahlhochrechung

Vor einer Bundes- oder Landtagswahl werden von Meinungsforschungsinstituten Wahlprognosen für die einzelnen Parteien abgegeben. Bereits kurz nach Schließung der Wahllokale werden am Wahlabend die ersten Hochrechnungen im Fernsehen bekanntgegeben. Dazu werden bestimmte Stimmbezirke ausgewählt, die als repräsentativ gelten. In diesen Bezirken werden die Wahlergebnisse sehr schnell ausgewertet und in der Hochrechnung als Prognose benutzt. Zur Erstellung einer solchen Hochrechnung benötigt man statistische Methoden.

Kapitel 2
Zufallsexperimente

2.1 Münzwurf

Nach dem Werfen einer Münze bleibt diese praktisch immer auf einer Seite liegen. Daß sie senkrecht stehen bleibt, ist zwar prinzipiell möglich, dies wird in der Praxis jedoch kaum vorkommen. In einem solchen Fall sollte der Münzwurf wiederholt werden. Dann ist die oben liegende Seite entweder Wappen oder Zahl. Man sagt dafür auch, Wappen bzw. Zahl sei eingetreten. Beim „Werfen einer Münze" gibt es also die beiden möglichen Versuchsausgänge Wappen und Zahl. Welcher davon eintritt, kann vor dem Wurf nicht mit absoluter Sicherheit vorausgesagt werden. Trotzdem kann man durch Zufall das Ergebnis richtig prognostizieren.

Bild 2.1
Münzwurf

Bei einer nichtverbogenen Münze wird auf Dauer in ungefähr der Hälfte der Fälle Wappen, in der anderen Hälfte Zahl geworfen werden. Beide Symbole besitzen dann bei einem Einzelwurf die Chance 1 zu 1. Dafür sagt man auch, die Wahrscheinlichkeit für Wappen bzw. Zahl ist 1/2. Falls die Münze jedoch verbogen ist, wird eine Seite bevorzugt auftreten. Diese besitzt dann eine größere Wahrscheinlichkeit, die nicht ohne weiteres angegeben werden kann. Bei einer verbogenen Münze sollte man immer auf das Symbol mit der größeren Wahrscheinlichkeit setzen. Wenn man die Wahrscheinlichkeiten nicht kennt, kann man sie schätzen. Dazu wird die Münze sehr oft geworfen. Das Symbol, welches am häufigsten vorkommt, dürfte dann auch die größere Wahrscheinlichkeit haben.

2.2 Roulette

Beim Roulette wird eine der 37 Zahlen 0,1,2,...,35,36 ausgespielt. Die Ergebnismenge besteht also aus 37 Zahlen. Ein Spieler setzt auf eine oder gleichzeitig auf mehrere dieser Zahlen und hofft, daß eine davon auch tatsächlich ausgespielt wird.

Bild 2.2 Roulette

2.3 Mensch ärgere Dich nicht

Beim Spiel „Mensch ärgere Dich nicht" darf ein Spieler erst dann starten, wenn er eine Sechs geworfen hat. Wir interessieren uns für die Anzahl der Würfe, die bis zum Start benötigt werden. Diese Anzahl hängt vom Zufall ab. Sie kann unter Umständen sehr groß sein.

2.4 Gewichte

Auch bei noch so guten Abfüllanlagen ist es kaum möglich, daß eine vorgegebene Füllmenge exakt eingehalten wird. Bei einer Tüte Zucker mit der Aufschrift „Inhalt 1 kg" wird das tatsächliche Gewicht vom Idealgewicht 1 kg etwas abweichen. Aus der Produktionsmenge wird ein Paket zufällig ausgewählt und gewogen. Das Ergebnis dieses Zufallsexperiments ist das festgestellte Gewicht, wobei das Ergebnis gerundet wird. Die Versuchsergebnisse liegen hier in einem ganzen Zahlenbereich um den Idealwert 1 000 g. Damit der Hersteller keiner Falschangabe überführt werden kann, sollten die meisten der Pakete auch tatsächlich ein Gewicht von mindestens 1000 g haben. Aus diesem Grund wäre die Aufschrift „Mindestgewicht 1 kg" besser.

2.5 Lebensdauer von Geräten

Niemand weiß, wann seine Kaffeemaschine oder der Kühlschrank ausfällt. Genausowenig ist bekannt, welche Kilometerleistung der Motor eines Autos bringt. Die Lebensdauer der verschiedenen Maschinen eines bestimmten Typs ist verschieden lang und streut in einem bestimmten Bereich. Dafür benutzt man auch die Redeweise „die Lebensdauer hängt vom Zufall ab".

2.6 Lotto (6 aus 49)

Beim Zahlenlotto werden aus 49 Zahlen sechs gezogen, wobei die Reihenfolge, in der die einzelnen Zahlen ausgespielt werden, keine Rolle spielt. Das Ergebnis der Ziehung besteht aus 6 verschiedenen Zahlen, z. B. 4 8 11 17 19 37. Zusätzlich wird noch eine Zusatzzahl und am Samstag auch noch eine Superzahl gezogen. Jeder Spieler hofft natürlich, daß eine seiner getippten Reihen die Gewinnreihe ist. Mit Hilfe kombinatorischer Methoden ist es möglich, die Anzahl aller Tippreihen zu berechnen.

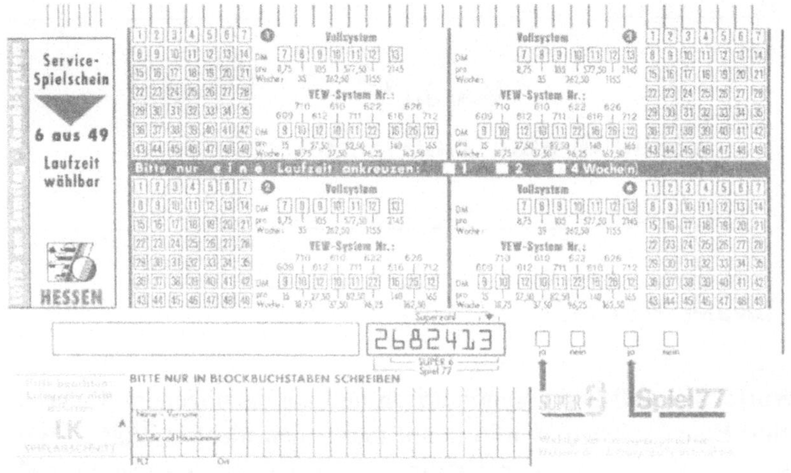

Bild 2.3 Lotto

Sie beträgt genau 13 983 816. Wir werden die Berechnung in Abschnitt 5.2 durchführen. Insgesamt gibt es also fast 14 Millionen verschiedene Tippmöglichkeiten. Mit dieser großen Anzahl dürfte deutlich werden, wie gering die Chance ist, mit einer einzigen Tippreihe einen Sechser zu erzielen. Sie ist ungefähr 1 zu 14 Millionen. Je mehr Tippreihen jemand abgibt, um so größer wird selbstverständlich die Chance auf einen Sechser.

2.7 Dreifacher Münzwurf

Falls eine Münze dreimal geworfen wird, erhält man als Versuchsergebnis der Reihe nach drei Symbole. Beispielsweise bedeutet WZW: Beim ersten Wurf wird Wappen, beim zweiten Zahl und beim dritten wieder Wappen geworfen.

Kapitel 3
Absolute und relative Häufigkeiten

3.1 Idealer Würfel

Ein Würfel sei vollständig symmetrisch und aus homogenem Material gefertigt. Einen solchen Würfel nennt man einen idealen Würfel. Wir werfen ihn 100mal, ohne dabei zu mogeln. Dann ist zu erwarten, daß die Häufigkeiten der einzelnen Augenzahlen in der Nähe von 100/6, also in der Nähe von 16 liegen werden. Dabei können mehr oder weniger große Abweichungen auftreten, die auf den Zufall zurückgeführt werden. In Tabelle 3.1 ist in einer **Strichliste** (2. Spalte) das Ergebnis der Serie zusammengestellt. Für jede geworfene Augenzahl wird an der entsprechenden Stelle ein senkrechter Strich eingetragen. Der Übersicht halber werden jeweils fünf Striche zu einem Block zusammengefaßt.

Tabelle 3.1 Strichliste und Häufigkeitstabelle

Augenzahl	Strichliste	absolute Häufigkeit	relative Häufigkeit
1	‖‖‖ ‖‖‖ ‖‖‖ ‖‖	17	0,17
2	‖‖‖ ‖‖‖ ‖‖‖	15	0,15
3	‖‖‖ ‖‖‖ ‖‖‖‖‖‖	19	0,19
4	‖‖‖ ‖‖‖ ‖‖‖‖	14	0,14
5	‖‖‖ ‖‖‖ ‖‖‖‖	16	0,16
6	‖‖‖ ‖‖‖ ‖‖‖ ‖‖‖‖	19	0,19
Summen	100	100	1,00

Die Augenzahl 1 ist 17mal, also bei 17 Würfen erschienen. Diese Zahl nennt man die **absolute Häufigkeit** der Augenzahl 1. In der dritten Spalte

10

sind die absoluten Häufigkeiten aller Augenzahlen zusammengestellt. Ihre Summe ist gleich 100.

Die absolute Häufigkeit allein sagt nicht viel aus. Eine absolute Häufigkeit 25 kann groß, aber auch sehr klein sein. Bei insgesamt 30 Versuchen ist die Häufigkeit 25 sehr groß, bei einem Versuchsumfang 10 000 jedoch winzig klein. Aus diesem Grund setzen wir die absolute Häufigkeit in Relation zum Versuchsumfang. Dazu dividieren wir sie durch den Versuchsumfang. Den so erhaltenen Bruch nennt man die **relative Häufigkeit**. Die relativen Häufigkeiten der einzelnen Augenzahlen sind in der letzten Spalte zusammengestellt. Die relative Häufigkeit der Augenzahl 6 ist z. B. 0,19. In 19 Prozent der Würfe wurde eine 6 geworfen. Man sagt auch „Der relative Anteil der Augenzahl 6 beträgt 0,19". Alle sechs relativen Häufigkeiten zusammen haben die Summe Eins. Multiplikation der relativen Häufigkeit mit 100 ergibt die **prozentuale Häufigkeit**, also den prozentualen Anteil.

Bei einem idealen Würfel ist zu erwarten, daß auf Dauer alle sechs Augenzahlen ungefähr gleich oft geworfen werden. Daher hat jede Augenzahl die gleiche Chance von 1 zu 6. Man sagt auch: „Jede Augenzahl besitzt die gleiche Wahrscheinlichkeit 1/6". In unserem Beispiel liegen alle sechs relativen Häufigkeiten in der Nähe von 1/6. Die feststellbaren geringen Abweichungen können auf den Zufall zurückgeführt werden. Falls wir den Würfel noch öfter werfen, etwa 1 000- oder gar 10 000mal, würden aufgrund des „Gesetzes der großen Zahlen" vermutlich alle sechs relativen Häufigkeiten sehr nahe bei 1/6 liegen. Die Ergebnisse sollen nun graphisch dargestellt werden.

3.2 Stabdiagramm

Im sogenannten Stabdiagramm (s. Bild 3.1 a)) werden über den einzelnen Augenzahlen senkrecht nach oben Stäbe abgetragen, deren Längen die absoluten bzw. relativen Häufigkeiten sind. Das Stabdiagramm für die relativen Häufigkeiten hat den Vorteil, daß man bei jeder Versuchsserie unabhängig vom Versuchsumfang den gleichen Maßstab benutzen kann, da hier alle Stäbe zusammen ja die Länge Eins besitzen. Dagegen werden im Stabdiagramm für die absoluten Häufigkeiten die Stäbe mit wachsendem Versuchsumfang länger. Dann müssen laufend Maßstabsänderungen vorgenommen werden.

3.3 Histogramm

In einem Histogramm (s. Bild 3.1 b)) werden über den einzelnen Augenzahlen Rechtecke gezeichnet. Jedes Rechteck hat die Breite Eins. Als Höhen wählen wir die relativen Häufigkeiten der einzelnen Augenzahlen. Dann ist jede relative Häufigkeit gleich dem Inhalt des zugehörigen Rechtecks. Durch diese Flächenzuordnung liefert das Histogramm einen optisch guten Überblick über die relativen Häufigkeiten.

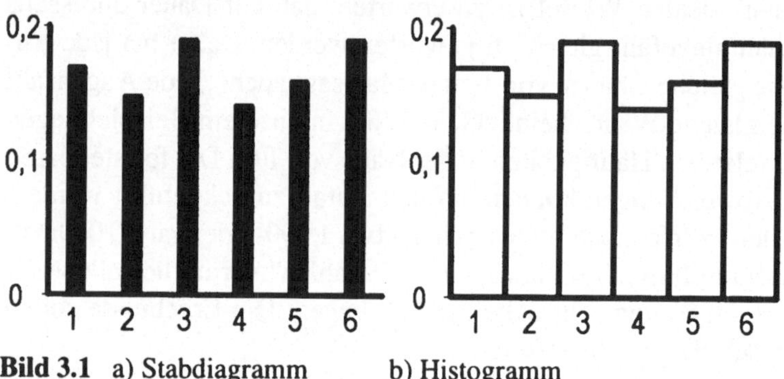

Bild 3.1 a) Stabdiagramm   b) Histogramm

Aus den Häufigkeiten der einzelnen Versuchsergebnisse lassen sich durch Addition die Häufigkeiten beliebiger Ereignisse berechnen. Das Ereignis „gerade Augenzahl" ist eingetreten, wenn eine 2, 4 oder 6 geworfen wurde. Zur Berechnung der relativen Häufigkeit dieses Ereignisses müssen die relativen Häufigkeiten der Augenzahlen 2, 4 und 6 addiert werden. Die geraden Augenzahlen besitzen die relative Häufigkeit $0,15 + 0,14 + 0,19 = 0,48$. Bei den restlichen Versuchen wurde eine ungerade Augenzahl geworfen. Die ungeraden Augenzahlen 1, 3 und 5 besitzen daher die relative Häufigkeit $1 - 0,48 = 0,52$.

3.4 Verfälschter Würfel

Bei einem Würfel besteht der Verdacht, daß er verfälscht ist. Um dies
zu überprüfen, wird mit dem Würfel 1 000mal geworfen. Die absoluten
und relativen Häufigkeiten der sechs Augenzahlen sind in Tabelle 3.2
zusammengestellt.

Augenzahl	absolute Häufigkeit	relative Häufigkeit
1	118	0,118
2	135	0,135
3	142	0,142
4	149	0,149
5	139	0,139
6	317	0,317
Summen	1 000	1,00

Tabelle 3.2
Absolute und relative Häufigkeiten

Bei einem idealen Würfel kann man erwarten, daß die relativen Häufigkeiten um den Idealwert 1/6 schwanken. Dies ist hier nicht mehr der
Fall. Die Augenzahl 6 ist sehr oft, die 1 dagegen selten geworfen worden. Die relative Häufigkeit der Augenzahl 6 überschreitet mit 0,317 den
Idealwert 1/6 so deutlich, daß damit stastistisch die Verfälschtheit des
Würfels nachgewiesen sein dürfte. Dabei wurde der Würfel so verfälscht,
daß die Augenzahl 6 fast doppelt so oft geworfen wird wie bei einem
unverfälschten Würfel.

Kapitel 4
Berechnung von Wahrscheinlichkeiten

4.1 Wahrscheinlichkeit einer Knabengeburt

In einem Gespräch erwähnte ich einmal beiläufig, daß auf Dauer wesentlich mehr Knaben als Mädchen geboren werden. Sofort meldete sich Herr Gscheidle und sagte, das könne doch wohl nicht sein, denn die Wahrscheinlichkeit für eine Knabengeburt sei genausogroß wie die einer Mädchengeburt, nämlich 1/2. Daher müßten auf Dauer ungefähr gleich viele Knaben wie Mädchen geboren werden. Den Hinweis, meine Behauptung sei statistisch einwandfrei nachgewiesen, ließ er nicht gelten. Als Argument brachte er vor, für das Geschlecht gäbe es doch nur zwei Möglichkeiten, nämlich Knabe oder Mädchen. Daher müßte jede dieser beiden Möglichkeiten auch die gleiche Wahrscheinlichkeit haben. Daraufhin holte ich das *Statistische Jahrbuch 1990 für die Bundesrepublik Deutschland* (alte Bundesländer). Danach waren im Jahre 1989 unter 681 537 Lebendgeborenen 349 179 männlich und 332 358 weiblich. 1989 gab es also deutlich mehr Knaben- als Mädchengeburten. Dieses Ergebnis hatte Herrn Gscheidle noch nicht überzeugt. Er führte es auf den Zufall zurück.

Im *Statistischen Jahrbuch* sind die Geburtenquoten für 15 Jahre zusammengestellt. Falls Knaben- und Mädchengeburten gleichwahrscheinlich wären, dürften aufgrund des Zufalls nur in etwa der Hälfte der Fälle die Knabengeburten überwiegen. Herr Gscheidle meinte auch, in ungefähr der Hälfte der Jahre würden mehr Knaben als Mädchen geboren, in der anderen Hälfte sei es umgekehrt. Ich fragte ihn, ob er meine Behauptung als bestätigt ansehe, wenn in mindestens 13 der 15 Jahre die Knabengeburten überwiegen würden. „Selbstverständlich" war seine Antwort. Die Geburtenraten sind in der Tabelle 4.1 zusammengestellt. Dabei gab es in sämtlichen 15 Jahren deutlich mehr Knaben- als Mädchengeburten. Damit war auch Herr Gscheidle überzeugt.

Tabelle 4.1 Geburtenhäufigkeiten (Quelle: Statistisches Jahrbuch 1990)

Jahr	Lebend-geborene	männlich	weiblich	rel. Häufigkeit der Knabengeb.
1950	812 835	420 944	391 891	0,51787
1955	820 128	423 235	396 893	0,51606
1960	968 629	498 182	470 447	0,51432
1965	1 044 328	536 930	507 398	0,51414
1970	810 808	416 321	394 487	0,51346
1975	600 512	309 135	291 337	0,51479
1980	620 657	318 480	302 177	0,51313
1982	621 173	319 293	301 960	0,51389
1983	594 177	305 255	288 922	0,51374
1984	584 157	300 120	284 037	0,51377
1985	586 155	300 053	286 102	0,51190
1986	625 963	321 184	304 779	0,51310
1987	642 010	330 659	311 351	0,51504
1988	677 259	348 138	329 121	0,51404
1989	681 537	349 179	332 358	0,51234

Die Wahrscheinlichkeit einer Knabengeburt dürfte in der Nähe von 0,515 liegen. Im Durchschnitt gibt es auf 200 Geburten 103 Knaben und 97 Mädchen. Daher entfallen im statistischen Durchschnitt auf 100 Mädchen- ungefähr 106 Knabengeburten.

4.2 Münzwurf

Beim Werfen einer Münze werden die meisten Personen spontan behaupten, sowohl Wappen als auch Zahl besitzen die gleiche Wahrscheinlichkeit, nämlich 1/2. Als Begründung dafür wird üblicherweise angegeben, daß es ja nur zwei Möglichkeiten gibt und daher jede die Wahrscheinlichkeit 1/2 besitzt. Beide Wahrscheinlichkeiten zusammen sind dann gleich Eins. Diese Behauptung kann jedoch nur dann zutreffen, wenn die Münze symmetrisch ist, und die Prägungen auf beiden Seiten ungefähr gleich stark sind. Ferner darf beim Werfen der Münze nicht manipuliert werden. Wird die Münze jedoch verbogen, so sind die beiden Wahrscheinlichkeiten im allgemeinen nicht mehr gleich. Eine der beiden Seiten wird dann bevorzugt auftreten.

4.3 Idealer Würfel

Bei einem aus homogenem Material gefertigten Würfel kann man von der Chancengleichheit aller sechs Augenzahlen ausgehen, allerdings nur dann, wenn die entsprechende Person beim Werfen nicht manipuliert. Dann spricht man von einem idealen Würfel, bei dem jede Augenzahl die gleiche Wahrscheinlichkeit 1/6 besitzt. Dagegen sind bei einem verfälschten Würfel nicht alle Wahrscheinlichkeiten gleich groß. Für das Ereignis „eine gerade Augenzahl wird geworfen" gibt es drei günstige Fälle, nämlich die Augenzahlen 2, 4 oder 6. Da es insgesamt 6 mögliche Fälle gibt, erhält man die Wahrscheinlichkeit für eine gerade Augenzahl in der Form

$$\frac{1}{2} = \frac{3}{6} = \frac{\text{Anzahl der günstigen Fälle}}{\text{Anzahl der möglichen Fälle}} .$$

Für jede einzelne Augenzahl gibt es nur einen günstigen Fall. Damit besitzt jede Augenzahl die Wahrscheinlichkeit 1/6.

Eine Wahrscheinlichkeit darf nur dann nach der Formel

$$\frac{\text{Anzahl der günstigen Fälle}}{\text{Anzahl der möglichen Fälle}}$$

berechnet werden, wenn die folgenden Bedingungen erfüllt sind:

1. Es gibt nur endlich viele verschiedene Versuchsergebnisse.

2. Bei der Durchführung des Zufallsexperimentes darf kein Versuchsergebnis bevorzugt auftreten.

Die erste Bedingung ist bei vielen Zufallsexperimenten erfüllt, auch
beim Werfen eines verfälschten Würfels oder beim Geschlecht eines
neugeborenen Kindes.

Die zweite Bedingung der Chancengleichheit sämtlicher Versuchsergebnisse ist im allgemeinen nicht ohne weiteres erkennbar. Man kann
jedoch in vielen Fällen aufgrund der entsprechenden Konstruktion des
Ziehungsgerätes und der Versuchsdurchführung von dieser Chancengleichheit ausgehen, allerdings nur dann, wenn dabei nicht manipuliert
wird. Ein Falschspieler wird durch Tricks erreichen, daß bestimmte Zahlen öfter auftreten, auch wenn der Würfel noch so homogen und symmetrisch ist. Letztendlich kann die Chancengleichheit sämtlicher Versuchsergebnisse nur mit Hilfe statistischer Methoden nachgeprüft (getestet)
werden.

4.4 Roulette

Im Jahre 1994 nahm ein junger Mann in einem Kindergarten Geiseln.
Er hatte in Spielcasinos sehr viel Geld verloren und war daher hoch
verschuldet. Vor der Freigabe der Geiseln verlangte er, daß ein von ihm
verfaßtes Schreiben im Fernsehen verlesen werden sollte. Darin behauptete er, in manchen Spielcasinos seien die Spielgeräte zuungunsten der
Spieler manipuliert worden.

Beim Roulette wird die Chancengleichheit vermutlich dann gegeben
sein, wenn der Roulette-Teller horizontal gelagert ist, sämtliche 37 Kreis-
ausschnitte für die einzelnen Zahlen gleich groß sind, und der Croupier
die „Kugel korrekt rollen" läßt. Dann wird jede der 37 Zahlen mit Wahrscheinlichkeit 1/37 gezogen.

Ein Spieler setzt auf die erste Querreihe, die aus den Zahlen 1,2,3
besteht. Mit Wahrscheinlichkeit $3/37 \approx 0,08108$ gewinnt er bei einem
Einzelspiel.

Wer auf das erste Dutzend 1,2,3,4,5,6,7,8,9,10,11,12 setzt, gewinnt mit Wahrscheinlichkeit $12/37 \approx 0,32432$. Bei einem Einsatz auf eine einfache Chance, z. B. auf schwarz, rot, pair (gerade) oder impair (ungerade) lautet die Gewinnwahrscheinlichkeit $18/37 \approx 0,48649$.

Falls der Roulette-Teller nicht horizontal gelagert ist oder Manipulationen, z. B. mit Hilfe von Magneten vorgenommen worden sind, ist die Chancengleichheit aller 37 Zahlen verletzt. Dann wird es Zahlen mit einer größeren und solche mit einer kleineren Wahrscheinlichkeit als $1/37$ geben.

4.5 Lotto (6 aus 49)

Bei der Lotto-Ausspielung gibt es nur endlich viele Auswahlmöglichkeiten, nämlich knapp 14 Millionen. Ob die Chancengleichheit aller Zahlen gewährleistet ist, hängt wohl von der Beschaffenheit der Kugeln und des Ziehungsgerätes sowie vom Ausspielungsmodus ab. Falls alle 49 Kugeln vom gleichen Material und gleich groß und damit gleich schwer sind, dürfte auch hier die Chancengleichheit gegeben sein, auch wenn zufallsbedingt manche Zahlen über einen gewissen Zeitraum öfter oder seltener ausgespielt werden. Bei den 49 Kugeln handelt es sich um Bälle, auf denen die Zahlen aufgedruckt sind. Da für die einzelnen Zahlen unterschiedliche Farbmassen benötigt werden, können nicht alle 49 beschrifteten Kugeln genau gleich schwer sein. Das Gewicht der Kugel mit der Zahl 48 dürfte etwas größer sein als das Gewicht der Kugel mit der Zahl 1. Dadurch könnte eine leichte Bevorzugung bestimmter Kugeln erfolgen. Der Unterschied dürfte jedoch so gering sein, daß er sich statistisch kaum bemerkbar macht.

4.6 Augensumme zweier idealer Würfel

Mit zwei idealen Würfeln wird gleichzeitig geworfen. Als Ergebnis dieses Zufallsexperimentes wird die Augensumme berechnet. Als Augensummen können die Zahlen 2,3,...,11,12 auftreten. Insgesamt gibt es 11 verschiedene Summen. Die Ergebnismenge ist endlich. Herr Gscheidle meint, daß dann jede dieser 11 Augensummen auch die gleiche Wahrscheinlichkeit 1/11 besitzt. Dies stimmt nicht. Wenn man öfter mit zwei Würfeln wirft, wird man bald feststellen, daß die Häufigkeiten für die einzelnen Augensummen stark voneinander abweichen. So wird die Augensumme 7 viel öfter auftreten als die Augensummen 2 oder 12.

Zur Berechnung der Wahrscheinlichkeiten für die verschiedenen Augensummen benutzen wir ein Hilfsmodell, in dem die gesuchten Wahrscheinlichkeiten einfacher berechnet werden können. Die Würfel werden (fiktiv) unterscheidbar gemacht. Der eine sei rot, der andere weiß. Versuchsergebnisse sind dann Zahlenpaare, wobei die erste Zahl die Augenzahl des roten, die zweite die des weißen Würfels darstellt. Falls mit dem roten Würfel eine Sechs, mit dem weißen eine Zwei geworfen wird, kann das Ergebnis durch das Zahlenpaar (6,2) dargestellt werden. Die Reihenfolge spielt bei diesem Modell eine Rolle, auch wenn (6,2) und (2,6) die gleiche Augensumme ergibt. Insgesamt gibt es $6 \cdot 6 = 36$ verschiedene Augenpaare, die in der Tabelle 4.2 zusammengestellt sind.

Tabelle 4.2 Augenpaare zweier Würfel

(1,1)	(1,2)	(1,3)	(1,4)	(1,5)	(1,6)
(2,1)	(2,2)	(2,3)	(2,4)	(2,5)	(2,6)
(3,1)	(3,2)	(3,3)	(3,4)	(3,5)	(3,6)
(4,1)	(4,2)	(4,3)	(4,4)	(4,5)	(4,6)
(5,1)	(5,2)	(5,3)	(5,4)	(5,5)	(5,6)
(6,1)	(6,2)	(6,3)	(6,4)	(6,5)	(6,6)

Da mit zwei idealen Würfeln geworfen wird, besitzt jedes der 36 Augenpaare die gleiche Wahrscheinlichkeit 1/36. Für die Augensumme 2 gibt es nur einen günstigen Fall, nämlich das Zahlenpaar (1,1), bei dem mit beiden Würfeln eine 1 geworfen wird. Die Augensumme 2 besitzt daher die Wahrscheinlichkeit 1/36. Die Augensumme 3 tritt auf, wenn mit einem der beiden Würfel eine 1 und mit dem anderen eine 2 geworfen wird. Dafür gibt es zwei mögliche Paare, nämlich (1,2) und (2,1).

Tabelle 4.3 Augensummen zweier idealer Würfel

Augen-summe	Augenpaare	günst. Fälle	Wahrschein-lichkeiten
2	(1,1)	1	1/36
3	(2,1),(1,2)	2	2/36
4	(3,1),(2,2),(1,3)	3	3/36
5	(4,1),(3,2),(2,3),(1,4)	4	4/36
6	(5,1),(4,2),(3,3),(2,4),(1,5)	5	5/36
7	(6,1),(5,2),(4,3),(3,4),(2,5),(1,6)	6	6/36
8	(6,2),(5,3),(4,4),(3,5),(2,6)	5	5/36
9	(6,3),(5,4),(4,5),(3,6)	4	4/36
10	(6,4),(5,5),(4,6)	3	3/36
11	(6,5),(5,6)	2	2/36
12	(6,6)	1	1/36
	Summen	36	1

Die Wahrscheinlichkeit dafür ist $2/36 = 1/18$. In der Tabelle 4.3 sind die Wahrscheinlichkeiten für alle Augensummen zusammengestellt. Die Wahrscheinlichkeiten für die einzelnen Augensummen nehmen zunächst gleichmäßig zu. Die Summe 7 besitzt die größte Wahrscheinlichkeit. Danach werden die Wahrscheinlichkeiten wieder kleiner. Weil die Augensumme 7 die größte Wahrscheinlichkeit besitzt, sollte man beim Werfen zweier idealer Würfel auf diese Augensumme setzen. Dann liegt man auf Dauer in ungefähr einem Sechstel der Fälle mit der Prognose richtig. In Bild 4.1 sind die Wahrscheinlichkeiten als Stäbe über den einzelnen Augensummen aufgetragen. Das Diagramm ist symmetrisch zur Stelle 7. So besitzen z. B. die Summen 6 und 8 bzw. 5 und 9 jeweils die gleiche Wahrscheinlichkeit. Die Wahrscheinlichkeit, daß die Augensumme mindestens 10 ist, lautet

$$\frac{3}{36} + \frac{2}{36} + \frac{1}{36} = \frac{6}{36} = \frac{1}{6}.$$

Auf Dauer wird daher in ungefähr einem Sechstel der Fälle die Augensumme größer als 9 sein. Häufig werden dafür auch Redewendungen benutzt wie „bei jedem sechsten Wurf ist die Augensumme mindestens

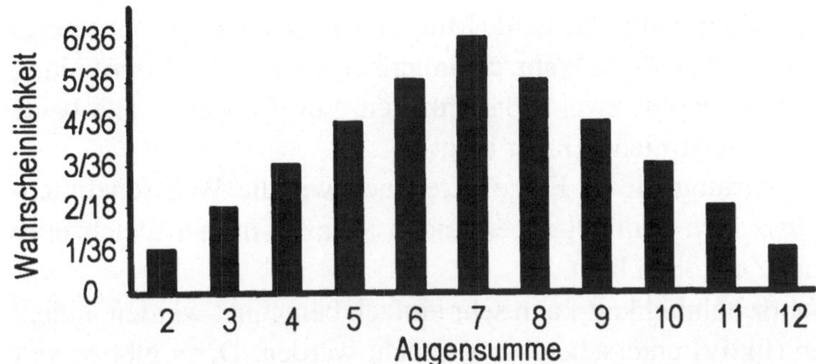

Bild 4.1 Stabdiagramm der Augensummen zweier idealer Würfel

gleich 10". Eine solche Aussage kann allerdings irreführend sein. Man kann nicht erwarten, daß genau bei jedem sechsten Wurf dieses Ereignis eintritt. Die Würfe mit der Augensumme größer oder gleich 10 werden nicht „gleichmäßig verteilt", schon gar nicht äquidistant auftreten. Es wird immer wieder längere Reihen geben, bei denen dieses Ereignis nicht eintritt, und solche, bei denen es öfter eintritt.

Auch bei zwei idealen Würfeln, die rein äußerlich nicht unterscheidbar sind, besitzen die einzelnen Augensummen die in Tabelle 4.3 angegebenen Wahrscheinlichkeiten. In unserem Modell wurden die Würfel nur deswegen (fiktiv) unterscheidbar gemacht, weil damit die Wahrscheinlichkeiten einfacher berechnet werden können. Anstatt mit zwei Würfeln könnte man auch zweimal nacheinander mit dem gleichen Würfel werfen. An erster Stelle steht dann die Augenzahl vom ersten, danach die vom zweiten Wurf.

4.7 Zweifacher Münzwurf

Es werden gleichzeitig zwei ideale Münzen geworfen. Gesucht ist die Wahrscheinlichkeit dafür, daß beide Münzen das gleiche Symbol zeigen. Herr Gscheidle meint, diese Wahrscheinlichkeit sei 1/2. Als Begründung gibt er an, daß es ja nur zwei Möglichkeiten gibt. Entweder sind beide Symbole gleich oder nicht. Hat er recht?

Zur Beantwortung dieser Frage berechnen wir die Wahrscheinlichkeit dafür, daß nach dem Wurf bei beiden Münzen immer gleichzeitig Wappen oder Zahl oben liegt.

Diese Wahrscheinlichkeit kann sehr einfach berechnet werden, indem die Münzen (fiktiv) unterscheidbar gemacht werden. Dann gibt es vier gleichwahrscheinliche Versuchsergebnisse, die in der Tabelle 4.4 aufgeführt sind.

1. Münze	2.Münze	Ergebnis
W	W	WW
W	Z	WZ
Z	W	ZW
Z	Z	ZZ

Tabelle 4.4
Ergebnisse beim zweifachen Münzwurf

Es gibt nur die vier möglichen Fälle WW   WZ   ZW und ZZ. Bei den Ausgängen WW und ZZ zeigen beide Münzen das gleiche Symbol. Daher sind mit Wahrscheinlichkeit $\frac{2}{4} = \frac{1}{2}$ die Symbole der beiden Münzen gleich. Herr Gscheidle hat also tatsächlich recht.

4.8 Dreifacher Münzwurf

Mit drei idealen Münzen wird gleichzeitig oder nacheinander geworfen. Gesucht ist die Wahrscheinlichkeit dafür, daß alle drei Münzen das gleiche Symbol zeigen. Herr Gscheidle meint, auch hier sei die Wahrscheinlichkeit 1/2, da es ja nur zwei Möglichkeiten gibt: entweder sind alle drei Symbole gleich oder nicht. In Tabelle 4.5 sind sämtliche Versuchsergebnisse dargestellt.

Tabelle 4.5 Ergebnisse beim dreifachen Münzwurf

1. Münze	2.Münze	3.Münze	Ergebnis	Anzahl Wappen
W	W	W	WWW	3
Z	W	W	ZWW	2
W	Z	W	WZW	2
W	W	Z	WWZ	2
W	Z	Z	WZZ	1
Z	W	Z	ZWZ	1
Z	Z	W	ZZW	1
Z	Z	Z	ZZZ	0

Alle drei Münzen zeigen das gleiche Symbol, wenn WWW oder ZZZ eintritt. Für das Ereignis der gleichen Symbole auf allen drei Münzen gibt es nur zwei günstige Fälle. Da insgesamt 8 Fälle möglich sind, lautet die gesuchte Wahrscheinlichkeit $\frac{2}{8} = \frac{1}{4}$. Das gleiche Ergebnis erhält man natürlich auch, wenn die Münzen nicht unterscheidbar gemacht werden, oder wenn dreimal hintereinander mit der gleichen Münze geworfen wird. Beim Werfen zweier Münzen hat Herr Gscheidle recht, nicht jedoch bei drei Münzen.

Bei den drei Würfen interessiere noch, wie oft dabei Wappen auftritt. Für die Anzahl der geworfenen Wappen erhält man aus Tabelle 4.5 unmittelbar die in Tabelle 4.6 angegebenen Wahrscheinlichkeiten.

Tabelle 4.6 Anzahl der Wappen beim dreifachen Münzwurf

Anzahl der Wappen	0	1	2	3
Günstige Fälle	1	3	3	1
Wahrscheinlichkeiten	1/8	3/8	3/8	1/8

4.9 Das Drei-Türen- oder Ziegenproblem - die einfachste Lösung

Wir lösen nun das bereits in der Einleitung beschriebene Drei-Türen-Problem. Herr Gscheidle meinte, ein Wechsel bringe keinen Vorteil, da sich ja hinter einer der beiden nichtgeöffneten Türen das Auto befinde. Daher sei bei einem Wechsel auf die andere Tür die Wahrscheinlichkeit, das Auto zu gewinnen, genausogroß wie ohne Wechsel, nämlich jedesmal gleich 1/2. Doch Herr Gscheidle irrt sich. Zu Beginn, wenn noch alle Türen geschlossen sind, muß man davon ausgehen, daß der Kandidat bei einer zufälligen Auswahl mit Wahrscheinlichkeit 1/3 die Tür mit dem Auto erhält. Die Wahrscheinlichkeit, daß hinter einer der beiden anderen Türen das Auto steht, beträgt daher 2/3. Falls der Kandidat bei seiner Wahl bleibt, ist die Wahrscheinlichkeit für das Auto weiterhin gleich 1/3. Daher muß man bei einem Wechsel mit Wahrscheinlichkeit 2/3 das Auto gewinnen.

Auf Dauer wird man bei einem Wechsel in etwa 2/3 der Fälle das Auto gewinnen, ohne Wechsel dagegen nur in ungefähr 1/3 der Fälle. Damit verdoppelt sich durch einen Wechsel die Chance auf das Auto. Eine Garantie auf das Auto bringt aber ein Wechsel auch nicht. Am 8.2.1994 wechselte in einem ähnlichen Quiz der Kandidat nicht und gewann trotzdem.

Falls Sie mein Argument noch nicht überzeugt hat, bitte ich Sie, zusammen mit einer zweiten Person das folgende Spiel öfter durchzuführen: Sie benutzen drei gleiche Zettel. Auf einen Zettel zeichnen Sie ein Kreuzchen, auf die beiden anderen nichts. Dabei müssen Sie sich merken, auf welchem Zettel sich das Kreuzchen befindet. Der zweite Spieler soll einen der drei Zettel zufällig auswählen mit dem Ziel, den mit dem Kreuzchen zu erhalten. Sie kennen einen der nichtausgewählten Zettel, auf dem kein Kreuzchen ist. Den öffnen Sie und bieten dem Mitspieler einen Wechsel an. Sie werden feststellen, daß auf Dauer in ungefähr 2/3 der Fälle ein Wechsel sinnvoll gewesen wäre, denn in etwa 2/3 der Fälle befindet sich das Kreuzchen tatsächlich auf dem Zettel, der von Ihrem Mitspieler nicht ausgewählt und von Ihnen nicht geöffnet wurde.

Kapitel 5
Kombinatorische Methoden zur Berechnung von Wahrscheinlichkeiten

Zur Berechnung von Wahrscheinlichkeiten nach der Formel

$$\frac{\text{Anzahl der günstigen Fälle}}{\text{Anzahl der möglichen Fälle}}$$

muß sowohl die Anzahl der günstigen als auch die Anzahl der möglichen Fälle bestimmt werden. Dazu benutzt man Methoden der Kombinatorik. Diese Formel darf allerdings nur dann angewandt werden, wenn tatsächlich gewährleistet ist, daß alle Versuchsergebnisse auch wirklich gleichwahrscheinlich sind. Bei vielen Problemen kann die Berechnung der Anzahl der günstigen und der möglichen Fälle mit Hilfe einer Formel sehr einfach durchgeführt werden.

5.1 Auswahlmöglichkeiten mit Berücksichtigung der Auswahlreihenfolge

Auslosung verschiedener Preise

Von 4 Personen sollen zwei Personen zufällig ausgewählt werden. Die beiden ausgewählten Personen sollen in der Reihenfolge ihrer Auswahl einen ersten und einen zweiten Preis erhalten. Wie viele Möglichkeiten gibt es, die zwei Preise unter den vier Personen zu verteilen, falls die gleiche Person höchstens einen Preis erhalten darf?

Wir bezeichnen die Personen der Reihe nach mit a, b, c und d. Für die erste Auswahl gibt es vier Möglichkeiten, nämlich jede der vier Personen a, b, c und d. Diese vier Möglichkeiten sind im Bild 5.1 a) dargestellt. Falls die Person a den ersten Preis erhalten hat, kommt sie für die zweite Auswahl nicht mehr in Frage. Dann gibt es für den zweiten Preis nur noch drei Auswahlmöglichkeiten. Die gleiche Anzahl erhält man auch, wenn zuerst b oder c oder d ausgewählt wird. Damit gibt es insgesamt $4 \cdot 3 = 12$ verschiedene Möglichkeiten, die zwei Preise unter den 4 Personen zu verteilen, wobei jede Person höchstens einen Preis erhalten darf.

Falls die gleiche Person gleichzeitig beide Preise erhalten kann, gibt es für die zweite Auswahl ebenfalls vier Möglichkeiten. Dann gibt es insgesamt $4 \cdot 4 = 16$ verschiedene Verteilungsmöglichkeiten. Das zugehörige **Baumdiagramm** ist in Bild 5.1 b) dargestellt.

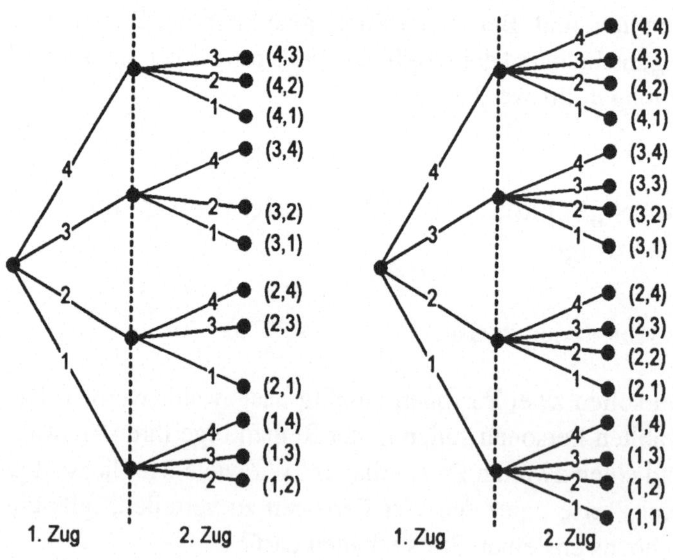

Bild 5.1 Baumdiagramm a) mit   b) ohne Wiederholung

Anstelle von zwei nehmen wir nun k Preise, die unter n Personen ausgelost werden sollen. Dabei sind k und n natürliche Zahlen, wobei k nicht größer als n sein darf. Dann erhalten wir:
Aus n verschiedenen Dingen werden der Reihe nach k Stück ausgewählt. Dabei stehen bereits ausgewählte Dinge bei der nachfolgenden Auswahl nicht mehr zur Verfügung. Dafür gibt es

$$n \cdot (n - 1) \cdot (n - 2) \cdot \ldots \cdot (n - k + 1)$$

verschiedene Auswahlmöglichkeiten.
Legt man jedoch die ausgewählten Dinge vor der nächsten Auswahl wieder zu den anderen zurück, so gibt es

$$n \cdot n \cdot \ldots \cdot n = n^k$$

verschiedene Auswahlmöglichkeiten.

Pferderennen

An einem Pferderennen nehmen 10 Pferde teil. Für eine bestimmte Wette müssen die ersten drei Plätze in der richtigen Reihenfolge getippt werden. Für den ersten Platz gibt es 10, für den zweiten 9 und für den dritten 8 Auswahlmöglichkeiten. Aus $n = 10$ Pferden müssen also $k = 3$ unter Berücksichtigung der Reihenfolge ausgewählt werden. Die Anzahl der Tippmöglichkeiten beträgt daher $10 \cdot 9 \cdot 8 = 720$.

Fußballtoto (Elferwette)

Beim Fußballtoto muß bei jedem der 11 Spiele vorausgesagt werden, ob die Heimmannschaft (Tip 1) oder die Gastmannschaft (Tip 2) gewinnt oder ob das Spiel unentschieden ausgeht (Tip 0). Zur Ausfüllung einer Tippreihe muß elfmal jeweils eine der Zahlen 0,1,2 ausgewählt werden. Dafür gibt es insgesamt

$$3^{11} = 177\,147$$

verschiedene Möglichkeiten.

Wenn jemand alle 177 147 Tippreihen abgibt, dann hat er garantiert einmal 11 Richtige. 10 Richtige hat er in den Reihen, bei denen genau ein Spiel falsch und die restlichen 10 richtig getippt wurden. Für den falschen Tipp sind 11 Spiele möglich, wobei jedesmal zwei falsche Zahlen getippt werden können. Daher gibt es $11 \cdot 2 = 22$ verschiedene Reihen mit 10 Richtigen. Bei 9 Richtigen dürfen zwei Spiele falsch getippt sein. Dafür gibt es insgesamt 220 Möglichkeiten.

Bei der Elferwette im Fußballtoto gibt es also insgesamt 177 147 verschiedene Tippmöglichkeiten. Wenn jemand alle 177 147 Tippreihen abgibt, so hat er einmal 11 Richtige (einen Gewinn im 1. Rang), 22mal 10 Richtige (22 Gewinne im 2. Rang) und 220mal 9 Richtige (220 Gewinne im 3. Rang).

Glücksspirale

Bei der ersten Aussspielung der Glücksspirale im Jahre 1971 wurde mit Hilfe eines Ziehungsgerätes eine siebenstellige Gewinnzahl ermittelt. Nach der Ziehung gab es in der Presse Kritik, durch die Art des Ziehungsgerätes hätten nicht alle siebenstelligen Zahlen die gleiche Gewinnchance gehabt. Um festzustellen, ob dieser Vorwurf tatsächlich gerechtfertigt war, betrachten wir den Ausspielungsmodus bei der ersten Ziehung.

In einer Trommel befanden sich jeweils sieben Kugeln mit den Ziffern 0,1,2,3,4,5,6,7,8,9, insgesamt also 70. Daraus wurden ohne Zurücklegen 7 Kugeln gezogen, mit deren Ziffern der Reihe nach die Gewinnzahl gebildet wurde (s. Tabelle 5.1 a)). Für die erste Ziffer der Gewinnzahl wurde eine dieser 70 Kugeln gezogen. Dafür gibt es 70 Möglichkeiten. Da die gezogene Kugel vor dem nächsten Zug nicht zu den übrigen zurückgelegt wurde, erhielt man für den zweiten Zug 69 Möglichkeiten, für den dritten 68 usw. Insgesamt gibt es also

$$70 \cdot 69 \cdot 68 \cdot 67 \cdot 66 \cdot 65 \cdot 64$$

verschiedene Ziehungsmöglichkeiten für die siebenstellige Zahl.

Bei diesem Ziehungsmodus konnten alle möglichen Zahlen mit höchstens sieben Stellen gezogen werden, nämlich die Zahlen

Tabelle 5.1 Ziehungsgeräte bei verschiedenen Ausspielungen der Glücksspirale

0	0	0	0	0	0	0
1	1	1	1	1	1	1
3	3	3	3	3	3	3
4	4	4	4	4	4	4
5	5	5	5	5	5	5
6	6	6	6	6	6	6
7	7	7	7	7	7	7
8	8	8	8	8	8	8
9	9	9	9	9	9	9

a) erste Ausspielung

0	0	0	0	0	0	0
1	1	1	1	1	1	1
3	3	3	3	3	3	3
4	4	4	4	4	4	4
5	5	5	5	5	5	5
6	6	6	6	6	6	6
7	7	7	7	7	7	7
8	8	8	8	8	8	8
9	9	9	9	9	9	9

b) spätere Ausspielungen

$$0\,000\,000 = 0; \quad 0\,000\,001 = 1; \quad 0\,000\,002 = 2; ...; \quad 9\,999\,999.$$

Die Frage lautet: Besitzt bei diesem Ausspielungsmodus jede dieser Zahlen auch die gleiche Chance? Zur Beantwortung betrachten wir zunächst eine bestimmte Zahl mit lauter gleichen Ziffern, z. B. die 1 111 111. In der Urne waren nur 7 Kugeln mit der Ziffer 1. Daher kann die erste Ziffer 1 auf 7 Arten, die zweite auf 6, die dritte auf 5 Arten gezogen werden usw. Für die letzte Ziffer gibt es nur noch eine Auswahlmöglichkeit. Daher gibt es für die Zahl 1 111 111 insgesamt

$$7 \cdot 6 \cdot 5 \cdot 4 \cdot 3 \cdot 2 \cdot 1 = 5\,040$$

günstige Fälle. Für jede andere Zahl mit lauter gleichen Ziffern, z. B. die 6 666 666, gibt es ebenfalls 5040 günstige Fälle.

Bei einer Zahl mit lauter verschiedenen Ziffern, z. B. 1 234 567, gibt es bei jedem Einzelzug sieben Auswahlmöglichkeiten. Somit gibt es hierfür

$$7 \cdot 7 \cdot 7 \cdot 7 \cdot 7 \cdot 7 \cdot 7 = 7^7 = 823\,543$$

günstige Fälle, also bedeutend mehr als für eine Zahl mit nur gleichen Ziffern. Das Verhältnis dieser beiden extremen Chancen (Wahrscheinlichkeiten) ist 823 543 : 5 050. Die Wahrscheinlichkeit für eine Zahl mit lauter verschiedenen Ziffern ist bei dieser Ziehung ungefähr 163,4mal größer als die Wahrscheinlichkeit für eine Zahl mit gleichen Ziffern.

Die Ziehungschance einer Zahl hing also von der Anzahl der verschiedenen Ziffern der Zahl ab. Je mehr Ziffern übereinstimmten, umso geringer war die Chance für diese Zahl.

Kann man aus diesem Grund die erste Ausspielung als unfair oder nicht korrekt bezeichnen? Die Anwort auf diese Frage hängt davon ab, auf welche Art und Weise ein Spieler seine Zahlen erhielt. Man könnte die Ausspielung sicherlich dann unkorrekt nennen, wenn ein Spieler die siebenstellige Zahl hätte selbst tippen oder offen auswählen können und ihm dabei der Ausspielungsmodus, also die Chancenungleichheit der einzelnen Zahlen, bekannt gewesen wäre. Es ist jedoch kaum anzunehmen, daß sich überhaupt jemand vor der Ausspielung der Chancenungleichheit der einzelnen Zahlen bewußt war. Dadurch, daß jede Ziffer siebenmal in der Urne war, wurde zwar sichergestellt, daß auch jede höchstens siebenstellige Zahl eine Chance hatte, gezogen zu werden, doch die Chancengleichheit war eindeutig verletzt. Bei der ersten Ausspielung wurden Lose mit aufgedruckten Zahlen verkauft.

Diese Ausspielungsart könnte unter folgenden Bedingungen als korrekt angesehen werden:

1. Bei den verkauften Losen werden auch tatsächlich alle Zahlen zwischen $0 = 0\,000\,000$ und $9\,999\,999$ in jeweils gleicher Anzahl angeboten.

2. Die Verteilung der Lose erfolgt zufällig. Jede Person kann in diesem Fall zufällig ein Los auswählen, das nicht mehr umgetauscht werden darf.

Unter diesen beiden Bedingungen hätte dann jeder Spieler die gleiche Chance gehabt, eine hochwahrscheinliche Zahl zu erhalten, auch wenn die Tatsache der Chancenungleichheit bereits bekannt gewesen wäre. Nach dem Kauf des Loses kennt der Spieler seine Zahl. Dann liegt ihm eine erste Information vor, und er kann in Kenntnis des Ausspielungsmodus seine weitere Gewinnchance berechnen. Falls er eine unwahrscheinliche Zahl erhalten hat, muß er vor der Ziehung akzeptieren, daß er bei der Auswahl des Loses etwas Pech gehabt hat. Noch bleibt ihm allerdings eine Gewinnchance. In vereinfachter Form liegt eine ähnliche Situation beim Losverkauf auf dem Jahrmarkt vor. Wer eine Niete gezogen hat, für den gibt es überhaupt keine Chance mehr, zu gewinnen.

Der Hauptkritikpunkt bei dieser Ausspielung ist wohl die 2. Bedingung. Diese wäre sicherlich dann erfüllt gewesen, wenn die Lose mit den aufgedruckten Zahlen in verschlossenen Umschlägen verkauft worden wären. Dann hätte kein Insider einen möglichen Vorteil haben können. Trotz zahlreicher Proteste und Einsprüche wurde diese Ziehung nicht neu angesetzt.

Bei den nachfolgenden Ziehungen wurde die Trommel in 7 Fächer geteilt, wobei sich in jedem Fach 7 Kugeln mit den Ziffern 0, 1, 2, 3, 4, 5, 6, 7, 8, 9 befinden. Aus jedem Fach wird eine Ziffer für die Gewinnzahl gezogen (vgl. Tabelle 5.1 b)). Insgesamt gibt es hier

$$10^7 = 10\,000\,000$$

verschiedene Auswahlmöglichkeiten. Dabei besitzt jede mögliche Gewinnzahl $0\,000\,000 = 0$; $0\,000\,001 = 1$; ....; $9\,999\,999$ die gleiche Chance.

Die in der Tabelle 5.1 in a) und b) dargestellten Ziehungsgeräte unterscheiden sich nur durch die Trennwände. Es ist schon erstaunlich, wie stark die Beseitigung der sechs Trennwände die Chancen der einzelnen Zahlen ändert. Dadurch wird ersichtlich, daß die Wahrscheinlichkeiten von den äußeren Versuchsbedingungen abhängen können.

Inzwischen wurde das Ziehungsgerät nochmals verändert. Jede einzelne Ziffer wird mit Hilfe einer Scheibe ausgelost. Auf diesen Scheiben befinden sich 10 gleich große Bereiche mit den Ziffern $0, 1, 2, ..., 9$. Diese Scheibe wird gedreht und die Ziffer genommen, die nach dem Stillstand an einer bestimmten Markierungsstelle angekommen ist. Man kann davon ausgehen, daß hier alle höchstens siebenstelligen Zahlen auch tatsächlich die gleiche Chance besitzen.

Geburtstagsproblem

Von 23 zufällig ausgewählten Personen werden die Geburtstage festgestellt. Wie hoch schätzen Sie die Wahrscheinlichkeit, daß von diesen 23

Personen mindestens zwei am gleichen Tag Geburtstag haben? Schreiben Sie Ihre Schätzung auf, und vergleichen Sie Ihren Wert mit dem später berechneten. Sie werden vermutlich sehr überrascht sein. Wir wollen das Problem allgemein lösen.

Gesucht ist die Wahrscheinlichkeit dafür, daß von n zufällig ausgewählten Personen mindestens zwei am gleichen Tag Geburtstag haben. Dabei ist n eine natürliche Zahl. $n = 23$ liefert die Antwort auf die oben gestellte Frage. Zur Lösung benutzen wir die

Modellannahme:

a) Das Jahr habe 365 Tage. Schaltjahre werden also nicht berücksichtigt.

b) Jeder Tag des Jahres sei als Geburtstag einer Person gleichwahrscheinlich.

Da die Schaltjahre nicht berücksichtigt werden, wird die von uns berechnete Wahrscheinlichkeit etwas zu groß sein. Die gleichmäßige Verteilung der Geburtstage auf das Jahr entspricht auch nicht ganz der Realität. Da in bestimmten Monaten die Geburtstage bevorzugt auftreten, ist wegen dieser Häufung die tatsächliche Wahrscheinlichkeit größer als die von uns berechnete. Mit unserem Modell können somit nur Näherungswerte für die gesuchte Wahrscheinlichkeit berechnet werden.

Zunächst bestimmen wir die Anzahl der insgesamt möglichen Fälle. Da als Geburtstag jeder Person sämtliche 365 Tage in Betracht kommen, gibt es insgesamt

$$365 \cdot 365 \cdot \ldots \cdot 365 = 365^n \qquad (\,n \text{ Faktoren})$$

mögliche Fälle.

Falls n größer als 365 ist, müssen mindestens zwei dieser n Personen am gleichen Tag Geburtstag haben, denn mehr als 365 Personen können nicht ohne Wiederholung auf 365 Tage verteilt werden. Dann ist die Wahrscheinlichkeit, daß mindestens zwei dieser n Personen am gleichen Tag Geburtstag haben, gleich Eins. Daher soll von jetzt an n höchstens gleich 365 sein.

Für das Ereignis, daß von den n Personen mindestens zwei am gleichen Tag Geburtstag haben, gibt es sehr viele Fälle, die nicht systematisch aufgezählt werden können. Aus diesem Grund untersuchen wir zunächst das Gegenereignis. Dieses besteht darin, daß alle n Personen an verschiedenen Tagen Geburtstag haben. Damit dieses Gegenereignis eintritt, darf die erste Person an allen 365 Tagen Geburtstag haben. Für die zweite Person kommen nur noch 364 Tage in Frage, denn sie darf nicht an dem Tag Geburtstag haben, an dem die erste Person ihn hat. Für die dritte Person bleiben noch 363 Tage, für die vierte 362 usw. Für die n-te Person gibt es schließlich noch $365 - (n - 1) = 365 - n + 1$ mögliche Tage. Daher besitzt das Gegenereignis (alle n Personen haben an verschiedenen Tagen Geburtstag) insgesamt

$$365 \cdot 364 \cdot 363 \cdot \ldots \cdot (365 - n + 1)$$

günstige Fälle. Die Anzahl der möglichen Fälle bleibt bei 365^n. Mit Wahrscheinlichkeit

$$\frac{365 \cdot 364 \cdot 363 \cdot \ldots \cdot (365 - n + 1)}{365^n}$$

haben alle n Personen an verschiedenen Tagen Geburtstag. Subtraktion dieser Wahrscheinlichkeit von der Zahl 1 ergibt die gesuchte Wahrscheinlichkeit, daß von den n Personen mindestens zwei am gleichen Tag Geburtstag haben:

$$1 - \frac{365 \cdot 364 \cdot 363 \cdot \ldots \cdot (365 - n + 1)}{365^n}.$$

Für jedes $n = 2, 3, 4, \ldots, 365$ kann nach dieser Formel die gesuchte Wahrscheinlichkeit berechnet werden. Für verschiedene Werte n sind diese Wahrscheinlichkleiten in der Tabelle 5.2 zusammengestellt. Bei 23 Personen ist die Wahrscheinlichkeit bereits größer als $1/2$. Hand auf's Herz, haben Sie mit einer so großen Wahrscheinlichkeit gerechnet? Vermutlich war Ihre Schätzung wesentlich kleiner. Daß diese Wahrscheinlichkeit in der Regel viel zu niedrig geschätzt wird, liegt wohl in der Tatsache, daß man sich kaum einen Überblick über die große Anzahl der günstigen Fälle verschaffen kann. Es gibt eben wesentlich mehr günstige Fälle, bei denen mindestens zwei Personen am gleichen Tag Geburtstag

Tabelle 5.2 Wahrscheinlichkeiten beim Geburtstagsproblem

Anzahl der Personen	Wahrscheinlichkeit, daß mindestens zwei davon am gleichen Tag Geburtstag haben
2	0,00273973
4	0,01635591
6	0,04046248
8	0,07433529
10	0,11694818
12	0,16702479
14	0,22310251
16	0,28360401
18	0,34691142
20	0,41143838
22	0,47569531
23	0,50729723
24	0,53834426
26	0,59824082
28	0,65446147
30	0,70631624
35	0,81438324
40	0,89123181
45	0,94097590
50	0,97037358
55	0,98626229
60	0,99412266
65	0,99768311
70	0,99915958
75	0,99971988
80	0,99991433
85	0,99997600
90	0,99999385
95	0,99999856
100	0,99999969
105	0,99999994
110	0,99999999

haben, als man zunächst vermuten könnte. Wenn man bei vielen Schulklassen mit ungefähr 23 Schülerinnen und Schülern die Geburtstage feststellt, so werden in ungefähr der Hälfte dieser Klassen mindestens zwei Personen am gleichen Tag Geburtstag haben. Bei 60 Personen ist die Wahrscheinlichkeit bereits größer als $0,99$. In über 99 Prozent der Fälle stimmen bei 60 zufällig ausgewählten Personen mindestens zwei Geburtstage überein. Das wird also fast immer der Fall sein.

5.2 Auswahlmöglichkeiten ohne Berücksichtigung der Auswahlreihenfolge

Von vier Personen sollen zwei ausgewählt werden, die den gleichen Preis bekommen. Dabei soll eine Person höchstens einen Preis erhalten. Die Personen bezeichnen wir mit a, b, c, d. Dann gibt es die sechs Auswahlmöglichkeiten ab ac ad bc bd cd. Bei einer größeren Anzahl von Personen und mehreren gleichen Preisen ist es kaum möglich, alle Fälle aufzuzählen. Daher geben wir eine Formel zur Berechnung der Anzahl der Fälle an.

Allgemein werden aus n Dingen k Stück ausgewählt. Bereits ausgewählte dürfen nicht mehr berücksichtigt werden. Die Auswahlreihenfolge spielt dabei keine Rolle. Bei diesem Modell können die k Dinge einzeln hintereinander oder auch gleichzeitig gezogen werden. Dann kann man mit mathematischen Hilfsmitteln zeigen, daß es genau

$$\binom{n}{k} = \frac{n \cdot (n-1) \cdot (n-2) \cdot \ldots \cdot (n-k+1)}{1 \cdot 2 \cdot 3 \cdot \ldots \cdot k}$$

verschiedene Auswahlmöglichkeiten gibt. Weil insgesamt höchstens n Dinge ausgewählt werden können, darf k nicht größer als n sein. Das oben eingeführte Symbol $\binom{n}{k}$ spricht man aus als „n über k". Man nennt es einen **Binomialkoeffizienten**.

Mit Hilfe des Binomialkoeffizienten wird somit in Kurzschreibweise der rechts stehende Bruch dargestellt. Im Zähler und Nenner stehen jeweils k Faktoren. Der Nenner beginnt mit 1, die Faktoren sind jeweils um 1 ansteigend. Der Zähler fängt mit n an, wobei die Faktoren jeweils um 1 kleiner werden.

Beispiel: Aus 20 Personen sollen 4 für einen Ausschuß zufällig ausgewählt werden. Mit $n = 20$ und $k = 4$ erhält man die Anzahl der verschiedenen Auswahlmöglichkeiten als

$$\binom{20}{4} = \frac{20 \cdot 19 \cdot 18 \cdot 17}{1 \cdot 2 \cdot 3 \cdot 4} = 4\,845.$$

Lotto

Beim Zahlenlotto 6 aus 49 werden aus 49 Zahlen 6 zufällig ausgewählt. Mit $n = 49$ und $k = 6$ erhält man aus der oben angegebenen Formel die Anzahl der verschiedenen Auswahlmöglichkeiten als

$$\binom{49}{6} = \frac{49 \cdot 48 \cdot 47 \cdot 46 \cdot 45 \cdot 44}{1 \cdot 2 \cdot 3 \cdot 4 \cdot 5 \cdot 6} = 13\,983\,816.$$

Es gibt also fast 14 Millionen verschiedene Tippmöglichkeiten.

Kapitel 6
Geometrische Wahrscheinlichkeiten

6.1 Besuch zweier Freundinnen

Ein junger Mann hat in derselben Stadt zwei Freundinnen, eine in der Nordstadt, die andere in der Südstadt. Von einer bestimmten Haltestelle aus fährt eine Straßenbahnlinie in Abständen von 10 Minuten nach Norden und eine alle 10 Minuten nach Süden. Der junge Mann möchte auf Dauer beide Freundinnen ungefähr gleich oft besuchen. Er meint, dies durch das folgende Zufallsexperiment erreichen zu können: Ohne sich um den Fahrplan zu kümmern, geht er immer zu einem zufällig gewählten Zeitpunkt zur Haltestelle und steigt in diejenige Straßenbahn ein, die zuerst kommt. Entweder kommt zuerst die Bahn, welche nach Norden oder die, welche nach Süden fährt. Die Möglichkeit, daß beide Bahnen gleichzeitig ankommen, soll hier ausgeschlossen sein. In einem solchen Fall könnte er eine Münze werfen, um so eine gleichwahrscheinliche Auswahl zu erreichen. Da es nur zwei Fälle gibt, geht der junge Mann offensichtlich davon aus, daß beide gleichwahrscheinlich sind und er daher im Mittel beide Freundinnen ungefähr gleich oft besuchen wird. Nach einer gewissen Zeit stellt er fest, daß er in etwa 70 Prozent der Fälle die Freundin aus der Südstadt und nur in 30 Prozent die aus der Nordstadt besucht hat. Dabei kommen ihm doch gewisse Zweifel, ob diese ungleiche Verteilung einzig und allein auf den Zufall zurückgeführt werden kann. Wir wollen das Problem mathematisch lösen. Doch dazu benötigen wir die

Modellannahmen
   a) Beide Bahnen fahren pünktlich alle 10 Minuten ab.
   b) Die Ankunftszeiten des jungen Mannes an der Haltestelle seien zufällig, also gleichmäßig verteilt.

Da immer wieder Verspätungen vorkommen, entsprechen beide Modellannahmen nicht ganz der Wirklichkeit. Doch ohne mathematisches Modell dürfte es kaum möglich sein, das Problem zu lösen. Mit diesen Voraussetzungen erhalten wir keine exakte Lösung des Problems, sondern nur eine Näherungslösung, mit der wir uns hier zufrieden geben wollen. Mit Hilfe der Modellannahmen können die idealen Abfahrtszeiten in Bild 6.1 graphisch dargestellt werden.

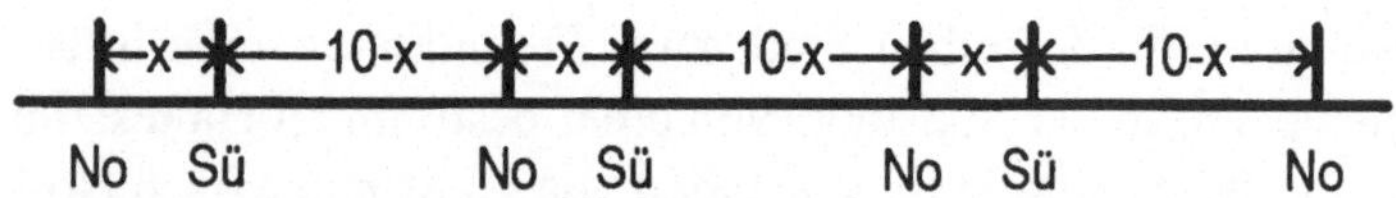

Bild 6.1 Abfahrtszeiten bei Einhaltung des Fahrplans

Dabei erfolgt die Abfahrt nach Süden immer x Minuten nach der nach Norden. In jeder Zeitperiode der Länge 10 (Minuten) gibt es einen Bereich der Länge x, der für die Fahrt nach Süden günstig ist, während die restlichen $10 - x$ Minuten eine Fahrt nach Norden ergeben. Nach der Modellannahme sind auch die Ankunftszeiten des jungen Mannes „gleichmäßig" zwischen 0 und 10 verteilt. Dann besucht er mit Wahrscheinlichkeit $x/10$ die Freundin aus der Südstadt und mit Wahrscheinlichkeit $1 - x/10$ die aus der Nordstadt.

Nur für $x = 5$ wird er auf Dauer beide Freundinnen ungefähr gleich oft besuchen, also nur wenn beide Bahnen 5 Minuten zeitlich versetzt abfahren. Die Tatsache, daß in ungefähr 70 Prozent der Fälle die Freundin aus der Südstadt besucht wurde, spricht dafür, daß in diesem konkreten Fall x ungefähr gleich 7 sein dürfte. Die Bahn nach Süden fährt also etwa 7 Minuten nach der nach Norden ab. Es soll nochmals darauf hingewiesen werden, daß wir wegen der Modellannahmen nur Näherungslösungen erhalten.

6.2 Glücksrad

In Bild 6.2 ist ein sogenanntes Glücksrad dargestellt. Mit diesem Rad kann wiederholt jeweils eine der Ziffern 0, 1, 2, 3, 4, 5, 6, 7, 8, 9 erzeugt werden. Dabei wird das Rad gedreht. Als Ergebnis wird diejenige Zahl genommen, auf deren Sektor der Markierungsstift nach dem Stillstand zeigt. Falls ein Innenwinkel doppelt so groß ist wie ein anderer, ist auch die Wahrscheinlichkeit der entsprechenden Zahl doppelt so groß. Die Wahrscheinlichkeiten der einzelnen Zahlen sind proportional zu den Innenwinkeln. Dem gesamten Winkel 360° entspricht die Wahrscheinlichkeit 1.

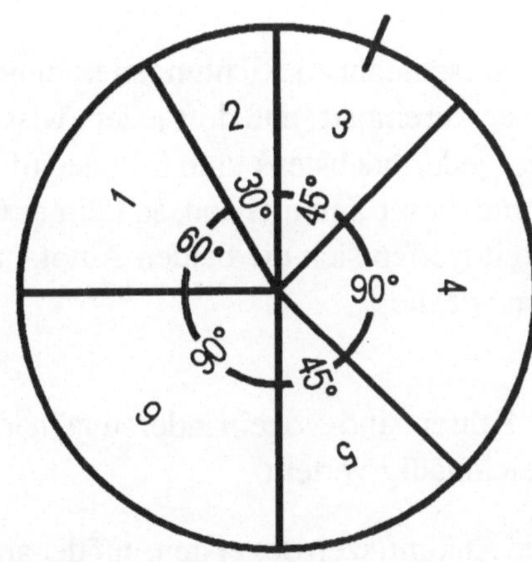

Bild 6.2
Glücksrad

Die Wahrscheinlichkeiten der einzelnen Ziffern lauten:

$$W(1) = \frac{60}{360} = \frac{1}{6}; \quad W(2) = \frac{30}{360} = \frac{1}{12}; \quad W(3) = \frac{45}{360} = \frac{1}{8};$$

$$W(4) = \frac{90}{360} = \frac{1}{4}; \quad W(5) = \frac{45}{360} = \frac{1}{8}; \quad W(6) = \frac{90}{360} = \frac{1}{4}.$$

Für die Wahrscheinlichkeit einer ungeraden Augenzahl erhält man

$$\frac{1}{6} + \frac{1}{8} + \frac{1}{8} = \frac{5}{12}.$$

Die Wahrscheinlichkeit für eine gerade Augenzahl beträgt dann $1 - \frac{5}{12} = \frac{7}{12}$.

Falls das Glücksrad in 10 Sektoren mit den gleichen Innenwinkeln 36° eingeteilt wäre, hätten alle 10 Ziffern die gleiche Wahrscheinlichlichkeit 1/10. Mit diesem Experiment könnten z. B. die 7 Ziffern der Gewinnzahl bei der Glücksspirale erzeugt werden.

Die Wahrscheinlichkeiten wurden mit Hilfe von Kreisausschnitten, also geometrisch berechnet. Daher nennt man sie auch **geometrische Wahrscheinlichkeiten**.

6.3 Begegnungsproblem

Zwei Autofahrer wollen sich, aus verschiedenen Richtungen kommend, in einer Raststätte treffen. Sie haben vereinbart, daß dort jeder zwischen 14 und 16 Uhr ankommt, daß aber jeder höchstens eine Stunde auf den anderen wartet. Trifft er ihn während dieser Zeit nicht an, so fährt er weiter. Mit welcher Wahrscheinlichkeit treffen sich die beiden Autofahrer? Zur Lösung des Problems machen wir die

Modellannahme:

> Die Ankunftszeiten beider Fahrer sind voneinander unabhängig zwischen 14 und 16 Uhr gleichmäßig verteilt.

In Bild 6.3 wird auf einer Achse die Ankunftszeit des ersten, auf der anderen die des zweiten Fahrers eingetragen. Die möglichen Ankunftszeiten können dann geometrisch als Punkte in dem eingezeichneten Quadrat dargestellt werden.
Die beiden Fahrer treffen sich, falls sich die Ankunftszeiten um höchstens eine Stunde voneinander unterscheiden. Die dafür günstigen Zeiten liegen in dem schraffierten Bereich. Die beiden restlichen Ergänzungsdreiecke besitzen jeweils den Flächeninhalt 1/2. Das Quadrat aller möglichen Zahlenpaare hat den Flächeninhalt 4. Somit besitzt das interessierende Ereignis den Flächeninhalt 3. Die Wahrscheinlichkeit, daß sich die beiden Fahrer treffen, erhält man hieraus als $\frac{3}{4} = 0,75$. Unter

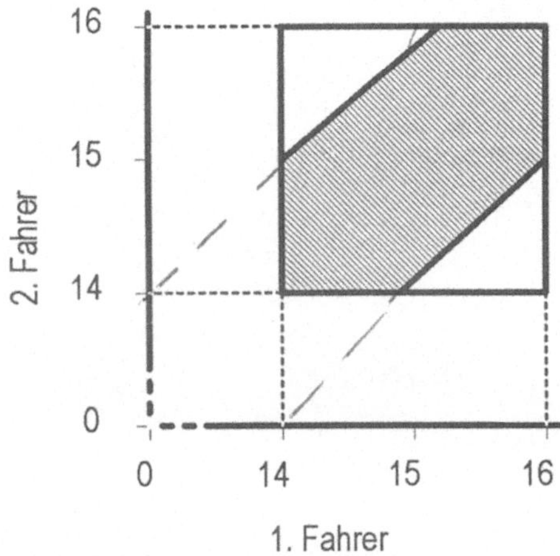

Bild 6.3
Geometrische Wahrscheinlichkeit

der idealisierten Modellannahme der gleichmäßigen Verteilung der Ankunftszeiten treffen sich die beiden Autofahrer mit Wahrscheinlichkeit $0,75$. Da die Modellannahme in der Praxis jedoch nicht ganz zutrifft, erhält man hier nur eine Näherung für die gesuchte Wahrscheinlichkeit.

6.4 Stabproblem

An einem Stab der Länge 1 (in einer bestimmten Einheit gemessen) werden an zwei zufällig ausgewählten Stellen Markierungen angebracht. An diesen beiden Stellen wird der Stab dann durchgebrochen. Dadurch erhält man drei Teilstücke. Mit diesen Stücken kann nur dann ein Dreieck gebildet werden, wenn die Dreiecksungleichung erfüllt ist. Sie besagt: Die Summe zweier Seitenlängen muß größer sein als die Länge der dritten Seite. Eine Dreiecksbildung ist also nur dann möglich, wenn jeweils zwei der Teilstücke zusammen länger sind als das dritte.
Wir bezeichnen mit x die linke und mit y die rechte Markierungsstelle. Als Versuchsergebnis tritt also ein Zahlenpaar (x, y) auf. Dabei kann x nicht größer als y sein. Die Menge aller möglichen Zahlenpaare liegt in

41

dem in Bild 6.4 eingezeichneten Dreieck. Es besitzt den Flächeninhalt 1/2.

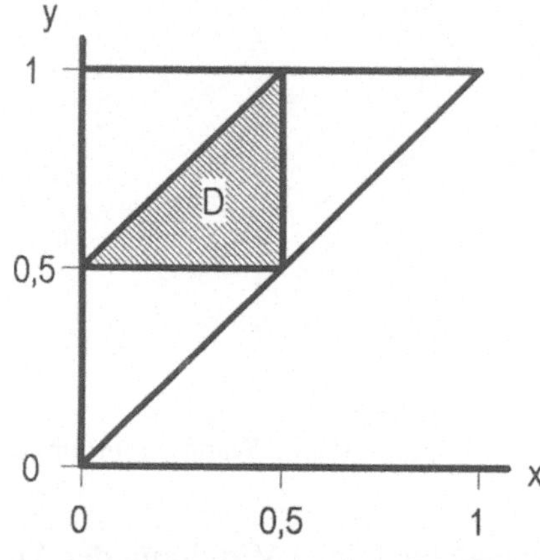

Bild 6.4
Dreiteilung eines Stabes

Aus der Dreiecksungleichung folgt nach einigen Umformungen, daß eine Dreiecksbildung nur dann möglich ist, wenn das Zahlenpaar (x, y) im Innern des kleineren Dreiecks D liegt. Der Flächeninhalt dieses Dreiecks D ist jedoch ein Viertel des Flächeninhalts des gesamten Dreiecks. Gesucht ist die Wahrscheinlichkeit, daß aus den drei Teilstücken ein Dreieck gebildet werden kann. Dazu benutzen wir die

Modellannahme:
> Die Markierungsstellen sind gleichmäßig verteilt, es dürfen also keine Bereiche bevorzugt werden.

Da sich die Flächeninhalte der beiden Dreiecke wie 1 : 4 verhalten, ist mit einer Wahrscheinlichkeit 1/4 eine Dreiecksbildung möglich. Falls man das Experiment sehr oft durchführt, kann nur in ungefähr 25 Prozent der Fälle aus den drei Teilstücken ein Dreieck gebildet werden.

Wir betrachten nun ein Experiment, das sich von dem bereits behandelten unterscheidet. Die Dreiteilung des Stabes soll folgendermaßen vorgenommen werden: An einer zufällig markierten Stelle wird der Stab durchgebrochen. Danach wird eines der beiden Teilstücke zufällig ausgewählt. Man entscheidet sich also mit Wahrscheinlichkeit 1/2 für jedes

```
F1     F2▾   F3▾ F4▾ F5    F6▾
▾⌐—  Control I/O Var Find... Mode
:stab1(n)
:Func    © x und y sind unabhängig
:Local n,index,x,y,treff:0→treff
:For index,1,n
: rand()→x:rand()→y
:  If x>y Then
:   x+y→y:y-x→x:y-x→y:EndIf
:  If y>.5 and y<x+.5 and x<.5 Then
:   treff+1→treff:EndIf
:EndFor:Return approx(treff/n)
:EndFunc
MAIN          RAD AUTO          FUNC
```

```
F1     F2▾   F3▾ F4▾ F5    F6▾
▾⌐—  Control I/O Var Find... Mode
:stab2(n)
:Func    © x hängt von y ab
:Local n,index,x,y,treff:0→treff
:For index,1,n
: rand()→y:rand()→x
:  While x>y:rand()→x:EndWhile
:  If y>.5 and y<x+.5 and x<.5 Then
:   treff+1→treff:EndIf
:EndFor:Return approx(treff/n)
:EndFunc
MAIN          RAD AUTO          FUNC
```

```
F1     F2▾      F3▾   F4▾    F5      F6▾
▾⌐—  Algebra Calc Other PrgmIO Clean Up

■ fibo()                              Done
■ lotto()                             Done
■ kapital(100,5,3,0)               115.763
■ ◄etKey()→ key : EndWhile : RandSeed key
                                      Done
■ stab2(100000)                       .19393
■ stab1(100000)                       .25002

MAIN          RAD AUTO          FUNC 6/30
```

der beiden Teilstücke. Das ausgewählte Teilstück wird nochmals an einer zufällig markierten Stelle durchgebrochen. Ohne Rechnung kann man sofort folgendes erkennen: Falls hier das kürzere Stück ausgewählt wird, ist keine Dreiecksbildung mehr möglich. Auch bei der Auswahl des längeren Stücks kann es vorkommen, daß kein Dreieck mehr gebildet werden kann. Daher muß die gesuchte Wahrscheinlichkeit in diesem Modell kleiner sein als bei dem oben behandelten. Mit Hilfe einer etwas komplizierten mathematischen Theorie kann auch diese Wahrscheinlichkeit unter der Modellannahme der „gleichmäßigen Verteilung" der Markierungsstellen exakt berechnet werden. Sie ist ungefähr gleich 0,19315.

Bei der Durchführung des entsprechenden Zufallsexperimentes muß darauf geachtet werden, daß die Markierungsstellen auch tat- sächlich im ganzen Bereich „gleichmäßig verteilt" sind. Hält man einen Holzstab an beiden Enden fest und bricht ihn durch, so werden sich die Bruchstellen im mittleren Bereich häufen. Sie sind dann nicht mehr „gleichmäßig verteilt", d. h. die Modellannahme ist verletzt. Die tatsächliche Wahrscheinlichkeit ist in diesem Fall wesentlich kleiner als die hier berechnete.

Das Zufallsexperiment kann auf einem Rechner simuliert werden (vgl. Kapitel 8). Die Bruchstellen werden mit Hilfe von Zufallszahlen bestimmt. Dabei ist gewährleistet, daß die Bruchstellen im ganzen Bereich wenigstens näherungsweise gleichmäßig verteilt sind.

Kapitel 7
Allgemeine Wahrscheinlichkeiten

Eine Wahrscheinlichkeit darf nur dann nach der Formel

$$\frac{\text{Anzahl der günstigen Fälle}}{\text{Anzahl der möglichen Fälle}}$$

aus Kapitel 4 berechnet werden, wenn es nur endlich viele Versuchsergebnisse gibt, und wenn sichergestellt ist, daß keine davon bevorzugt auftreten können. Bei einer verbogenen Münze oder einem verfälschten Würfel ist die Bedingung der Chancengleichheit sicherlich verletzt. Falls es jemanden gelingen sollte, in das Lotto-Ziehungsgerät 6 Eisenkugeln und 43 wesentlich leichtere Kugeln zu bringen und gleichzeitig das Gerät so zu manipulieren, daß jeweils unten liegende Kugeln gezogen werden, dürften die Eisenkugeln mit einer wesentlich größeren Wahrscheinlichkeit gezogen werden als die übrigen. Weitere Beispiele, bei denen nicht alle Versuchsergebnisse gleichwahrscheinlich sind, haben wir bereits bei der Knabengeburt und der ersten Ausspielung der Glücksspirale kennengelernt.

Falls man einen Holzstab an beiden Enden festhält und ihn durchbricht, sind die Bruchstellen des Stabes vermutlich nicht mehr „gleichmäßig" verteilt. Sie werden viel öfter im mittleren Bereich als am Rand liegen. Bei der Lösung dieses Problems dürfen die Formeln für geometrische Wahrscheinlichkeiten aus Kapitel 6 nicht benutzt werden. Ein ähnlicher Sachverhalt liegt beim Schiessen auf eine Zielscheibe vor. Auch hier sind die Einschüsse im allgemeinen nicht „gleichmäßig" über die ganze Scheibe verteilt. Bereiche in der Mitte der Scheibe dürften gegenüber anderen bevorzugt getroffen werden. Weitere Beispiele, bei denen die Wahrscheinlichkeiten nicht ohne weiteres angegeben werden können, sind die Wahrscheinlichkeiten für folgende Ereignisse:
Ein aus einer Produktion zufällig ausgewähltes Werkstück ist fehlerhaft.

Eine an einer Krankheit leidende Person wird durch ein spezielles Medikament geheilt.

Das Gewicht eines zufällig ausgewählten Zuckerpakets beträgt mindestens 1 kg.

Die Körpergröße einer zufällig ausgewählten Person liegt zwischen 165 und 175 cm.

Die Lebensdauer (Betriebsdauer) einer bestimmten Maschine oder eines Geräts beträgt mindestens 2 000 Stunden.

Unzählige weitere Beispiele könnten noch aufgeführt werden.

Bei vielen Zufallsexperimenten kann man zwar auf Grund der Beschaffenheit des Geräts und der Versuchsdurchführung davon ausgehen, daß alle Versuchsergebnisse gleichwahrscheinlich sind, letztendliche Sicherheit darüber kann man allerdings nur mit Hilfe von statistischen Tests erhalten.

Vor der Lotto-Ausspielung am Samstag hört man im Fernsehen den Satz „der Ziehungsbeamte hat sich vor der Ziehung vom ordnungsgemäßen Zustand des Ziehungsgeräts überzeugt". Der Beamte hat sicherlich keinen Test auf Chancengleichheit aller 49 Kugeln durchgeführt. Vermutlich hat er nur nachgeprüft, ob auch tatsächlich alle 49 Kugeln mit den Zahlen 1 bis 49 vorhanden sind. Doch das ist kein statistischer Test. Der Roulette-Teller in einem Spielcasino könnte so manipuliert worden sein, daß dies äußerlich nicht erkennbar ist. Eine mögliche Chancenungleichheit der einzelnen Zahlen kann auch hier nur mit Hilfe statistischer Tests aufgedeckt werden.

Eine allgemeine Wahrscheinlichkeit eines Ereignisses soll interpretiert werden als Maß für die Chance des Eintretens des Ereignisses bei der Durchführung des entsprechenden Zufallsexperiments. Je größer die Wahrscheinlichkeit ist, desto größer ist die Chance für das Eintreten. Daher kann eine Wahrscheinlichkeit als Prognosewert (Schätzwert) für die relative Häufigkeit des Ereignisses in Versuchsserien mit großem Versuchsumfang verwendet werden.

Die Frage, ob jemand weiß, was eine Wahrscheinlichkeit ist, wird von den meisten Personen bejaht, auch von denen, die während ihrer Schulzeit oder ihres Studiums keinen Kurs über Wahrscheinlichkeitsrechnung oder Statistik besucht haben. Fragt man aber genauer nach, was eine

Wahrscheinlichkeit nun wirklich ist, erhält man allerdings Antworten der Art:

„Hochwahrscheinliche Ereignisse treten oft, niedrigwahrscheinliche selten ein".

„Beim Werfen einer Münze besitzen sowohl Wappen als auch Zahl die Wahrscheinlichkeit 50 Prozent".

„Beim Werfen eines Würfels tritt jede Augenzahl in einem Sechstel der Fälle ein".

Auf die Frage, wie es denn aussieht, wenn die Münze verbogen oder der Würfel verfälscht ist, erhält man meistens keine Antwort mehr. Die statistisch einwandfrei bewiesene Tatsache, daß die Wahrscheinlichkeit einer Knabengeburt größer als $1/2$ ist, stößt meistens auf Mißtrauen. Als Gegenargument wird üblicherweise vorgebracht, daß es ja nur zwei Möglichkeiten gibt, und folglich müßte doch jede davon die Wahrscheinlichkeit $1/2$ haben. Ein Blick in das *Stastistische Jahrbuch* hat uns bereits in Kapitel 4 davon überzeugt, daß die Wahrscheinlichkeit einer Knabengeburt größer ist als die einer Mädchengeburt.

Eine allgemeine (statistische) Wahrscheinlichkeit soll Aufschluß darüber geben, wie stark mit dem Eintreten eines Ereignisses zu rechnen ist. Je größer die Wahrscheinlichkeit ist, umso öfter wird es eintreten. Ereignissen, die immer eintreten, wird die Wahrscheinlichkeit 1 (oder 100 Prozent) zugeordnet. Ereignisse, die nie eintreten, besitzen die Wahrscheinlichkeit 0. Im Gegensatz zur subjektiven Wahrscheinlichkeit darf diese statistische Wahrscheinlichkeit nicht personenabhängig sein. Von einer objektiven Wahrscheinlichkeit wird verlangt, daß sie allgemeine Gültigkeit hat.

Bei einem Ereignis mit der Wahrscheinlichkeit $1/2$ kann man erwarten, daß es auf Dauer in ungefähr der Hälfte der Fälle eintreten wird. Bei einer Wahrscheinlichkeit $0,05$ tritt das Ereignis nur in etwa 5 Prozent der Fälle ein.

Sie werden vermutlich fragen: „Was nützt denn eine solche Wahrscheinlichkeit, wenn man sie nicht angeben kann?" Die Antwort darauf möchte ich sofort geben. Auch wenn es zunächst nicht möglich ist, einen genauen Zahlenwert für eine (unbekannte) Wahrscheinlichkeit anzugeben, kann man diesen unbekannten Zahlenwert trotzdem beliebig genau bestimmen (schätzen). Dazu setzt man zunächst die unbekannte Wahrscheinlichkeit gleich w. Diese Wahrscheinlichkeit w gibt es, wir kennen sie nur (noch) nicht. Mit dem unbekannten w haben Statistiker dann eine Theorie entwickelt. Dort wird gezeigt, daß bei großen Versuchsserien die unbekannte Wahrscheinlichkeit durch die relative Häufigkeit beliebig genau geschätzt (angegeben) werden kann. Grundlage dafür ist der Stabilisierungseffekt der relativen Häufigkeiten, das sogenannte Gesetz der großen Zahlen. Wir werden diese Theorie hier selbstverständlich nicht behandeln.

In der Wahrscheinlichkeitsrechnung ist es so ähnlich wie in der Geometrie. Jeder meint zu wissen, was ein Punkt und eine Gerade sind. Durch näheres Nachfragen erhält man auch hier Antworten der Gestalt: „Zwei nichtparallele verschiedene Geraden schneiden sich in genau einem Punkt."
„Durch zwei verschiedene Punkte geht genau eine Gerade".

Dies ist aber keine Definition von Punkt und Gerade, sondern es sind typische Eigenschaften dieser Elemente. Weil es offensichtlich nicht anders möglich ist, werden Punkt und Gerade eben durch diese beiden Eigenschaften erklärt. Solche definierenden Eigenschaften nennt man in der Mathematik **Axiome**.
Nach der Formel

$$\frac{\text{Anzahl der günstigen Fälle}}{\text{Anzahl der möglichen Fälle}}$$

wurden bereits vor 200 Jahren Wahrscheinlichkeiten berechnet. Diese Formel wurde insbesondere von französischen Mathematikern bei der Untersuchung der Chancen bei Glücksspielen benutzt.

Der Deutsche Mathematiker, Physiker und Astronom Carl Friedrich **Gauß** (1777–1855) wurde unter anderem berühmt durch die nach ihm benannte **Gaußsche Glockenkurve**. Sie spielt in der Wahrscheinlichkeitsrechnung und Statistik eine zentrale Rolle. Das Porträt von Gauß und das Bild dieser Glockenkurve finden Sie auf den 10-DM-Banknoten. Solche Glockenkurven sind in den Bildern 14.3 und 16.3 graphisch dargestellt.

Obwohl Wahrscheinlichkeitsrechnung und Statistik schon sehr früh betrieben wurde, war es lange Zeit nicht möglich, allgemeine Wahrscheinlichkeiten mathematisch exakt und widerspruchsfrei zu definieren. Daher hat der deutsche Mathematiker Richard von **Mises** (1883–1953) versucht, die Wahrscheinlichkeit als Grenzwert der relativen Häufigkeiten einzuführen. Auf Grund des Stabilisierungseffekts ist zwar zu erwarten, daß bei sehr langen Versuchsreihen die relativen Häufigkeiten meistens in der unmittelbaren Nähe der Wahrscheinlichkeit liegen, doch der Grenzwert der relativen Häufigkeiten existiert gar nicht. Selbst wenn er existieren würde, könnte man ihn experimentell gar nicht bestimmen, denn jede Versuchsserie muß ja einmal abgebrochen werden. Doch wie sollte man feststellen, ob bei diesem Abbruch die relative Häufigkeit schon nahe genug beim unbekannten Grenzwert liegt? Damit war auch dieser Versuch zum Scheitern verurteilt. Die mathematisch einwandfreie und widerspruchsfreie Definition einer Wahrscheinlichkeit gelang erstmals in den dreißiger Jahren des 20. Jahrhunderts dem sowjetischen Mathematiker A. N. **Kolmogorow** (1909–1987). Ähnlich wie in der Geometrie führte er die Wahrscheinlichkeit axiomatisch ein. Allerdings konnte auch er für eine Wahrscheinlichkeit keinen Zahlenwert angeben. Dies ist auch gar nicht möglich, denn wie sollte man z. B. bei einem verfälschten Würfel ohne Tests die Wahrscheinlichkeiten angeben können? Von einer allgemeinen Wahrscheinlichkeit forderte Kolmogorow gewisse Eigenschaften (Axiome), die so naheliegend sind, daß man sich wundern muß, weshalb nicht schon früher jemand auf diese Idee gekommen ist. Die allgemeine Wahrscheinlichkeitsrechnung ist noch eine sehr junge mathematische Disziplin.

Kolmogorow hat drei Axiome vorgeschlagen. Es sind Eigenschaften, welche die klassische und die geometrische Wahrscheinlichkeit sowie die relative Häufigkeit erfüllen. Daß Eigenschaften der relativen Häufigkeit übernommen werden, ist plausibel, da doch eine Wahrscheinlichkeit als Prognosewert für die relativen Häufigkeiten in einer hinreichend großen Anzahl von Versuchsdurchführungen benutzt werden soll.

7.1 Axiomatische Definition einer Wahrscheinlichkeit

Eine Wahrscheinlichkeit erfüllt folgende Axiome:

1. Die Wahrscheinlichkeit eines jeden Ereignisses liegt zwischen 0 und 1 (die Grenzen eingeschlossen).

2. Die gesamte Ergebnismenge, also das sichere Ereignis, das immer eintritt, besitzt die Wahrscheinlichkeit 1.

3. Gegeben seien zwei Ereignisse, die beide nicht gleichzeitig eintreten können. Dann ist die Wahrscheinlichkeit dafür, daß mindestens eines der beiden Ereignisse eintritt, gleich der Summe der Wahrscheinlichkeiten der beiden einzelnen Ereignisse (Additionsregel).

7.2 Schätzwert für die Wahrscheinlichkeit einer Knabengeburt

In Tabelle 4.1 sind in verschiedenen Jahren insgesamt 10 690 328 Geburten zusammengestellt worden. Davon sind 5 497 108 Knaben. Hieraus erhält man für die Wahrscheinlichkeit einer Knabengeburt den Schätzwert

$$w \approx \frac{5\,497\,108}{10\,690\,321} \approx 0,51421$$

Zur Berechnung des Schätzwertes dienten sehr viele Geburten. Daher können wir davon ausgehen, daß dieser Schätzwert sehr gut ist.

Kapitel 8
Zufallszahlen und Simulationen

Bei vielen Zufallsexperimenten ist die Versuchsdurchführung sehr mühsam, wie z. B. beim Werfen mit 100 idealen Würfeln oder beim wiederholten Ziehen einer Kugel aus einer Urne. Noch schwieriger ist es, aus einem ganzen Intervall zufällig eine Zahl auszuwählen, wobei die Voraussetzung der gleichmäßigen Verteilung erfüllt sein soll. Ein Beispiel dafür ist die zufällige Auswahl der Markierungsstellen beim Stabproblem aus Kapitel 6. Oft ist es wesentlich einfacher, das entsprechende Zufallsexperiment von einem Computer durchführen zu lassen. Dazu werden vom Rechner sogenannte Zufallszahlen erzeugt. Das Zufallsexperiment wird also mit Hilfe von Zufallszahlen simuliert (nachgeahmt). Bei einer solchen Simulation muß allerdings gewährleistet sein, daß alle Versuchsergebnisse (wenigstens näherungsweise) die gleiche Chance besitzen.

Allgemein nennt man die Simulation eines Zufallsexperiments mit Hilfe von Zufallszahlen in Anspielung auf das Roulette-Spiel eine Monte-Carlo-Methode.

8.1 Erzeugung von Zufallszahlen mit Hilfe eines Computers

Die meisten Rechner können mit Hilfe der Random-Funktion Stan- dard-Zufallszahlen zwischen 0 und 1 erzeugen. Die Erzeugung geschieht allerdings mit Hilfe eines bestimmten Algorithmus. Wenn dieser Algorithmus bekannt ist, sind jedoch die Zufallszahlen reproduzierbar. Im allgemeinen wird eine Startzahl vorgegeben. In der Programmbeschreibung einer großen Rechenanlage steht z. B.: „Man gebe eine Startzahl, z. B. die Zahl π ein“. Eine Person, welche immer die gleiche Startzahl π

benutzt, wird bald feststellen, daß sie immer die gleichen Zufallszahlen
erhält, ja sogar in der gleichen Reihenfolge.

Um dies zu verhindern, sollte man die Startzahl laufend ändern. Falls
man z. B. 100 Zufallszahlen benötigt, könnte man auch 200 erzeugen
lassen und die ersten 100 gar nicht verwenden. Weil die Standard-
Zufallszahlen mit einem Algorithmus berechnet werden, kann es sich
in Wirklichkeit gar nicht um echte Zufallszahlen handeln. Man sollte
sie besser Pseudozufallszahlen nennen. Die meisten Zufallszahlengene-
ratoren erzeugen jedoch Pseudozufallszahlen, die sich fast wie „echte"
Zufallszahlen verhalten. Sie sind also ungefähr gleichmäßig zwischen 0
und 1 verteilt.

8.2   Erzeugung von Zufallsziffern

Ich schlage Ihnen das folgende Zufallsexperiment vor: Sie bitten einige
Personen, von den 10 Ziffern 0, 1, 2, 3, 4, 5, 6, 7, 8, 9 jeweils drei Stück
auf einen Zettel aufzuschreiben. Zunächst könnte man vermuten, daß alle 10 Ziffern ungefähr gleich oft getippt werden. Die Auswertung bringt
jedoch meistens eine Überraschung. Oft kann man nämlich feststellen,
daß die Ziffern 3, 5 und 7 viel öfter aufgeschrieben werden als die übrigen. Die aufgeschriebenen Ziffern sind bei diesem Zufallsexperiment
nicht gleichmäßig verteilt. Es sollen nun Zufallsexperimente angegeben werden, durch die alle 10 Ziffern gleichwahrscheinlich ausgewählt
werden können.

a) 10 gleichartige Kugeln werden mit jeweils einer dieser Ziffern ver-
   sehen. Diese Kugeln werden in eine Urne gelegt (s. Bild 8.1 links).
   Nach gründlichem Mischen wird aus der Urne eine Kugel zufällig
   gezogen. Das Ergebnis ist die Ziffer auf der gezogenen Kugel.

b) Das in Bild 8.1 rechts dargestellte Glücksrad besitzt 10 gleich große
   Sektoren mit dem jeweiligen Innenwinkel 36°. Wiederholtes Drehen ergibt der Reihe nach Zufallsziffern.

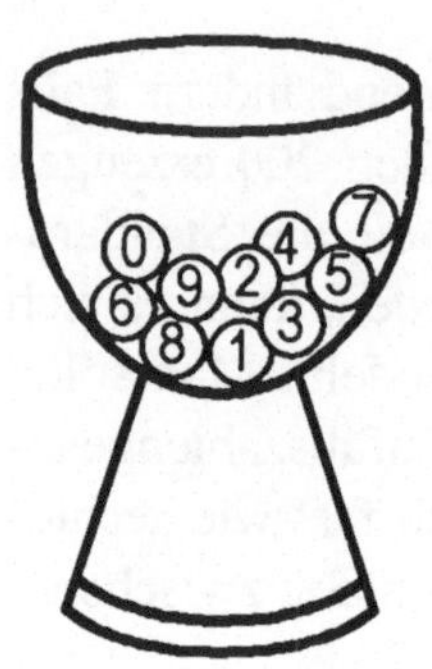

Bild 8.1 Erzeugung von Zufallsziffern

c) Vom einem Computer werden Standard-Zufallszahlen r zwischen 0 und 1 erzeugt. Diese werden anschließend mit 10 multipliziert. Von diesem Produkt nimmt man den ganzzahligen Anteil. Dadurch erhält man Ziffern 0, 1, 2, ... , 9, also Zufallsziffern, die näherungsweise gleichmäßig verteilt sind.

Die Standard-Zufallszahl $r = 0,423456$ ergibt wegen

$$10 \cdot r = 4,23456$$

die Zufallsziffer 4. Als Zufallsziffer kann man auch gleich die erste Stelle nach dem Komma von der Zufallszahl r nehmen.

8.3 Lottozahlen vom Computer erzeugt

Lottozahlen können z. B. folgendermaßen zufällig „gezogen" werden: Die vom Computer erzeugte Standard-Zufallszahl r, welche zwischen 0 und 1 liegt, wird mit 49 multipliziert. Dazu wird die Zahl 1 addiert. Der ganzzahlige Anteil davon ergibt eine ganze Zahl, die mindestens gleich 1 und höchstens gleich 49 ist. Beispielsweise geht die Standard-Zufallszahl $r = 0,423456$ über in

$$49 \cdot 0,423456 + 1 = 21,749344.$$

Der ganzzahlige Anteil ergibt hier die ausgespielte Zahl 21. Dabei kann es allerdings vorkommen, daß eine Zahl erzeugt (gezogen) wird, die in der gleichen „Ausspielung" bereits vorhanden war. In einem solchen Wiederholungsfall läßt man diese Zahl einfach weg, sie wird also ignoriert. Das Experiment muß so lange wiederholt werden, bis 7 verschiedene Zahlen (6 Gewinnzahlen und eine Zusatzzahl) erzeugt worden sind. Gegen das „amtliche Ziehen von Lottozahlen durch einen Computer" müßten aber größte Bedenken vorgebracht werden. Beim Ziehen mit dem Ziehungsgerät im Fernsehen können der Ziehungsbeamte und -in Grenzen- auch die Zuschauer die Ausspielung etwas kontrollieren. Beim Ziehen durch den Computer jedoch wären Manipulationen Tür und Tor geöffnet.

8.4 Simulation von Häufigkeiten eines beliebigen Ereignisses

Ein Medikament besitzt die Heilungswahrscheinlichkeit 0,23. Um Nebenwirkungen auszuschließen soll durch den Computer das Zufallsexperiment simuliert werden, bei dem 30 zufällig ausgewählten, an der entsprechenden Krankheit leidenden Personen das Medikament gegeben wird. Jede der 30 Personen wird also mit der gleichen Wahrscheinlichkeit von 0,23 geheilt. Mit G bezeichnen wir das Ereignis, daß die entsprechende Person geheilt wird. Falls die entsprechende Person nicht geheilt wird, benutzen wir das Symbol $\overline{G}$. Zur Simulation erzeugt der Computer 30mal hintereinander eine Standard-Zufallszahl r zwischen 0 und 1. Falls diese nicht größer ist als 0,23, wird ihr das Ereignis G (geheilt) zugeordnet, anderenfalls das Ereignis $\overline{G}$ (nicht geheilt). Dabei kann die Zuordnung bereits vom Computer vorgenommen werden, so daß er eine Serie ausdruckt, z. B.

$$\overline{G}\ \overline{G}\ \overline{G}\ \overline{G}\ G\ \overline{G}\ \overline{G}\ G\ \overline{G}\ \overline{G}\ \overline{G}\ \overline{G}\ G\ \overline{G}\ \overline{G}$$
$$G\ \overline{G}\ \overline{G}\ \overline{G}\ \overline{G}\ \overline{G}\ G\ \overline{G}\ \overline{G}\ \overline{G}\ \overline{G}\ G\ \overline{G}\ \overline{G}\ \overline{G}.$$

Sechsmal erfolgte also eine Heilung. Die absolute Häufigkeit des Ereignisses G (geheilt) ist daher gleich 6, die relative Häufigkeit beträgt

$6/30 = 0,20$. Diese relative Häufigkeit weicht von der Wahrscheinlichkeit 0,23 noch stärker ab. Dies ist auf den kleinen Stichprobenumfang 30 zurückzuführen. Bei 1 000 oder gar 10 000 Versuchen dürfte die relative Häufigkeit nicht mehr stark von 0,23 abweichen.

8.5 Flächenberechnung durch Simulationen

Nach Abschnitt 6 kann eine geometrische Wahrscheinlichkeit durch die Formel

$$\frac{\text{Inhalt des für das Ereignis günstigen Bereiches}}{\text{Inhalt des Gesamtbereiches}}$$

berechnet werden. Wegen des Stabilisierungseffektes liegt bei unabhängigen Versuchsserien mit einem großen Umfang die relative Häufigkeit des entsprechenden Ereignisses meistens in der unmittelbaren Nähe der Wahrscheinlichkeit. Dann gilt die Näherung

$$\frac{\text{Inhalt des für das Ereignis günstigen Bereiches}}{\text{Inhalt des Gesamtbereiches}} \approx \text{relative Häufigkeit}.$$

Falls der Inhalt des Gesamtbereiches bekannt ist, kann damit der Inhalt der Fläche des günstigen Bereiches näherungsweise berechnet werden. Damit können durch Simulationen Flächeninhalte wenigstens näherungsweise bestimmt werden.

8.6 Statistische Bestimmung der Zahl π

Mit Hilfe eines Zufallszahlengenarators werden Zahlenpaare erzeugt, die jeweils zwischen 0 und 1 liegen und voneinander unabhängig sind, also unabhängige Standard-Zufallszahlen x und y. Dann sind die Zahlenpaare (x, y) im Einheitsquadrat gleichmäßig verteilt (s. Bild 8.2). Ein zufällig ausgewähltes Zahlenpaar ist vom Koordinatenursprung höchstens eine Einheit entfernt, wenn die Quadratsumme der beiden Zahlen nicht größer als 1 ist. Dieser Zahlenbereich stellt die Fläche des in Bild 8.2 eingezeichneten Viertelkreises mit dem Radius $r = 1$ dar.

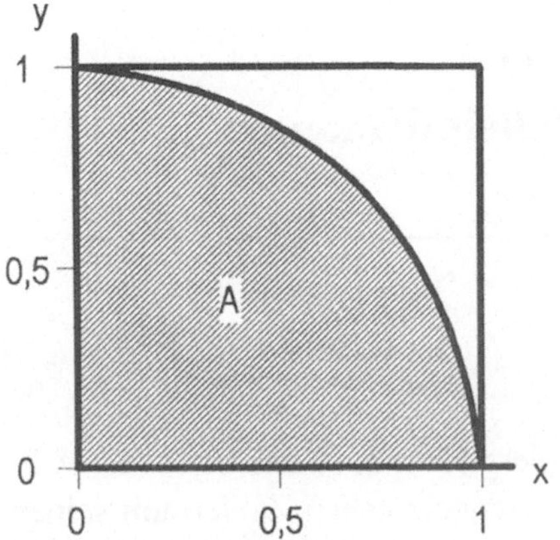

Bild 8.2
Bestimmung eines Näherungwertes
für die Zahl π

Der Inhalt dieser Fläche ist gleich

$$\frac{1}{4} \cdot \pi \cdot r^2 = \frac{\pi}{4}.$$

Der Gesamtbereich hat den Inhalt 1. Damit besitzt der Viertelkreis die geometrische Wahrscheinlichkeit $\pi/4$. Mit der relativen Häufigkeit der Punkte auf der Kreisfläche des Viertelkreises in einer langen Serie gilt dann die Näherung

$$\frac{\pi}{4} \approx \text{relative Häufigkeit, also} \quad \pi \approx 4 \cdot \text{relative Häufigkeit.}$$

Zahlenbeispiel: Von 100 000 Zahlenpaaren lagen 78 518 auf der Fläche des Viertelkreises. Damit erhält man für die Zahl π die Näherung

$$\pi \approx 4 \cdot \frac{78\,518}{100\,000} = 3,14072.$$

Kapitel 9
Bedingte Wahrscheinlichkeiten

9.1 Die Spannung bei der Lotto-Ausspielung

Ein leidenschaftlicher Lotto-Spieler vergleicht am Samstagabend während der Ausspielung laufend die bereits gezogenen Zahlen mit seinen Tippreihen. Nach der Ziehung der fünften Gewinnzahl stellt er fest, daß sich in einer seiner Reihen bereits alle fünf gezogenen Zahlen befinden. Damit hat er mindestens einen Fünfer sicher. Zu seiner Ehefrau sagt er: „Wir haben schon 5 Richtige. Vielleicht gibt es noch einen Sechser". Sie bezweifelt das mit dem Hinweis, die Chance auf einen Sechser sei doch allgemein nur etwa 1 zu 14 Millionen. Die Ehefrau hat nicht recht. Denn 1 zu 14 Millionen ist die Chance auf einen Sechser mit einer einzigen Reihe, falls noch keine ausgespielten Zahlen bekannt sind. In unserem Fall liegt jedoch die Information vor, daß der Spieler in einer Reihe die ersten 5 ausgespielten Zahlen tatsächlich getippt hat. Für einen Sechser muß nur noch die sechste Zahl aus der Reihe des Spielers gezogen werden. Für die sechste Ziehung bleiben noch $49 - 5 = 44$ Zahlen übrig. Eine davon verhilft dem Spieler zu einem Sechser. Daher wird mit Wahrscheinlichkeit $1/44$ aus dem Fünfer ein Sechser.

Angenommen, der Spieler hat in seiner Reihe die sechste Gewinnzahl nicht getippt. Dann besteht immer noch die Chance auf 5 Richtige mit Zusatzzahl. Die Zusatzzahl wird aus 43 Zahlen gezogen. Mit Wahrscheinlichkeit $1/43$ wird dann aus dem Fünfer ein Fünfer mit Zusatzzahl.

Wir vermuten, der Spieler hat einen Sechser. Als Superzahl wird eine der Ziffern $0,1,\ldots,9$ ausgespielt. Die Wahrscheinlichkeit, daß er auch noch die Superzahl hat, ist dann $1/10$. Mit Wahrscheinlichkeit $0,1$ wird daher aus dem Sechser sogar ein Sechser mit Superzahl. Mit Wahrscheinlichkeit $0,9$ bleibt es ein Sechser ohne Superzahl.

Diese Wahrscheinlichkeiten sind unter vorgegebenen Bedingungen berechnet worden. Zuerst war die Information bekannt, daß der Spieler die ersten fünf ausgespielten Gewinnzahlen in einer Reihe getippt hat. Nach der Ziehung der sechsten Gewinnzahl hat sich der Informationsstand und damit die Bedingung zur Berechnung der weiteren Wahrscheinlichkeiten nochmals geändert. Entweder hatte der Spieler einen Sechser oder keinen. Solche vom Informationsstand abhängigen Wahrscheinlichkeiten nennt man **bedingte Wahrscheinlichkeiten**. Man darf sie nicht verwechseln mit **absoluten Wahrscheinlichkeiten**. Zur Berechnung und Anwendung von absoluten Wahrscheinlichkeiten darf keinerlei Teilinformation über den Ausgang des Zufallsexperiments benutzt werden.

9.2 Skat

Beim Skatspiel werden von 32 Karten zwei in den Skat gelegt. Uns interessiert das Ereignis, daß zwei Buben im Skat liegen. Gesucht ist

also die Wahrscheinlichkeit für zwei Buben im Skat.

a) Das Experiment könnte folgendermaßen durchgeführt werden: Aus allen 32 Karten werden zwei für den Skat zufällig ausgewählt. Ob die zwei Karten zuerst oder wie bei der Verteilung der Spielkarten erst später ausgewählt werden, ist belanglos. Nach Abschnitt 5.2 gibt es

$$\binom{32}{2} = \frac{32 \cdot 31}{1 \cdot 2} = 496$$

verschiedene Auswahlmöglichkeiten für die beiden Karten im Skat. Zwei Buben können aus der Menge der vier Buben auf

$$\binom{4}{2} = \frac{4 \cdot 3}{1 \cdot 2} = 6$$

verschiedene Arten ausgewählt werden. Mit Wahrscheinlichkeit $6/496 \approx 0,0121$ erhält man mit diesem Zufallsexperiment zwei Buben für den Skat. Um welche es sich dabei handelt, spielt keine Rolle.

b) Beim Skat erhält jeder der 3 Spieler 10 Karten. Die beiden restlichen kommen in den Skat. Gesucht ist die Wahrscheinlichkeit dafür, daß zwei Buben im Skat liegen. Die Berechnung dieser Wahrscheinlichkeit soll näher präzisiert werden.

Ein Zuschauer kennt die Karten der drei Spieler nicht. Für ihn ist die Wahrscheinlichkeit, daß zwei Buben im Skat liegen, nach der Formel aus a) gleich $6/496$.

Anders ist die Situation für einen Spieler, der bereits seine 10 Karten kennt. Ihm liegt eine gewisse Teilinformation über die Kartenverteilung vor. Daher kann er vor Aufnahme des Skats nicht mehr davon ausgehen, daß die Wahrscheinlichkeit für zwei Buben im Skat gleich $6/496$ ist. Diese kann größer oder auch kleiner sein, je nachdem, wie viele Buben er auf der Hand hat.

Angenommen, nach dem Verteilen der Karten und vor Aufnahme des Skats hat ein Spieler zwei Buben auf der Hand. Dann weiß er, daß die beiden Karten für den Skat aus den restlichen 22 Karten ausgewählt wurden, unter denen sich noch zwei weitere Buben befanden. Für die beiden Karten im Skat gibt es bei diesem Informationsstand insgesamt

$$\binom{22}{2} = \frac{22 \cdot 21}{1 \cdot 2} = 231$$

Auswahlmöglichkeiten. Zwei Buben liegen dann im Skat, wenn die beiden restlichen Buben ausgewählt wurden. Dafür gibt es nur einen günstigen Fall. Für den Spieler lautet daher die Wahrscheinlichkeit, daß die beiden restlichen Buben im Skat liegen $1/231 \approx 0,00433$. Hier handelt es sich um die Wahrscheinlichkeit dafür, daß zwei Buben im Skat liegen unter der Bedingung, daß der Spieler bereits zwei Buben auf der Hand hat. Diese vom Informationsstand abhängige bedingte Wahrscheinlichkeit ist kleiner als die in a) berechnete absolute Wahrscheinlichkeit, bei der keinerlei Information über die Kartenverteilung vorliegen darf.

Falls der Spieler gar drei oder vier Buben auf der Hand hat, können gar keine zwei Buben mehr im Skat liegen. Dann ist für ihn das Ereignis „zwei Buben im Skat" unmöglich. Es besitzt dann die Wahrscheinlichkeit Null.

9.3   Zweimaliges Ziehen ohne Zurücklegen

In einer Urne befinden sich 10 gleichartige Kugeln, von denen 3 weiß und 7 schwarz sind. Daraus wird zweimal nacheinander ohne zwischenzeitliches Zurücklegen eine Kugel gezogen. Die Wahrscheinlichkeit, daß man beim ersten Zug eine weiße Kugel erhält, ist $3/10 = 0,3$, die Wahrscheinlichkeit für eine schwarze Kugel $7/10 = 0,7$. Die Kugel aus dem ersten Zug wird vor dem zweiten Zug nicht zu den übrigen Kugeln zurückgelegt. Damit wird beim zweiten Zug eine von den restlichen 9 Kugeln ausgewählt.

Falls beim ersten Zug eine weiße Kugel gezogen wird, bleiben für den zweiten Zug noch 2 weiße und 7 schwarze Kugeln übrig. Die Kugel beim zweiten Zug ist dann mit Wahrscheinlichkeit $2/9$ weiß und mit Wahrscheinlichkeit $7/9$ schwarz.

Wenn jedoch beim ersten Zug eine schwarze Kugel gezogen wird, verbleiben für den zweiten Zug noch 3 weiße und 6 schwarze Kugeln. Dann ist die Kugel aus dem zweiten Zug mit Wahrscheinlichkeit $3/9 = 1/3$ weiß und mit Wahrscheinlichkeit $6/9 = 2/3$ schwarz.

Zur Berechnung der Wahrscheinlichkeiten für die Farbe der Kugel im zweiten Zug wurde das Ergebnis des ersten Zuges benutzt. Die hier berechneten Wahrscheinlichkeiten für die Farbe der Kugel beim zweiten Zug hängen also vom Ergebnis des ersten Zuges ab. Weil das Zufallsexperiment aus dem zweimaligen Ziehen einer Kugel besteht, ist die Bekanntgabe des Ergebnisses aus dem ersten Zug eine Teilinformation über den Ausgang des Gesamtexperimentes. Daher handelt es sich um bedingte Wahrscheinlichkeiten.

Kapitel 10
Die Pfadregel

10.1 Würfeln gegen den Spielleiter

In einer Spielschau im Fernsehen darf ein Spieler gegen den Spielleiter würfeln. Zuerst würfelt der Spielleiter, danach kann sich der Spieler entweder für eine höhere oder niedrigere Augenzahl entscheiden. Er gewinnt nur, wenn seine Augenzahl höher bzw. niedriger als die des Spielleiters ist, so wie er es angekündigt hat. Oft werden die Spieler dazu animiert, sich bereits vor dem Wurf des Spielleiters für „höher" oder „niedriger" zu entscheiden. Der Spieler Leichtsinn läßt sich dazu verleiten, seine Entscheidung bereits vor dem Wurf des Spielleiters zu treffen. Entweder tritt dann seine Prognose ein oder nicht. Deswegen ist er der Meinung, seine Gewinnchance sei 1 zu 1, unabhängig davon, ob er sich vor oder nach dem Wurf des Spielleiters entscheidet. Wir wollen die Gewinnchancen für beide Fälle (Entscheidung vor und nach dem Wurf des Spielleiters) bestimmen.

Entscheidung vor dem Wurf des Spielleiters

Wir nehmen an, der Spieler entscheide sich vor dem Wurf des Spielleiters für „höher". Bei einer Entscheidung für „niedriger" erhält man dann aus Symmetriegründen die gleiche Gewinnwahrscheinlichkeit. Alle möglichen Spielverläufe sind im Baumdiagramm des Bildes 10.1 zusammengestellt. In der ersten Stufe sind die Ereignisse $S_1, S_2, \ldots, S_6$ der Augenzahlen des Spielleiters eingetragen. Geht man von einem idealen Würfeln aus, so ist die Wahrscheinlichkeit für jede Augenzahl gleich

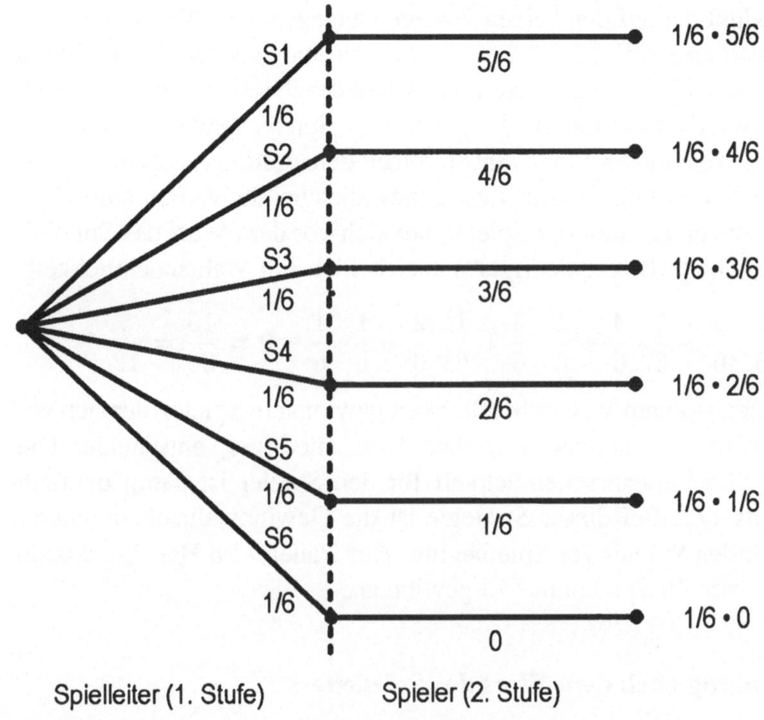

Bild 10.1 Pfade mit Gewinnwahrscheinlichkeiten

1/6. Mit diesen Wahrscheinlichkeiten sind die entsprechenden Äste gekennzeichnet. In der zweiten Stufe stehen die Gewinnwahrscheinlichkeiten des Spielers. Diese hängen von der geworfenen Augenzahl des Spielleiters ab. Wirft dieser eine 1, so gewinnt der Spieler, wenn seine Augenzahl größer als 1 ist. Hierfür gibt es 5 günstige Fälle, nämlich die Augenzahlen 2,3,4,5,6. Damit lautet in diesem Fall die (bedingte) Gewinnwahrscheinlichkeit 5/6. Wirft der Spielleiter eine 2, dann beträgt die Gewinnwahrscheinlichkeit 4/6 usw. Wenn der Spielleiter eine 6 wirft, kann der Spieler nicht mehr gewinnen. In diesem Fall ist seine Gewinnwahrscheinlichkeit gleich 0. Das Ereignis, daß der Spielleiter eine 1 wirft und der Spieler gewinnt, ist durch den obersten Pfad des Baumdiagramms dargestellt. Die Wahrscheinlichkeit dafür ist gleich dem Produkt der auf den beiden Zweigen angegebenen Wahrscheinlichkeiten, also gleich $\frac{1}{6} \cdot \frac{5}{6}$. Entsprechend erhält man aus dem zweiten Pfad von oben die Wahrscheinlichkeit dafür, daß der Spielleiter eine 2 würfelt und der Spieler gewinnt, als $\frac{1}{6} \cdot \frac{4}{6}$ usw. Der Spieler gewinnt, falls einer der 6 eingezeichneten Pfade eintritt. Nach dem Additionssatz für Wahrscheinlichkeiten müssen alle diese Pfadwahrscheinlichkeiten aufaddiert werden. Daher gewinnt der Spieler, der sich vor dem Wurf des Spielleiters für „höher" (bzw. „niedriger") entscheidet, mit Wahrscheinlichkeit

$$\frac{1}{6} \cdot \frac{5}{6} + \frac{1}{6} \cdot \frac{4}{6} + \frac{1}{6} \cdot \frac{3}{6} + \frac{1}{6} \cdot \frac{2}{6} + \frac{1}{6} \cdot \frac{1}{6} + 0 = \frac{15}{36} = \frac{5}{12}.$$

Mit dieser absoluten Wahrscheinlichkeit gewinnt ein Spieler, der sich vor dem Wurf des Spielleiters für „höher" bzw. „niedriger" entscheidet. Die absolute Gewinnwahrscheinlichkeit für den Spieler ist damit deutlich kleiner als 1/2. Bei dieser Strategie ist die Gewinnwahrscheinlichkeit 15/36 für den Spieler vor Spielbeginn. Auf Dauer wird Herr Leichtsinn im Mittel von 36 Spielen nur 15 gewinnen.

Entscheidung nach dem Wurf des Spielleiters

Läßt man den Spielleiter vor der Entscheidung für „höher" oder „niedriger" würfeln, dann kann dessen Wurfergebnis für die Entscheidung benutzt werden. Falls der Spielleiter eine 1, 2 oder 3 wirft, sollte man sich für „höher" entscheiden. Hat der Spielleiter dagegen eine 4, 5 oder 6 geworfen, ist die Entscheidung „niedriger" sinnvoll, denn dadurch wird jeweils die Gewinnchance am größten. Trotzdem kann man auch mit dieser Strategie verlieren. Wir stellen diese optimalen Entscheidungen mit den zugehörigen Gewinnwahrscheinlichkeiten in Tabelle 10.1 zusammen. Das zugehörige Baumdiagramm ist in Bild 10.2 dargestellt. Dabei bedeutet in der zweiten Stufe H: Entscheidung für „höher" und N: Entscheidung für „niedriger".

Bei dieser Strategie gewinnt der Spieler mit Wahrscheinlichkeit

$$\frac{1}{6} \cdot \frac{5}{6} + \frac{1}{6} \cdot \frac{4}{6} + \frac{1}{6} \cdot \frac{3}{6} + \frac{1}{6} \cdot \frac{3}{6} + \frac{1}{6} \cdot \frac{4}{6} + \frac{1}{6} \cdot \frac{5}{6} = \frac{24}{36} = \frac{2}{3}.$$

Tabelle 10.1 Gewinnwahrscheinlichkeiten beim Würfelspiel

Augenzahl des Moderators	Entscheidung des Spielers	Gewinnwahrschein- lichkeit des Spielers
1	höher	5/6
2	höher	4/6
3	höher	3/6
4	niedriger	3/6
5	niedriger	4/6
6	niedriger	5/6

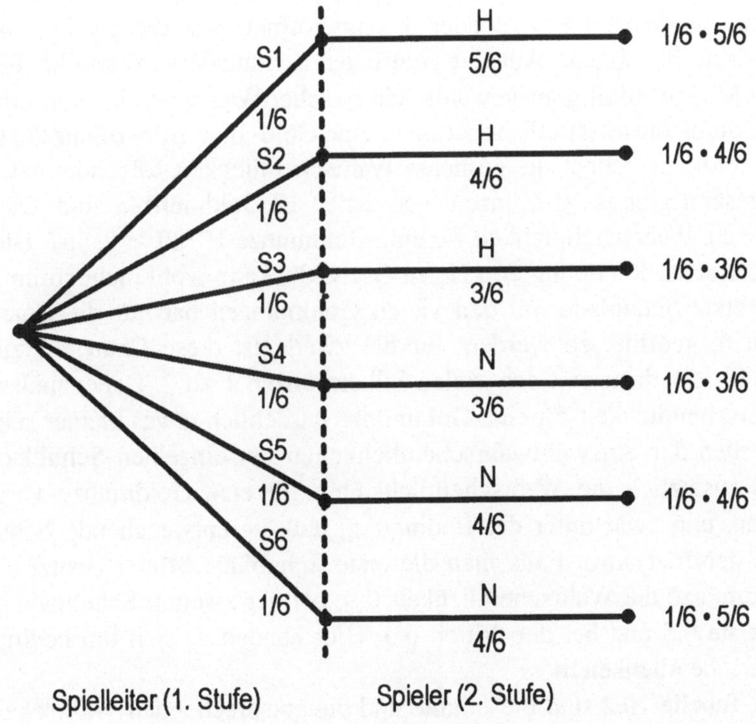

Bild 10.2 Pfade mit Gewinnwahrscheinlichkeiten beim Würfeln

Auf Dauer wird ein Spieler mit dieser Strategie im Durchschnitt in zwei von drei Spielen gewinnen. Die Gewinnchance steht also 2 zu 1. Daher sollte man die Entscheidung immer erst nach dem Wurf des Spielleiters treffen.

10.2 Das Schubladen-Problem

Wir stellen uns das folgende Zufallsexperiment vor: Ein Kästchen besitzt 3 Schubladen. In der ersten Schublade befinden sich 9 Gold- und eine Silbermünze, in der zweiten 5 Gold- und 5 Silbermünzen und in der dritten 3 Gold- und 7 Silbermünzen. Mit einem idealen Würfel wird geworfen. Falls eine 1 erscheint, wird die erste Schublade geöffnet. Wenn der Würfel eine 2 oder 3 zeigt, öffnet man die zweite, sonst die dritte Schublade. Aus der geöffneten Schublade wird anschließend eine Münze zufällig ausgewählt. Mit welcher Wahrscheinlichkeit erhält man durch dieses Zufallsexperiment eine Gold- bzw. Silbermünze? Herr Gscheidle berechnet die gesuchte Wahrscheinlichkeit folgendermaßen: Insgesamt gibt es 30 Münzen, von denen 17 Goldmünzen sind. Damit wäre die Wahrscheinlichkeit für eine Goldmünze $17/30 \approx 0,567$. Diese vereinfachte Rechnung von Herrn Gscheidle kann wohl nicht stimmen. Die erste Schublade mit den vielen Goldmünzen hat nur die Chance 1 zu 6, geöffnet zu werden, für die zweite ist diese Chance 1 zu 3 und für die dritte mit den vielen Silbermünzen 1 zu 2. Daher muß die Wahrscheinlichkeit für eine Goldmünze tatsächlich etwas kleiner sein.

Neben den Auswahlwahrscheinlichkeiten der einzelnen Schubladen sind zusätzlich die Wahrscheinlichkeiten für eine Goldmünze vorgegeben, und zwar unter der Bedingung, daß die entsprechende Schublade geöffnet wird. Falls man die erste Schublade öffnet, besitzt eine Goldmünze die Wahrscheinlichkeit 0,9, bei der zweiten Schublade beträgt sie 0,5 und bei der dritten 0,3. Hier handelt es sich um bedingte Wahrscheinlichkeiten.

In Tabelle 10.2 sind die Inhalte und die entsprechenden Wahrscheinlichkeiten zusammengestellt. Dabei steht G für eine Gold- und S für eine Silbermünze.

Tabelle 10.2 Das Schubladenproblem

Schub-lade	Inhalt	Wahrsch.- für Gold	Auswahl-wahrsch.
I	G G G G G G G G S	0,9	1/6
II	G G G G G S S S S	0,5	1/3
III	G G G S S S S S S	0,3	1/2

Das Baumdiagramm dieses zweistufigen Zufallsexperiments ist in Bild 10.3 dargestellt. In der ersten Stufe wird eine der drei Schubladen ausgewählt, in der zweiten Stufe entnimmt man aus der ausgewählten Schublade eine Münze. An den Zweigen der ersten Stufe stehen die Auswahlwahrscheinlichkeiten für die Schubladen. An den Zweigen der zweiten Stufe sind die bedingten Wahrscheinlichkeiten für eine Gold-(G) bzw. für eine Silbermünze (S) eingetragen. Bei drei Pfaden erhält man eine Goldmünze, bei den restlichen drei Pfaden eine Silbermünze. Die Wahrscheinlichkeit für eine Goldmünze ist gleich der Summe der Wahrscheinlichkeiten der drei günstigen Pfade. Die Wahrscheinlichkeit eines Pfades erhält man durch Multiplikation der Wahrscheinlichkeiten auf den jeweiligen Zweigen. Damit lautet die absolute Wahrscheinlichkeit für eine Goldmünze

$$\frac{1}{6} \cdot 0,9 + \frac{1}{3} \cdot 0,5 + \frac{1}{2} \cdot 0,3 = \frac{7}{15} \approx 0,467.$$

Mit Wahrscheinlichkeit

$$1 - \frac{7}{15} = \frac{8}{15} \approx 0,533$$

erhält man eine Silbermünze. Diese Wahrscheinlichkeit kann auch direkt über die drei anderen Pfade bestimmt werden.
Herr Gscheidle hat also nicht recht. Die von ihm angegebene Wahrscheinlichkeit wäre dann richtig, wenn vor dem Zug alle 30 Münzen zusammengelegt würden.

Pfadregel:
Zur Berechnung der Wahrscheinlichkeit eines Pfades müssen die (bedingten) Wahrscheinlichkeiten aller Zweige miteinander multipliziert

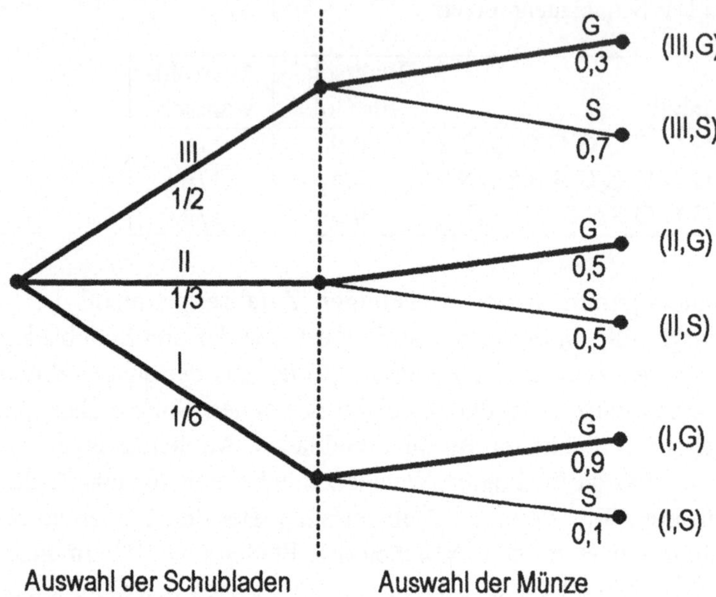

Bild 10.3 Baumdiagramm beim Schubladenproblem

werden. Besteht ein bestimmtes Ereignis aus mehreren Pfaden, so ist seine Wahrscheinlichkeit gleich der Summe der Wahrscheinlichkeiten aller ihm zugeordneten Pfade.

10.3 Die ärztliche Schweigepflicht

Drei einer ansteckenden Krankheit verdächtigten Personen A, B, C wurde eine Blutprobe entnommen. Das Untersuchungsergebnis sollte vorläufig nicht bekannt gegeben werden. A erfuhr jedoch, daß sich nur bei einer Person der Verdacht bestätigt hat. Er bat den Arzt, ihm im Vertrauen den Namen einer der Personen B oder C zu nennen, die gesund ist. Der Arzt lehnt die Auskunft mit folgender Begründung ab: „Ohne diese Auskunft sind Sie mit Wahrscheinlichkeit 1/3 krank. Wenn ich Ihnen aber eine gesunde Person nenne, würde die Wahrscheinlichkeit,

daß Sie die Krankheit haben, von 1/3 auf 1/2 ansteigen". A bestreitet
dies mit dem Hinweis: „Eine der beiden anderen Personen muß doch gesund sein. Aus diesem Grund ist die Benennung einer gesunden Person
vom wahrscheinlichkeitstheoretischen Standpunkt aus für mich doch in-
formationslos. Dadurch kann sich die Wahrscheinlichkeit, daß ich an
der Krankheit leide, in keiner Weise ändern. Diese bleibt bei 1/3, unabhängig davon, ob Sie mir B oder C nennen".

Der Arzt geht offensichtlich davon aus, daß bei der Benennung einer gesunden Person für die Krankheit nur zwei Personen übrigbleiben
und somit jede dieser beiden Personen mit Wahrscheinlichkeit 1/2 die
Krankheit hat. Wer hat recht, der Arzt oder die Person A?

Wir wollen den Streit schlichten unter der Annahme, daß der Arzt,
wenn A an der ansteckenden Krankheit leiden würde, mit gleicher Wahrscheinlichkeit die Personen B oder C nennen würde. Im zweistufigen
Baumdiagramm von Bild 10.4 betrachten wir in der ersten Stufe das
Ereignis, daß A, B oder C krank ist. Die Wahrscheinlichkeit dafür ist
zunächst, also ohne weitere Information, für jede Person 1/3. In der
zweiten Stufe soll untersucht werden, welche Person der Arzt nennt. A
wird vom Arzt auf keinen Fall genannt. Falls B die Krankheit hat, muß
er ja C nennen (Wahrscheinlichkeit=1), wenn C krank ist, wird B genannt (Wahrscheinlichkeit=1). Falls A krank ist, nennt der Arzt B oder
C jeweils mit Wahrscheinlichkeit 1/2. Das Baumdiagramm ist in Bild
10.4 dargestellt. Es besteht aus vier Pfaden.

Für das Ereignis „A ist krank" gibt es insgesamt zwei Pfade. Die
Wahrscheinlichkeit dafür ist

$$\frac{1}{3} \cdot \frac{1}{2} + \frac{1}{3} \cdot \frac{1}{2} = \frac{1}{3}.$$

Wir nehmen an, der Arzt verrate der Person A vertraulich, daß die
Person B die Krankheit nicht hat. Mit dieser Information kann dann nur
A oder C die Krankheit haben. Damit ist A bekannt, daß von den vier
möglichen Pfaden nur entweder der oberste oder der unterste eingetreten ist. Welcher von beiden es tatsächlich ist, darüber hat A noch keine
Information. Beim obersten Pfad leidet A an der Krankheit, beim untersten dagegen B. Die Wahrscheinlichkeit des untersten Pfades ist aber

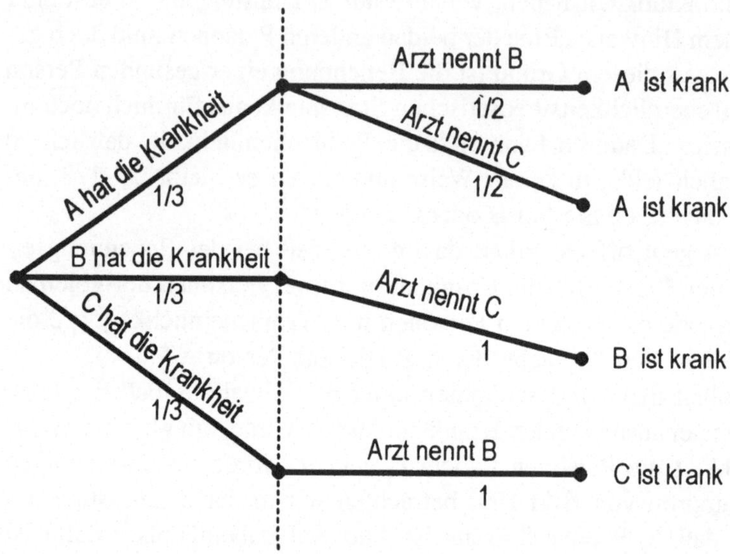

Bild 10.4 Baumdiagramm beim Problem der ärztlichen Schweigepflicht

doppelt so groß wie die des obersten. Die Gefahr, daß A die Krankheit hat, beträgt damit 1 zu 2. Wenn also der Arzt der Person A verrät, die Person C sei gesund, bleibt die Wahrscheinlichkeit, daß A die Krankheit hat, bei 1/3. Wenn der Arzt die Person C nennt, erhält man über die beiden mittleren Pfade das gleiche Ergebnis.

Der Arzt hat also nicht recht, er kann der Person A im Vertrauen ruhig eine der beiden anderen Personen nennen, die nicht an der Krankheit leidet. Falls der Arzt eine gesunde Person nennt, erhält A allerdings die Information, daß die nichtgenannte Person mit Wahrscheinlichkeit 2/3 die Krankheit hat.

10.4   Das Drei-Türen-Problem - zweiter Lösungsweg

Für das Drei-Türen-Problem soll nun ein zweiter Lösungsweg angegeben werden, der allerdings etwas komplizierter ist als der in Abschnitt 4 benutzte.

Wir nehmen an, der Spieler wähle die Tür T_1. Allgemein können wir uns auf diesen Fall beschränken. Die anderen beiden Fälle lassen sich durch Umnumerierung der drei Türen auf diesen Fall zurückführen. Ohne Information befindet sich hinter jeder Tür T_1, T_2, T_3 jeweils mit Wahrscheinlichkeit 1/3 das Auto. Diese Warscheinlichkeiten sind in der ersten Stufe des Baumdiagramms in Bild 10.5 eingetragen. Falls hinter der vom Spieler ausgewählten Tür T_1 das Auto ist, öffnet der Spielleiter jeweils mit Wahrscheinlichkeit 1/2 eine der beiden anderen Türen T_2 bzw. T_3. Befindet sich das Auto hinter der Tür T_2, so öffnet der Spielleiter die Tür T_3 (Wahrscheinlichkeit=1). Ist das Auto hinter T_3, so wird T_2 geöffnet (Wahrscheinlichkeit=1). Diese Wahrscheinlichkeiten werden in die zweite Stufe des Baumdiagramms in Bild 10. 5 eingetragen.

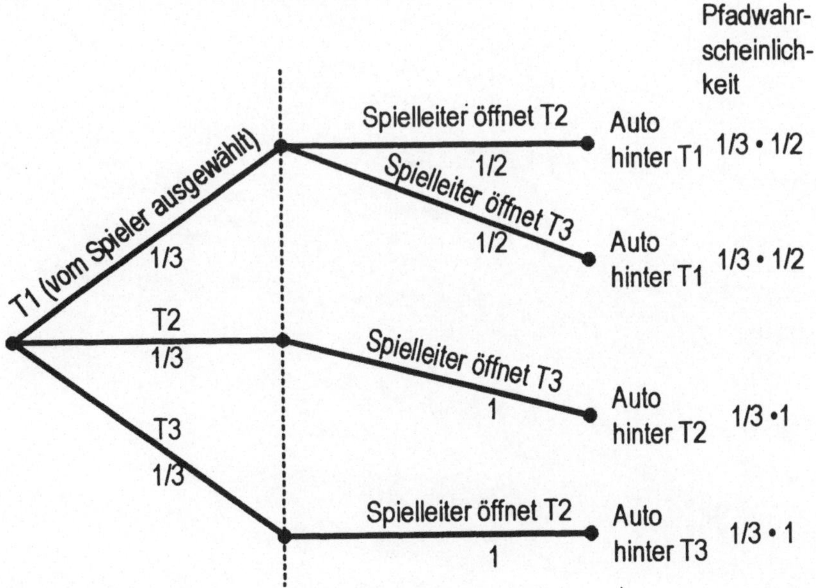

Bild 10.5 Baumdiagramm beim Drei-Türen-Problem

Der Spielleiter öffnet die Tür T_2. Damit ist bekannt, daß sich das Auto nicht mehr hinter dieser Tür befindet. Es kann also nur noch hinter T_1 oder T_3 sein. Somit kann nur entweder der oberste oder der unterste Pfad eintreten. Beim obersten Pfad steht dann das Auto hinter der vom Spieler ausgewählten Tür T_1, beim untersten ist es hinter der Tür T_3. Die Wahrscheinlichkeit des untersten Pfades ist doppelt so groß wie die des obersten Pfades. Bleibt der Spieler bei seiner Entscheidung, so ist seine Chance, das Auto zu gewinnen, nur 1 zu 2. Mit Wahrscheinlichkeit $1/3$ steht damit das Auto hinter der Tür T_1 und mit Wahrscheinlichkeit $2/3$ hinter T_2. Ein Wechsel lohnt sich. Denn dadurch verdoppelt sich die Chance, das Auto zu gewinnen. Über die beiden mittleren Pfade kommt man zum gleichen Ergebnis, falls der Spielleiter die Tür T_3 öffnet.

Beim Vergleich dieses Baumdiagramms mit dem aus dem vorangehenden Beispiel der ärztlichen Schweigepflicht stellt man fest, daß beide Diagramme bis auf die Beschriftung völlig gleich aussehen. Bei beiden Beispielen handelt es sich also um das gleiche wahrscheinlichkeitstheoretische Modell.

Kapitel 11
Unabhängige Ereignisse

11.1 Rauchen und Lungenkrebs

Falls Lungenkrebs vom Rauchen unabhängig wäre, müßte auf Dauer der relative Anteil derjenigen Personen, die in ihrem Leben Lungenkrebs bekommen, unter den Rauchern und Nichtrauchern ungefähr gleich groß sein. Auf die Krankheit Lungenkrebs hätte dann das Rauchen keinen Einfluß. Weil aber unter den Rauchern prozentual mehr Personen Lungenkrebs bekommen als unter den Nichtrauchern, kann Lungenkrebs vom Rauchen nicht unabhängig sein.

11.2 Ziehen einer Karte

Jemand zieht aus einem Kartenspiel mit 32 Karten zufällig eine Karte.
a) Über die gezogene Karte sei nichts bekannt. Dann ist die Wahrscheinlichkeit dafür, daß ein König gezogen wurde, $4/32 = 1/8$.
b) Diejenige Person, welche die Karte gezogen hat, gebe das genaue Ergebnis nicht bekannt, sondern sage nur, daß keine Dame gezogen wurde. Damit liegt eine Teilinformation über das Versuchsergebnis vor. Die Karte muß somit aus den restlichen 28 Karten (ohne Damen) gezogen worden sein, unter denen sich noch alle 4 Könige befanden. Durch diese Information ändert sich die Wahrscheinlichkeit, daß ein König gezogen wurde, von $1/8$ auf $4/28 = 1/7$. Diese von der Information „keine Dame" abhängige bedingte Wahrscheinlichkeit $1/7$ ist von der absoluten Wahrscheinlichkeit $1/8$ verschieden. Die Information „keine

Dame wurde gezogen" hat also einen Einfluß auf die Berechnung der Wahrscheinlichkeit für einen König.

c) Die Person gebe bekannt, daß die gezogene Karte die Farbe Herz hat. In diesem Fall muß die Karte aus der Menge der 8 Herz-Karten gezogen worden sein, unter denen sich ein König befand. Die bedingte Wahrscheinlichkeit, daß ein König gezogen wurde, bleibt auch mit dieser Information bei 1/8. Die Information der Farbe der gezogenen Karte ändert die Wahrscheinlichkeit für einen König nicht. Die bedingte Wahrscheinlichkeit stimmt hier mit der absoluten Wahrscheinlichkeit (ohne Information) überein. Das gleiche Ergebnis erhält man, wenn bekanntgegeben wird, daß die gezogene Karte Kreuz, Pik oder Karo ist. Die Information der Farbe der gezogenen Karte hat also keinen Einfluß auf die Wahrscheinlichkeit für einen König. Man nennt daher das Ereignis „König" vom Ereignis „Farbe" unabhängig. Die Wahrscheinlichkeit für einen König ist damit unabhängig von der Farbe der gezogenen Karte. Die Farbe kann getrost bekanntgegeben werden. Dadurch ändert sich die Wahrscheinlichkeit für einen König nicht.

Falls die Teilinformation über das Eintreten eines Ereignisses A die Wahrscheinlichkeit eines Ereignisses B nicht ändert, stimmt die von dieser Teilinformation abhängige bedingte Wahrscheinlichkeit für B mit der absoluten Wahrscheinlichkeit überein, die ohne Information berechnet wurde. Dann heißen die beiden Ereignisse A und B voneinander **unabhängig**. Zur Berechnung der Wahrscheinlichkeit eines der beiden Ereignisse ist dann die Information über das Eintreten des anderen Ereignisses wertlos. Ereignisse, die nicht unabhängig sind, nennt man **abhängig**.

Beim Ziehen ohne Zurücklegen ändert sich nach jedem Zug die Menge, aus der ausgewählt wird, während beim Ziehen mit Zurücklegen jedesmal aus der gleichen Grundgesamtheit ausgewählt wird. Die Ergebnisse aus den vorherigen Zügen haben beim Ziehen ohne zwischenzeitliches Zurücklegen Einfluß auf die Ergebnisse der nachfolgenden Züge, beim Ziehen mit zwischenzeitlichem Zurücklegen dagegen nicht. Daher sind Ereignisse aus den einzelnen Stufen beim Ziehen ohne Zurücklegen voneinander abängig, beim Ziehen mit Zurücklegen jedoch unabhängig. Wie wir bereits festgestellt haben sind beim Ziehen einer Karte die beiden Ereignisse „Herz" und „König" voneinander unabhängig, während die beiden Ereignisse „keine Dame" und „König" abhängig sind.

11.3 Produktregel

Wenn zwei Ereignisse voneinander **unabhängig** sind, dann ist die Wahrscheinlichkeit dafür, daß beide Ereignisse gleichzeitig eintreten, gleich dem Produkt der beiden Einzelwahrscheinlichkeiten.

11.4 Ziehen einer Karte

Wir prüfen die Produktregel bei dem obigen Beispiel (Ziehen einer Karte) nach: Das Ereignis „ein König wird gezogen" besitzt die Wahrscheinlichkeit $4/32 = 1/8$, das Ereignis „eine Herz-Karte wird gezogen" hat die absolute Wahrscheinlichkeit $8/32 = 1/4$. Beide Ereignisse treten gleichzeitig ein, wenn der Herz-König gezogen wird. Die Wahrscheinlichkeit dafür ist $1/32$. Wegen

$$\frac{1}{32} = \frac{1}{8} \cdot \frac{1}{4}$$

ist diese Wahrscheinlichkeit gleich dem Produkt der beiden Einzelwahrscheinlichkeiten. Die beiden Ereignisse sind also unabhängig.

Das Ereignis „keine Dame wird gezogen" besitzt die Wahrscheinlichkeit $28/32 = 7/8$. Die beiden Ereignisse „keine Dame wird gezogen" und „ein König wird gezogen" treten gleichzeitig ein, wenn ein König gezogen wird. Die Wahrscheinlichkeit für das gleichzeitige Eintreten dieser beiden Ereignisse ist also gleich $1/4$. Wegen

$$\frac{1}{4} \neq \frac{7}{8} \cdot \frac{1}{4}$$

ist hier die gemeinsame Wahrscheinlichkeit nicht gleich dem Produkt der einzelnen Wahrscheinlichkeiten. Die beiden Ereignisse sind also abhängig.

11.5   Die Bombe im Flugzeug

Wir nehmen an, mit Wahrscheinlichkeit 1/1 000 000 befinde sich eine Bombe in einem Flugzeug. Die Gefahr, in ein Flugzeug zu steigen, in dem sich eine Bombe befindet, ist dann 1 zu 1 Million. Die Wahrscheinlichkeit dafür, daß gleichzeitig zwei Bomben an Bord sind, ist nach der obigen Produktregel

$$\frac{1}{1\,000\,000} \cdot \frac{1}{1\,000\,000} = \frac{1}{1\,000\,000\,000\,000}.$$

Dabei wird die Unabhängigkeit vorausgesetzt. Die Gefahr, daß sich gleichzeitig zwei Bomben im Flugzeug befinden, ist dann nur 1 zu 1 Billion (=1 000 Milliarden).

Herr Vorsicht hat große Angst vor dem Fliegen. Deswegen überlegt er sich folgendes: Wenn ich selbst eine Bombe mit in das Flugzeug nehme, ohne damit einen Schaden anrichten zu wollen, dann reduziert sich doch die Gefahr, daß sich im Flugzeug noch eine zweite Bombe befindet, von 1 zu 1 Million auf 1 zu 1 Billion. Denn 1 zu 1 Billion ist die Gefahr, daß sich im Flugzeug gleichzeitig zwei Bomben befinden. Dadurch wird die Sicherheit um den Faktor 1 Million vergrößert. Kann diese Vermutung wirklich wahr sein? Wohl nicht! Denn wenn jemand eine Bombe mitbringt, muß er die bedingte Wahrscheinlichkeit dafür berechnen, daß noch eine weitere Bombe im Flugzeug ist. Diese bedingte Wahrscheinlichkeit ist aber ebenfalls gleich 1/1 000 000, also ebensogroß, wie wenn Herr Vorsicht keine Bombe mitbrächte. Es handelt sich also um einen Trugschluß, bei dem wie so oft bedingte Wahrscheinlichkeiten mit absoluten verwechselt werden.

11.6 Tennis auf zwei Gewinnsätze

Beim Damen- und zum Teil auch beim Herrentennis wird auf zwei Gewinnsätze gespielt. Diejenige Spielerin, die zuerst zwei Sätze gewonnen hat, gewinnt das Match. Das Match kann also aus zwei oder drei Sätzen bestehen. Sie werden vielleicht fragen, weshalb auf zwei Gewinnsätze gespielt wird und nicht ein einziger Satz ausreicht. Die Begründung dafür soll später gebracht werden.

Wir nehmen an, Steffi gewinne gegen eine bestimmte Gegnerin einen Einzelsatz jeweils mit Wahrscheinlichkeit w unabhängig vom Ausgang der bereits gespielten Sätze. Dabei ist w ein bestimmter Zahlenwert, vielleicht $w = 0,8$. Mit Wahrscheinlichkeit $1 - w$ $(= 0,2)$ verliert sie einen einzelnen Satz. In Abhängigkeit vom Wert w soll die Wahrscheinlichkeit dafür berechnet werden, mit der Steffi ein Match gewinnt.

Die Modellannahme der konstanten Gewinnwahrscheinlichkeit für jeden einzelnen Satz ist allerdings nicht ganz realistisch, da nach einem Satzverlust eine gewisse Resignation oder aber ein besonderes Aufbäumen gegen die drohende Niederlage aufkommen kann. Aus diesem Grund erhält man mit diesem Modell nur Näherungslösungen.

Die möglichen Spielverläufe sind in Bild 11.1 als Baumdiagramm dargestellt. Jeder von Steffi gewonnene Satz wird durch eine mit G bezeichnete nach oben verlaufende Strecke, jeder Satzverlust durch eine mit V beschriftete Strecke nach unten dargestellt. Auf diesen Strecken (Zweigen) sind noch die jeweiligen Wahrscheinlichkeiten eingetragen, mit denen sie auftreten. Durch jeden Pfad wird ein möglicher Spielverlauf beschrieben. Am Ende eines Pfades ist abzulesen, ob Steffi bei diesem Verlauf das Match gewinnt oder verliert. Insgesamt gibt es sechs mögliche Pfade. Zwei davon bestehen aus zwei Sätzen, bei vier Pfaden sind drei Sätze notwendig. Drei der sechs Pfade sind für Steffi günstig. Zur Berechnung der Matchgewinnwahrscheinlichkeit von Steffi müssen die Wahrscheinlichkeiten der drei für sie günstigen Pfade addiert werden. Wegen der vorausgesetzten Unabhängigkeit (Modellannahme) werden die Pfadwahrscheinlichkeiten durch Multiplikation der Wahrscheinlichkeiten für die einzelnen Spielausgänge berechnet. Damit erhält man die Matchgewinnwahrscheinlichkeit für Steffi in der Form

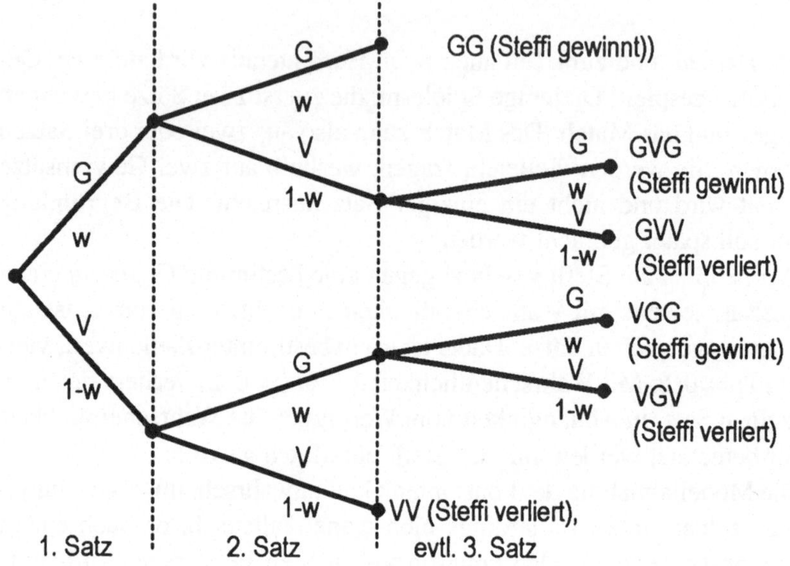

Bild 11.1 Baumdiagramm beim Tennis auf zwei Gewinnsätze

$$w \cdot w + w \cdot (1 - w) \cdot w + (1 - w) \cdot w \cdot w$$
$$= w^2 \cdot [1 + 2 \cdot (1 - w)] = w^2 \cdot (3 - 2w).$$

Für verschiedene Werte w ist diese Wahrscheinlichkeit in Tabelle 11.1 angegeben. Falls Steffi einen Satz mit Wahrscheinlichkeit 0,5 gewinnt, gewinnt sie auch das Match mit der gleichen Wahrscheinlichkeit. In diesem Fall würde das Spiel eines einzigen Satzes genügen. Bei einer Wahrscheinlichkeit von 0,8 für einen Satzgewinn, gewinnt sie das Match jedoch mit der größeren Wahrscheinlichkeit 0,896. Auf Dauer würde sie in diesem Fall zwar nur 80 Prozent der einzelnen Sätze gewinnen, sie geht aber in 89,6 Prozent der Spiele als Siegerin vom Platz. Durch das Spiel auf zwei Gewinnsätze wird also die Siegeschance der stärkeren Spielerin vergrößert.

Bei den Männern wird -wenigstens im Endspiel- auf drei Gewinnsätze gespielt. Dadurch wird die Siegeschance des stärkeren Spielers nochmals erhöht.

Tabelle 11.1 Gewinnwahrscheinlichkeiten beim Tennis

Wahrscheinlichkeit für einen Satzgewinn	Wahrscheinlichkeit für den Matchgewinn
0,50	0,50000
0,55	0,57475
0,60	0,64800
0,65	0,71825
0,70	0,78400
0,75	0,84375
0,80	0,89600
0,85	0,93925
0,90	0,97200
0,95	0,99275
0,99	0,99970
1,00	1,00000

Das Match ist in zwei Sätzen entschieden, wenn Steffi von den beiden ersten Sätzen entweder beide gewinnt oder beide verliert. Diese Situationen werden durch den obersten und den untersten Pfad beschrieben. Die Wahrscheinlichkeit dafür lautet

$$w \cdot w + (1 - w) \cdot (1 - w) = w^2 + (1 - w)^2$$
$$= w^2 + 1 - 2w + w^2 = 2w^2 - 2w + 1.$$

Falls Steffi einen einzelnen Satz mit Wahrscheinlichkeit $w = 0,8$ gewinnt, ist das Match mit Wahrscheinlichkeit

$$2 \cdot 0,64 - 1,6 + 1 = 0,68$$

nach zwei Sätzen entschieden.

Bei den berechneten Wahrscheinlichkeiten für den Matchgewinn durch Steffi handelt es sich um absolute Wahrscheinlichkeiten. Dabei darf keinerlei Information über den Ausgang des ersten oder zweiten Satzes vorliegen.

Wenn jedoch bereits der Ausgang des ersten Satzes bekannt ist, sieht die Situation ganz anders aus. Für die weitere Rechnung gehen wir von einer festen Wahrscheinlichkeit $w = 0,8$ für einen Satzgewinn durch Steffi aus.

Wir nehmen an, Steffi habe den ersten Satz gewonnen. Dann sind wohl die meisten Zuschauer fest davon überzeugt, daß sie auch das Match gewinnen wird. Dazu muß sie allerdings entweder den zweiten Satz gewinnen oder aber den zweiten Satz verlieren und den dritten gewinnen. Die (bedingte) Wahrscheinlichkeit dafür beträgt

$$0,8 + 0,2 \cdot 0,8 = 0,96.$$

0,96 ist die bedingte Wahrscheinlichkeit, daß Steffi das Match gewinnt, unter der Bedingung, daß sie den ersten Satz gewinnt oder gewonnen hat. Diese bedingte Wahrscheinlichkeit ist wesentlich größer als die in der Tabelle 11.1 angegebene absolute Gewinnwahrscheinlichkeit von 0,896. Das ist auch plausibel, denn nach einem gewonnenen Satz erhöht sich die Siegeswahrscheinlichkeit.

Nun gehen wir davon aus, daß Steffi den ersten Satz verloren hat. Dann sinken ihre Chancen für den Matchgewinn etwas. Damit Steffi das Match noch gewinnt, muß sie die nächsten beiden Sätze gewinnen. Die Wahrscheinlichkeit dafür ist nur noch $0,8 \cdot 0,8 = 0,64$.

Falls von den ersten beiden Sätzen jede Spielerin einen gewonnen hat, entscheidet der dritte Satz. Dann gewinnt Steffi mit Wahrscheinlichkeit 0,8 das Match.

11.7 Zweimaliges Werfen mit einer verbogenen Münze

Eine Münze sei so verbogen, daß bei einem Einzelwurf Wappen (W) mit Wahrscheinlichkeit 0,6 und somit Zahl (Z) mit Wahrscheinlichkeit 0,4 auftritt.

Die Münze wird zweimal hintereinander geworfen. Gesucht sind die Wahrscheinlichkeiten, mit denen bei den beiden Würfen Wappen gar nicht, einmal oder zweimal erscheint. Die Ergebnisse dieses Zufallsexperiments stellen wir formal dar durch die vier Paare WW WZ ZW und ZZ. Dabei steht an der ersten Stelle das Ergebnis beim ersten Wurf, an der zweiten Stelle das Ergebnis des zweiten Wurfs. Wegen der Unabhängigkeit der beiden Würfe werden die einzelnen Wahrscheinlichkeiten multipliziert. Damit erhält man die Wahrscheinlichkeiten aus Tabelle 11.2.

Tabelle 11.2 Wahrscheinlichkeiten beim zweimaligen Werfen einer verbogenen Münze

Ergebnis	Anzahl der Wappen	Wahrscheinlichkeiten
WW	2	$0,6 \cdot 0,6 = 0,36$
WZ	1	$0,6 \cdot 0,4 = 0,24$
ZW	1	$0,4 \cdot 0,6 = 0,24$
ZZ	0	$0,4 \cdot 0,6 = 0,16$

Die Summe aller vier Wahrscheinlichkeiten ist gleich 1. Aus dieser Tabelle können unmittelbar die Wahrscheinlichkeiten für die Anzahl von Wappen berechnet werden. Zweimal Wappen tritt mit Wahrscheinlichkeit 0,36 auf. Genau einmal Wappen erhält man bei den beiden Versuchsergebnissen WZ und ZW. Diese besitzen zusammen die Wahrscheinlichkeit $0,24 + 0,24 = 0,48$. Mit Wahrscheinlichkeit 0,16 tritt Wappen gar nicht auf. Die Wahrscheinlichkeiten sind in Tabelle 11.3 zusammengestellt.

Tabelle 11.3 Wahrscheinlichkeiten beim zweimaligen Werfen einer verbogenen Münze

Anzahl der Wappen	0	1	2
Wahrscheinlichkeiten	0,16	0,48	0,36

11.8   Der Kuchen mit verdorbenen Eiern

Eine Hausfrau benötigt zum Backen eines Kuchens drei Eier. Sie verwendet diese, ohne nachzuprüfen, ob nicht etwa eines davon verdorben ist. Falls sie ein verdorbenes Ei benutzt hat, sei der Kuchen ungenießbar. Für die weitere Untersuchung setzen wir voraus, daß jedes einzelne Ei mit Wahrscheinlichkeit $0,1$ verdorben und daher mit Wahrscheinlichkeit $0,9$ brauchbar ist. Für ein verdorbenes Ei setzen wir V, für ein unverdorbenes G (gut). Die drei Eier sollen durchnumeriert werden. Da jedes der Eier verdorben oder brauchbar sein kann, gibt es insgesamt $2 \cdot 2 \cdot 2 = 8$ verschiedene Möglichkeiten. Diese Möglichkeiten sind in der ersten Spalte der Tabelle 11.4 dargestellt. Die Wahrscheinlichkeit für die 8 Fälle erhält man durch Multiplikation der Einzelwahrscheinlichkeiten. Bei einem verdorbenen Ei tritt der Faktor $0,1$, bei einem unverdorbenen der Faktor $0,9$ auf. Die jeweiligen Wahrscheinlichkeiten stehen in der zweiten Spalte der Tabelle 11.4.

Tabelle 11.4 Wahrscheinlichkeiten für die Anzahl der verdorbenen Eier

Ergebnis	Wahrscheinlichkeit	Anzahl der verd. Eier	Wahrscheinlichkeit
GGG	$0,9 \cdot 0,9 \cdot 0,9 = 0,729$	0	0,729
VGG	$0,1 \cdot 0,9 \cdot 0,9 = 0,081$		
GVG	$0,9 \cdot 0,1 \cdot 0,9 = 0,081$	1	0,243
GGV	$0,9 \cdot 0,9 \cdot 0,1 = 0,081$		
VVG	$0,1 \cdot 0,1 \cdot 0,9 = 0,009$		
VGV	$0,1 \cdot 0,9 \cdot 0,1 = 0,009$	2	0,027
GVV	$0,9 \cdot 0,1 \cdot 0,1 = 0,009$		
VVV	$0,1 \cdot 0,1 \cdot 0,1 = 0,001$	3	0,001

In Fall GGG wurde kein verdorbenes Ei verwendet. Die Wahrscheinlichkeit dafür ist $0,729$. In den den drei Fällen VGG, GVG und GGV wurde genau ein verdorbenes Ei benutzt. Jeder dieser drei Fälle besitzt die gleiche Wahrscheinlichkeit 0,081 mit der Summe 0,243. Mit dieser Wahrscheinlichkeit ist genau eines der drei Eier verdorben. In den nächsten drei Fällen VVG, VGV und GVV sind zwei Eier verdorben. Die

Wahrscheinlichkeit dafür ist $3 \cdot 0,009 = 0,027$. VVV ergibt schließlich drei verdorbene Eier mit der Wahrscheinlichkeit 0,001.

Die Wahrscheinlichkeit, daß keines der drei Eier verdorben ist (s. erste Zeile) beträgt 0,729. Dies ist also die Wahrscheinlichkeit, mit welcher der Kuchen genießbar ist.

11.9 Multiple-Choice

Bei einem speziellen „Multiple-Choice" stehen auf dem Fragebogen 5 Fragen. Hinter jeder Frage sind in zufälliger Reihenfolge die richtige und zwei falsche Antworten angegeben. Der Prüfling muß bei jeder Frage eine von diesen drei Antworten ankreuzen. Bewertet wird die Anzahl der richtigen Antworten.

Der faule Fritz hat sich auf die Prüfung gar nicht vorbereitet und kennt keine einzige Antwort. Aus diesem Grund versucht er, die Prüfung durch Raten zu bestehen. Bei jeder der 5 Fragen kreuzt er daher zufällig eine der drei Antworten an. In Tabelle 11.5 ist ein Beispiel dafür angegeben.

Tabelle 11.5 Fragebogen beim Multiple-Choice-Test

	Antwort 1	Antwort 2	Antwort 3
Frage 1:			×
Frage 2:	×		
Frage 3:			×
Frage 4		×	
Frage 5:	×		

Da bei jeder Frage nur eine der angegeben 3 Antworten richtig ist, erreicht er bei jeder Frage mit Wahrscheinlichkeit 1/3 die richtige und mit Wahrscheinlichkeit 2/3 eine falsche Antwort. Durch Raten kann der Fritz bis zu fünf richtige Antworten erreichen.

Dieses Zufallsexperiment kann mit dem vorangehenden Beispiel der verdorbenen Eier verglichen werden. Dort wurde dreimal ein Ei ausgewählt. Mit Wahrscheinlichkeit 0,1 erhielt man jeweils ein verdorbenes. Beim zufälligen Raten wird fünfmal von drei möglichen Antworten eine zufällig ausgewählt. Mit Wahrscheinlichkeit 1/3 erhält man bei jeder Frage die richtige Antwort.

Jede einzelne Frage kann richtig oder falsch beantwortet werden. Damit gibt es insgesamt $2 \cdot 2 \cdot 2 \cdot 2 \cdot 2 = 32$ verschiedene Möglichkeiten. Diese sollen jedoch nicht alle aufgezählt werden, da wir uns ja nur für die Anzahl der richtigen Antworten interessieren. Nicht alle der 32 möglichen Versuchsergebnisse besitzen die gleiche Wahrscheinlichkeit. Zur Berechnung der Wahrscheinlichkeiten für die entsprechende Anzahl richtiger Antworten benutzen wir kombinatorische Überlegungen.

Alle fünf angekreuzten Antworten sind falsch, wenn der Kandidat bei jeder der fünf Fragen eine der beiden falschen Antworten ankreuzt. Zur Berechnung der Wahrscheinlichkeit dafür muß nach der Produktregel fünfmal die Wahrscheinlichkeit für eine einzige falsche Antwort 2/3 mit sich selbst multipliziert werden. Die Wahrscheinlichkeit für keine richtige Antwort lautet daher

$$\left(\frac{2}{3}\right)^5 \approx 0,13169.$$

Genau eine richtige Antwort wird erzielt, wenn bei einer Frage die richtige Antwort und bei den restlichen 4 Fragen eine der beiden falschen Antworten angekreuzt werden. Dies ist z. B. der Fall, wenn die erste Frage richtig und die restlichen 4 falsch beantwortet werden. Die Wahrscheinlichkeit für diesen Spezialfall beträgt

$$\frac{1}{3} \cdot \left(\frac{2}{3}\right)^4 \approx 0,06584.$$

Es kann aber auch nur die zweite Frage richtig beantwortet werden. Für diesen Fall erhält man die gleiche Wahrscheinlichkeit. Jedes Versuchsergebnis, das zu genau einer richtigen Antwort führt, besitzt diese Wahrscheinlichkeit. Für die richtige Antwort gibt es jedoch fünf Auswahlmöglichkeiten. Damit gibt es für eine einzige richtige Antwort fünf verschiedene Versuchsergebnisse, die alle die bereits angegebene Wahrscheinlichkeit besitzen. Die Wahrscheinlichkeit für eine einzige richtige Antwort beträgt daher

$$5 \cdot \frac{1}{3} \cdot \left(\frac{2}{3}\right)^4 \approx 0,32922.$$

Die Wahrscheinlichkeit, daß die ersten beiden Fragen richtig und die restlichen drei falsch beantwortet werden, lautet nach der Produktformel

$$\left(\frac{1}{3}\right)^2 \cdot \left(\frac{2}{3}\right)^3.$$

Mit der gleichen Wahrscheinlichkeit sind aber die zweite und dritte richtig und die übrigen falsch. Jede Auswahl, bei der zwei Antworten richtig und die restlichen drei falsch sind, besitzt diese Wahrscheinlichkeit. Daher müssen wir uns nur noch überlegen, wie viele Fälle es mit zwei richtigen Antworten insgesamt geben kann. Dazu müssen aus den 5 Fragen zwei für die richtige Antwort ausgewählt werden (die Antworten bei den restlichen 3 Fragen müssen dann falsch sein). Hierfür gibt es nach Abschnitt 5.2 $\binom{5}{2} = 10$ verschiedene Auswahlmöglichkeiten, von denen jede die oben berechnete Wahrscheinlichkeit besitzt. Mit Wahrscheinlichkeit

$$\binom{5}{2} \cdot \left(\frac{1}{3}\right)^2 \cdot \left(\frac{2}{3}\right)^3 = \frac{5 \cdot 4}{1 \cdot 2} \cdot \frac{2^3}{3^5} \approx 0,32922$$

erhält man durch Raten zwei richtige Antworten. Entsprechend kann man zeigen, daß durch Raten mit Wahrscheinlichkeit

$$\binom{5}{3} \cdot \left(\frac{1}{3}\right)^3 \cdot \left(\frac{2}{3}\right)^2 = \frac{5 \cdot 4 \cdot 3}{1 \cdot 2 \cdot 3} \cdot \frac{2^2}{3^5} \approx 0,16461$$

drei Fragen richtig beantwortet werden. Die Wahrscheinlichkeit für vier richtige Antworten lautet

$$\binom{5}{4} \cdot \left(\frac{1}{3}\right)^4 \cdot \left(\frac{2}{3}\right)^1 = \frac{5 \cdot 4 \cdot 3 \cdot 2}{1 \cdot 2 \cdot 3 \cdot 4} \cdot \frac{2^1}{3^5} \approx 0,04115$$

und die Wahrscheinlichkeit für fünf richtige Antworten

$$\left(\frac{1}{3}\right)^5 \approx 0,00412.$$

Diese Wahrscheinlichkeiten sind in Tabelle 11.6 nochmals zusammengestellt.

Tabelle 11.6 Wahrscheinlichkeiten beim Multiple-Choice-Test

Anzahl der richtigen Antworten	Wahrscheinlichkeit
0	0,13169
1	0,32922
2	0,32922
3	0,16461
4	0,04115
5	0,00412

Zum Bestehen der Prüfung wird eine Mindestanzahl richtiger Antworten verlangt. Falls fünf richtige Antworten verlangt werden, besteht man die Prüfung durch Raten (zufälliges Ankreuzen je einer Antwort) nur mit Wahrscheinlichkeit 0,00412. Dann ist die Chance, durch Raten zu bestehen, äußerst gering. Sie ist etwa 4,5mal kleiner als die Chance, mit einer Tippreihe im Lotto wenigstens 3 Richtige zu erzielen.

Bei einer speziellen Prüfung sollen zum Bestehen mindestens vier richtige Antworten verlangt werden. Dann wird jemand durch Raten die Prüfung mit Wahrscheinlichkeit

$$0,04115 + 0,00412 = 0,04527$$

bestehen. Vor der Prüfung hat der Prüfer dem faulen Fritz immer wieder prophezeit, er würde die Prüfung nicht bestehen. Bei der Korrektur muß er plötzlich feststellen, daß Fritz mit vier richtigen Antworten doch bestanden hat. Bei der Bekanntgabe des Ergebnisses lobt er den Fritz und entschuldigt sich bei ihm. Dieser freut sich innerlich darüber, daß er seinen Lehrer reingelegt hat, denn er hat wirklich geraten und mit viel Glück bestanden.

Es gibt zwei Möglichkeiten, die Chance zu verringern, mit der man bei einem solchen Test durch zufälliges Ankreuzen bestehen kann. Dazu kann einerseits die Anzahl der Fragen vergrößert werden. Man kann aber auch bei jeder Frage mehrere falsche Antworten vorgeben.

11.10 Die Wahrscheinlichkeiten für die absoluten Häufigkeiten oder die Binomialverteilung

Bei einer einzelnen Versuchdurchführung besitze ein bestimmtes Ereignis A die Wahrscheinlichkeit w. Das Experiment wird $n$mal unabhängig durchgeführt. Dabei sei n eine beliebige natürliche Zahl. Als Versuchsergebnis wird die Anzahl der Versuche festgestellt, bei denen das Ereignis A eingetreten ist, also die absolute Häufigkeit von A. Diese Häufigkeit hängt vom Zufall ab. Verschiedene Versuchsserien mit dem gleichen Umfang n liefern im allgemeinen verschiedene Häufigkeiten.

Falls beim obigen Multiple-Choice nur geraten wird, liegt eine solche Situation vor. Fünfmal wird das gleiche Zufallsexperiment durchgeführt, bei dem von drei vorgegebenen Antworten jeweils eine zufällig angekreuzt wird. Der Versuchsumfang n ist hier gleich 5 und die Einzelwahrscheinlichkeit w gleich 1/3. Bei 10 gestellten Fragen mit jeweils einer richtigen und 4 falschen Antworten wäre n gleich 10 und die Einzelwahrscheinlichkeit w gleich 0,2.

Insgesamt gibt es 2^n verschiedene Versuchsergebnisse. Diese alle aufzuzählen, ist bei großem n kaum möglich. Durch ähnliche Überlegungen wie beim obigen Multiple-Choice oder den verdorbenen Eiern kann mit Hilfe von kombinatorischen Überlegungen die Wahrscheinlichkeit dafür berechnet werden, daß bei den n Versuchen das Ereignis A genau $k$mal eintritt. Diese Wahrscheinlichkeit lautet

$$\binom{n}{k} \cdot w^k \cdot (1 - w)^{n-k} \qquad \text{für} \quad k = 0, 1, 2, ..., n.$$

Dabei gilt

$$\binom{n}{k} = \frac{n \cdot (n-1) \cdot \ldots \cdot (n-k+1)}{1 \cdot 2 \ldots \cdot k} \quad \text{mit} \quad \binom{n}{0} = 1; \quad a^0 = 1.$$

11.11 Mensch ärgere Dich nicht

Beim Spiel „Mensch ärgere Dich nicht" darf ein Spieler erst starten wenn er die erste Sechs geworfen hat. Falls mit einem idealen Würfel geworfen wird, erhält man bei einem Einzelwurf mit Wahrscheinlichkeit 1/6 eine Sechs und mit Wahrscheinlichkeit 5/6 keine Sechs. Mit Wahrscheinlichkeit 1/6 ist also ein Start bereits nach dem ersten Wurf möglich. Zwei Würfe sind erforderlich, wenn beim ersten Wurf keine Sechs und beim zweiten Wurf eine Sechs geworfen wird. Die Wahrscheinlichkeit dafür ist nach der Produktregel

$$\frac{5}{6} \cdot \frac{1}{6} \approx 0,13889.$$

Drei Würfe werden benötigt, falls bei den ersten beiden Würfen keine Sechs und beim dritten Wurf eine Sechs erscheint. Die Wahrscheinlichkeit dafür ist

$$\frac{5}{6} \cdot \frac{5}{6} \cdot \frac{1}{6} \approx 0,11574.$$

Allgemein sind n Würfe erforderlich, wenn bei den ersten $n-1$ Würfen keine Sechs und beim $n$ten Wurf (erstmals) eine Sechs geworfen wird. Dabei ist n eine natürliche Zahl. Die Wahrscheinlichkeit, daß bis zum Start genau n Würfe benötigt werden, beträgt somit

$$\left(\frac{5}{6}\right)^{n-1} \cdot \frac{1}{6} \quad \text{für} \quad n = 1, 2, \ldots \quad \text{mit} \quad \left(\frac{5}{6}\right)^0 = 1.$$

Die Wahrscheinlichkeit, daß bis zum Start genau 10 Würfe benötigt werden, lautet nach dieser Formel

$$\left(\frac{5}{6}\right)^9 \cdot \frac{1}{6} \approx 0,0323.$$

Mit welcher Wahrscheinlichkeit sind bis zum Start mindestens 20 Würfe notwendig? Man könnte versuchen, die Wahrscheinlichkeiten für die benötigte Anzahl von $1, 2, ..., 19$ Würfen zu addieren. Dann ist die gesuchte Wahrscheinlichkeit gleich 1 minus diesem Summenwert. Die Berechnung nach dieser Methode ist etwas mühsam. Die gesuchte Wahrscheinlichkeit kann wesentlich einfacher berechnet werden und zwar durch folgende Überlegung: Mindestens 20 Würfe sind erforderlich, wenn bei den ersten 19 Würfen keine Sechs erscheint. Ob dann beim 20. Wurf eine Sechs kommt oder nicht, mindestens 20 Würfe werden dann auf jeden Fall benötigt. Die Wahrscheinlichkeit, daß bei den ersten 19 Würfen jeweils keine Sechs geworfen wird, lautet nach der Produktregel $\left(\frac{5}{6}\right)^{19} \approx 0,0313$.

Entsprechend sind bis zum Start mindestens n Würfe erforderlich, wenn bei den ersten $n-1$ Würfen keine Sechs geworfen wird. Die Wahrscheinlichkeit dafür ist gleich

$$\left(\frac{5}{6}\right)^{n-1}.$$

Die Wahrscheinlichkeit, daß bis zum Start 50 oder mehr Würfe benötigt werden, lautet

$$\left(\frac{5}{6}\right)^{49} \approx 0,000132.$$

In etwa 0,013 Prozent der Spiele werden bis zum Start mindestens 50 Würfe benötigt.

Kapitel 12
Mittelwerte

Ein Datenmaterial ist oft - auch wenn es graphisch noch so übersichtlich dargestellt ist - in seiner Gesamtheit nicht sehr aussagefähig. Daher ist man bemüht, typische Kenngrößen anzugeben, die über die Daten möglichst viel Information liefern. Dann kann auf die Veröffentlichung des gesamten Materials verzichtet werden. Beispiele dafür sind:
Der Pro-Kopf-Verbrauch an bestimmten Lebens- oder Genußmitteln, das Durchschnittseinkommen oder die bei einer Prüfung im Durchschnitt erreichte Punktzahl. Es gibt verschiedene Arten von Mittelwerten. Je nach Problemstellung ist der eine oder andere Mittelwert geeigneter.

12.1   Das arithmetische Mittel

Durchschnittlicher Zuckerverbrauch

Im Jahre 1989 betrug in der Bundesrepublik Deutschland der Zuckerverbrauch je Einwohner 30,36 kg (Quelle: *Statistisches Jahrbuch 1990*). Der (mittlere) Pro-Kopf-Verbrauch an Zucker betrug danach 30,36 kg. Bei diesem angegebenem Zahlenwert handelt es sich um einen Durchschnittswert. Zu seiner Berechnung wurde der gesamte Zuckerverbrauch durch die Anzahl der Einwohner dividiert. Welche Bedeutung hat dieser Durchschnittswert? Es gibt Bundesbürger, die genau diesen Durchschnittswert konsumiert haben. Sicherlich haben auch manche wesentlich mehr Zucker verbraucht, dafür andere entsprechend weniger. Hätte 1989 jeder Einwohner genau 30,36 kg Zucker verzehrt, so wäre der gesamte Jahresverbrauch genausogroß gewesen. Durch Multiplikation des

Durchschnittswertes mit der Anzahl der Einwohner erhält man den gesamten Jahresverbrauch. Zur Berechnung des Durchschnittswertes wird also der Gesamtverbrauch durch die Anzahl der Einwohner dividiert.

Durchschnittlicher Bierverbrauch

Im *Statistischen Jahrbuch 1990* sind für den Pro-Kopf-Verbrauch an Bier im Jahr 1988 zwei Werte angegeben:
a) 143 Liter je Einwohner;
b) 167 Liter je potentieller Verbraucher.
Der gesamte Bierausstoß wurde in a) durch die Anzahl aller Einwohner, in b) nur durch die Anzahl der potentiellen Verbraucher (Personen über 15 Jahre) dividiert. Der gesamte Jahresverbrauch kann aus beiden Durchschnittswerten berechnet werden. Doch welcher der beiden Zahlenwerte ist aussagefähiger?

In a) wurden auch Kinder mitgezählt, die in der Regel gar kein oder nur sehr wenig Bier trinken. Daher ist der Durchschnittswert 167 Liter je potentieller Verbraucher in b) besser. Doch auch hier sind diejenigen Personen mitgezählt, die überhaupt kein Bier trinken, z. B. die Antialkoholiker über 15 Jahre. Eigentlich sollte der Gesamtverbrauch durch die Anzahl der Biertrinker dividiert werden, dann käme ein wesentlich größerer Durchschnittswert heraus. Der Durchschnittswert allein sagt überhaupt nichts aus über die Verteilung des gesamten Bierkonsums auf die einzelnen Personen. Es gibt sicherlich Biertrinker mit einem Jahreskonsum von mehr als 1 000 Litern, aber auch solche, die vielleicht nur 10 Liter oder noch weniger getrunken haben.

Ein Durchschnittswert läßt nur eine Aussage über diejenige Personengruppe zu, bezüglich derer er berechnet wurde. Wie unsinnig die Angabe eines Mittelwertes manchmal ist, zeigt folgende „Durchschnittsbildung“: Herr Gefräßig ißt zwei Hähnchen und seine Ehefrau keines. Dann haben beide im statistischen Durchschnitt genau ein Hähnchen verzehrt.

Durchschnittsverdienst

In einem Kleinstbetrieb sind 10 Personen beschäftigt, die folgende
Gehälter (in DM) beziehen:

3 400; 3 560; 3 800; 4 000; 4 000; 4 050; 4 200; 4 300; 4 400; 4 700.

Alle 10 Beschäftigten verdienen zusammen 40 410 DM. Das Durch-
schnittsgehalt lautet
$$\frac{40\,410}{10} = 4\,041 \text{ DM.}$$

Falls die gesamte Lohnsumme von 40 410 DM unter allen 10 Angestellten gleichmäßig aufgeteilt würde, müßte jede Person den Durchschnittswert 4 041 DM erhalten. Diesen Durchschnittswert nennt man
das **arithmetisches Mittel** oder einfach den **Mittelwert** der 10 Gehälter.
Zur Berechnung des arithmetischen Mittels wird die Summe aller Werte
durch die Anzahl der Werte dividiert. Je kleiner die Abweichungen der
einzelnen Zahlen vom arithmetischen Mittel sind, desto besser wird das
Datenmaterial durch das arithmetische Mittel beschrieben.

Ein Großunternehmen mit 120 134 Beschäftigten gibt bekannt, daß
der monatliche Durchschnittslohn aller Beschäftigten 3 145,79 DM beträgt. Multiplikation dieses arithmetischen Mittels mit der Anzahl der
Beschäftigten ergibt den Gesamtlohn

$$3\,145,79 \cdot 120\,134 = 377\,916\,335,86 \text{ DM.}$$

Durch Multiplikation des arithmetischen Mittels mit der Anzahl der
Werte, aus denen es gebildet wurde, erhält man die Summe aller Werte
(Gesamtsumme). Dies ist die typische Eigenschaft des arithmetischen
Mittels.

Zur Berechnung des gesamten Bierverbrauchs im Jahre 1988 muß
der Mittelwert 143 mit der Anzahl der Einwohner im Jahre 1988 multipliziert werden. Die Einwohnerzahl betrug zum Jahresende 61 715 103.
Division dieses Gesamtverbrauchs in Litern durch 100 ergibt den Kon-
sum in Hektoliter. Im Jahre 1988 wurden also in den alten Bundesländern
insgesamt
$$\frac{61\,715\,103 \cdot 143}{100} = 88\,252\,597,29 \text{ hl,}$$

also über 88 Millionen hl Bier konsumiert.

Zuschauerschnitt

In der ersten Fußballbundesliga mit 18 Mannschaften wurde nach Abschluß einer Saison der Zuschauerschnitt mit 24 538 angegeben. Durch Multiplikation dieses Durchschnittswertes mit der Anzahl der Spiele erhält man die gesamte Zuschauerzahl während der Saison. Da jede Mannschaft gegen jede der 17 anderen Mannschaften sowohl in der Vor- als auch in der Rückrunde spielt, gibt es 34 Spieltage mit jeweils 9 Spielen. Damit besteht die Saison insgesamt aus $34 \cdot 9 = 306$ Spielen. Die gesamte Zuschauerzahl betrug demnach $306 \cdot 24\,538 = 7\,508\,628$. Mancher Verein am Tabellenende dürfte diese Durchschnittszahl mit etwas Neid zur Kenntnis genommen haben, insbesondere wenn der eigene Zuschauerschnitt gar unter 10 000 lag.

Verfälschter Würfel

Wir betrachten nochmals die mit dem verfälschten Würfel geworfenen Augenzahlen aus Tabelle 3.2. Zur Berechnung des arithmetischen Mittels müssen alle 1 000 Augenzahlen addiert werden. Anschließend wird diese Summe durch 1 000 (Anzahl der Würfe) dividiert. Da 118mal die Eins geworfen wurde, beträgt die Summe aller Einsen $1 \cdot 118$. Entsprechend lautet die Summe aller Zweien $2 \cdot 135$ usw. Die Augenzahlen müssen mit den jeweiligen absoluten Häufigkeiten multipliziert werden. Die Summe dieser Produkte wird anschließend durch 1 000 dividiert. Dadurch erhält man die im Durchschnitt geworfene Augenzahl

$$\frac{1}{1\,000} \cdot (1 \cdot 118 + 2 \cdot 135 + 3 \cdot 142 + 4 \cdot 149 + 5 \cdot 139 + 6 \cdot 317) = 4,007.$$

Diesen Wert kann man bei keinem Einzelwurf als Augenzahl erhalten. Aus ihm läßt sich jedoch sehr einfach die gesamte Augensumme berechnen als

$$1\,000 \cdot 4,007 = 4\,007.$$

In der obigen Summe kann anstatt der gesamten Summe auch jeder einzelne Summand durch 1000 dividiert werden. Dann erhält man für den Mittelwert die Darstellung

$$\frac{118}{1\,000}\cdot 1+\frac{135}{1\,000}\cdot 2+\frac{142}{1\,000}\cdot 3+\frac{149}{1\,000}\cdot 4+\frac{139}{1\,000}\cdot 5+\frac{317}{1\,000}\cdot 6 = 4,007.$$

Bei dieser Berechnung werden die sechs Augenzahlen mit den relativen Häufigkeiten multipliziert. Anschließend werden die Produkte aufaddiert. In Bild 12.1 ist das Stabdiagramm der relativen Häufigkeiten und der Mittelwert eingetragen.

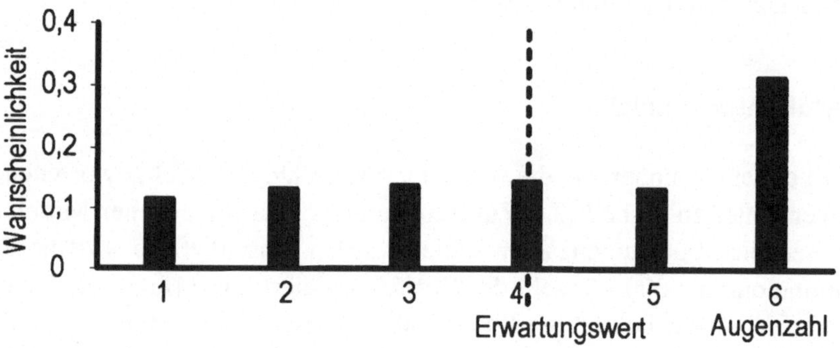

Bild 12.1 Stabdiagramm beim verfälschten Würfel und Mittelwert

Der Schwerpunkt der 6 Stäbe liegt auf der vertikalen Achse, die durch das arithmetische Mittel geht.

Zur Mittelwertsbildung wurden alle 1 000 geworfenen Augenzahlen addiert. Das arithmetische Mittel der 6 verschiedenen Merkmalswerte lautet jedoch

$$\frac{1}{6}\cdot (1+2+3+4+5+6)=\frac{21}{6}=\frac{7}{2}=3,5.$$

3,5 ist der durchschnittliche Merkmalswert. Er darf nicht mit der im Durchschnitt geworfenen Augenzahl verwechselt werden.

Bei einem idealen Würfel kann man erwarten, daß alle 6 Augenzahlen ungefähr gleich oft geworfen werden. Dann müßte das arithmetische

Mittel der geworfenen Augenzahlen in der Nähe von 3,5 liegen, wobei kleinere Abweichungen vom Idealwert 3,5 auf den Zufall zurückgeführt werden können. Der Grund für die große Abweichung in unserem Beispiel ist die Verfälschtheit des Würfels. Falls die mittlere Augenzahl von dem Idealwert 3,5 stark abweicht, ist eine Verfälschtheit des Würfels statistisch nachgewiesen.

12.2 Der Median oder Zentralwert

Zentralwert von Gehältern

In dem Kleinstbetrieb aus Abschnitt 12.1 kommt zu den Gehältern der 10 Angestellten noch das Gehalt des Firmenchefs in Höhe von 15 000 DM hinzu:

3400; 3560; 3800; 4000; 4000; **4050**; 4200; 4300; 4400; 4700; 15000.

Dadurch steigt die Lohnsumme von 40 410 DM auf 55 410 DM und das arithmetische Mittel auf $\frac{55\,410}{11} = 5\,037,27$ DM. Das arithmetische Mittel wird durch die Hinzunahme dieses sogenannten **Ausreißers** 15 000 stark erhöht. Die gesamte Lohnsumme ist zwar auch wieder das 11fache des neuen Mittelwertes 5 037,27. Mit diesem neuen arithmetischen Mittel muß man allerdings etwas Merkwürdiges feststellen. Die Gehälter aller 10 Bediensteten ohne den Chef sind kleiner als das arithmetische Mittel, nur das Gehalt des Chefs ist größer. Der Mittelwert 4 041 der 10 Bediensteten ohne den Chef liegt im mittleren Bereich der Werte, während sich der neue Mittelwert am rechten Rand befindet. Aus diesem Grund ist das arithmetische Mittel zur Beschreibung dieser 11 Gehälter nicht gut geeignet, es sei denn, man interessiere sich nur für die gesamte Lohnsumme. Diese erhält man wieder durch Multiplikation des neuen Mittelwertes mit der Anzahl 11. Daher suchen wir nach einem anderen Mittelwert, der als Kenngröße der 11 Gehälter besser geeignet ist.

Die Gehälter sind bereits der Größe nach geordnet. Es gibt genau einen Zahlenwert, der in der Mitte steht, nämlich der Wert 4 050. Rechts und links davon befinden sich jeweils 5 Werte, also gleich viele. Der

Zahlenwert 4 050 heißt der **Median** oder der **Zentralwert**. Er ist wesentlich kleiner als das arithmetische Mittel 5 037,27. Im Gegensatz zum arithmetischen Mittel liegt der Median immer im Zentrum der Daten.

Falls die Anzahl der Datenwerte ungerade ist, gibt es immer einen Wert, der genau in der Mitte der geordneten Stichprobe steht. Dann ist der Median eindeutig bestimmt.

Angenommen, der Angestellte mit dem niedrigsten Gehalt scheide aus dem Betrieb aus. Dann bleiben folgende 10 Gehälter übrig:

$$3\,560;\ 3\,800;\ 4\,000;\ 4\,000;\ \mathbf{4\,050};\ \mathbf{4\,200};\ 4\,300;\ 4\,400;\ 4\,700;\ 15\,000.$$

Hier gibt es keinen Einzelwert, der genau in der Mitte steht. In diesem Fall nimmt man die beiden Werte, die gemeinsam in der Mitte stehen, nämlich 4 050 und 4 200 und bildet davon das arithmetische Mittel $\frac{1}{2}(4\,050 + 4\,200) = 4\,125$. Diesen Wert nennt man den **Median**. Bei einer geraden Anzahl von Stichprobenwerten liegt der Median exakt in der Mitte der beiden mittleren Werte.

Den Median erhält man folgendermaßen: Die Werte sollen der Größe nach in einer Reihe angeordnet werden können. Falls ihre Anzahl ungerade ist, heißt der in der Mitte stehende Wert der **Median (Zentralwert)**. Bei ungerader Anzahl gibt es zwei Werte, die sich in der Mitte der geordneten Reihe befinden. Dann wählt man als Median oder Zentralwert das arithmetische Mittel dieser beiden Werte. Manchmal bezeichnet man auch beide Werte als Mediane oder Zentralwerte.

Links und rechts vom Median befinden sich dann gleich viele Werte. Daher zerlegt der Median die Reihe in zwei ungefähr gleich starke Hälften. Dabei können allerdings Werte auf der einen Seite viel weiter vom Median entfernt sein als die auf der anderen Seite, wie z. B. der Ausreißer 15 000 im oben behandelten Beispiel der Gehälter. Im Gegensatz zum arithmetischen Mittel ist der Median unempfindlich gegenüber Ausreißer.

Der Median der Gehälter eines Großbetriebes mit 1 000 Beschäftigten ist gleich 4 250 DM. Daraus berechnet Herr Gscheidle die Lohnsumme im Betrieb als $1\,000 \cdot 4\,250 = 4{,}25$ Millionen DM. Die Multiplikationseigenschaft gilt zwar für das arithmetische Mittel, nicht jedoch für den Median. Die Folgerung von Herrn Gscheidle ist falsch.

Aus dem Median kann man jedoch folgendes schließen: Höchstens die Hälfte der Belegschaft verdient weniger und höchstens die Hälfte mehr als 4 250 DM.

Bundesliga-Tore

Am letzten Spieltag der Vorsaison 1992/93 der ersten Fußballbundesliga erhielt man in den 9 Spielen folgende Tore pro Spiel:

$$1 \quad 2 \quad 2 \quad 2 \quad \mathbf{4} \quad 4 \quad 4 \quad 5 \quad 6.$$

Das arithmetische Mittel der Tore pro Spiel lautet $\frac{30}{9} = \frac{10}{3}$.

Wer sich nur für die Gesamtzahl der Tore interessiert, kann diese aus dem arithmetischen Mittel durch Multiplikation mit der Anzahl der Spiele (=9) berechnen. Weil dieser Mittelwert nicht ganzzahlig ist, kann es kein Spiel mit dieser Torzahl geben. Der Median 4 (=fünfter Wert) ist jedoch ganzzahlig. Bei drei der 9 Spiele wurden sogar 4 Tore geschossen. Aus diesem Grund dürfte hier der Median geeigneter sein als das arithmetische Mittel.

Handelsklassen

Ein Lebensmittelhändler kauft im Großmarkt Obst, und zwar 4 Kisten der Handelsklasse I, 9 Kisten der Handelsklasse II und 7 Kisten der Handelsklasse III. Wie soll man hier die durchschnittliche (mittlere) Handelsklasse berechnen?

Herr Schlaumeier macht folgenden Vorschlag: Er ordnet den einzelnen Handelsklassen die arabischen Zahlen 1, 2, 3 zu und berechnet für die 15 Kisten den Mittelwert

$$\frac{1}{20} \cdot (4 \cdot 1 + 9 \cdot 2 + 7 \cdot 3) = 2,15.$$

Auf die Frage, was er sich denn unter der mittleren Handelsklasse 2,15 vorstellt, antwortet er: „Diese ist etwas schlechter als die Handelsklasse II, aber besser als die Handelsklasse III". Auf den Hinweis, daß es zwischen den Handelsklassen II und III doch gar keine weitere Abstufung gibt, antwortet er nur: „Wie soll denn sonst das arithmetische Mittel berechnet werden?" Vom Median hat er nie etwas gehört.

Zwischen den drei Handelsklassen I, II und III gibt es eine Rangfolge. III ist die schlechteste, II die mittlere und I die beste. Damit kann man den Handelsklassen eine Rangordnung zuweisen. Sie werden in der Reihenfolge aufsteigender Qualität angeordnet:

III (ist schlechter als) II (ist schlechter als) I.

Über die einzelnen Qualitätsunterschiede wird dabei nichts ausgesagt. Damit können die 20 Kisten in einer Rangfolge nach der Qualität der Handelsklassen aufgestellt werden:

III III III III III III III   II II II II II II II II II   I I I I

In der Mitte dieser Reihe stehen zwei Kisten mit der Handelsklasse II. Daher ist II der Median. Im Gegensatz zum Median ist die Berechnung des arithmetischen Mittels hier gar nicht möglich. Der Median kann auch nur deshalb bestimmt werden, weil zwischen den Handelsklassen eine Rangordnung vorgegeben ist.

Zensuren (Schulnoten)

In der Schule werden zur Bewertung von Leistungen im allgemeinen die Zensuren „sehr gut, gut, befriedigend, ausreichend, mangelhaft und ungenügend" benutzt. Dadurch ist eine Reihenfolge festgelegt: „gut" ist schlechter als „sehr gut", „befriedigend" schlechter als „gut" usw. Zur Berechnung von Durchschnittszensuren wird dann üblicherweise die gleiche Methode benutzt, die oben Herr Schlaumeier bereits angewandt hat. Den Zensuren werden der Reihe nach die Noten 1, 2, 3, 4, 5, 6 zugeordnet. Daraus wird das arithmetische Mittel als Durchschnittszensur in einer Klassenarbeit oder für die Zeugnisnote berechnet.

Eine 2 und eine 4 zusammen ergibt eine 3. Dazu müßte aber vorausgesetzt werden, daß zwischen „befriedigend" und „ausreichend" der gleiche Unterschied besteht wie zwischen „gut" und „befriedigend". Die Unterschiede zwischen den einzelnen Zensuren müßten demnach gleich groß sein. Eine solche Skala kann bei einer Korrektur in der Regel jedoch gar nicht eingehalten werden, denken Sie z. B. an die Benotung eines Aufsatzes im Deutschunterricht. Man kann zwar die Zensuren formal durch die Zahlen 1 bis 6 darstellen. Eine 2 ist dann auch besser als eine 3, doch weitere Vergleiche und Durchschnittsberechnungen sollten hier nicht ohne weiteres vorgenommen werden.

Für die Zeugniszensur wird in der Regel das arithmetische Mittel der Einzelnoten berechnet und gerundet. Geeigneter wäre jedoch der Median. Bei einer ungeraden Anzahl von Klassenarbeiten ist er eindeutig bestimmt. Falls bei 8 Klassenarbeiten die Zensuren befriedigend und gut gleichzeitig Median sind, sollten die anderen Zensuren zur Notenbildung herangezogen werden.

Als Zahlenbeispiel betrachten wir folgende „Zensuren" aus 6 Klassenarbeiten:

$$6 \quad 5 \quad \mathbf{3} \quad \mathbf{3} \quad 3 \quad 3.$$

Das arithmetische Mittel ist 23/6. Gerundet entspricht es der Zensur „ausreichend". Der Median ist gleich 3, also die Zensur „befriedigend". Diese Zensur wurde auch viermal erreicht. Ohne die beiden „Ausreißer" 6 und 5 wurde konstant die Zensur 3 erzielt.

Manche Lehrkräfte lassen auch die schlechteste und beste Zensur weg und berechnen vom Rest das arithmetische Mittel. Dieses kommt dem Median schon etwas näher. Läßt man davon nochmals die schlechteste und beste Zensur weg, so bleiben zur Mittelwertbildung noch weniger Zahlen übrig, unter denen sich der Median befindet. So fortfahrend erhält man schließlich den Median. Beim Wiegen, Messen oder Zählen erhält man als Merkmalswerte unmittelbar Zahlen. Solche Merkmale, deren Werte zahlenmäßig verschlüsselte Meßwerte sind, nennt man in der Statitik **quantitativ** oder **metrisch**. Bei quantitativen Merkmalen kann man sowohl das arithmetische Mittel als auch den Median berechnen. Je nach Problemstellung ist das arithmetische Mittel oder der Median geeigneter.

Merkmale, die nicht in bestimmten Maßeinheiten (als Zahlenwerte) gemessen werden können, heißen **qualitativ**. Beispiele dafür sind: das Geschlecht, die Haarfarbe, die Religionszugehörigkeit, die Fehlerhaftigkeit eines Werkstückes, die Güteklasse, die Steuerklasse oder der Schulabschluß. Die Bildung des arithmetischen Mittels ist bei qualitativen Merkmalen gar nicht möglich.

Bei vielen qualitativen Merkmalen können die Werte, z. B. durch eine „besser-als-Beziehung", der „Güte" nach angeordnet werden. Dadurch ist eine Rangordnung vorgegeben. Im Gegensatz zu quantitativen Merkmalen ist der Unterschied zwischen zwei in der Rangordnung benachbarten Werten jedoch nicht meßbar. Man kann nur einen Unterschied feststellen, über die Größe des Unterschieds sind jedoch keine Angaben möglich. Insbesondere sind die Unterschiede zwischen den einzelnen Merkmalswerten nicht miteinander vergleichbar. Ein Beispiel dafür hatten wir bereits bei den Handelsklassen kennengelernt. Durch die „besser als-Beziehung" können die Merkmalswerte bezüglich einer Rangordnung angeordnet werden. Falls die Anzahl der Werte ungerade ist, gibt es genau einen Wert in der Mitte. Dies ist der Median. Bei gerader Anzahl gibt es zwei Werte in der Mitte. Falls man das artithmetische Mittel nicht berechnen kann, benutzt man beide Werte als Mediane.

Würfel ohne Zahlen

Die sechs Flächen eines Würfels seien nicht beschriftet, sondern nur verschieden gefärbt, damit sie unterscheidbar sind. Beim Werfen wird als Ergebnis die Farbe der oben liegenden Seite festgestellt. Bezüglich des Merkmals Farbe kann weder das arithmetische Mittel noch der Median bestimmt werden. Die Bestimmung des Medians wäre jedoch möglich, wenn jemand die sechs Farben in der Reihenfolge seiner Lieblingsfarben anordnet.

12.3 Vergleich arithmetisches Mittel - Median

Bei quantitativen, also zahlenmäßig verschlüsselten Merkmalen kann sowohl das arithmetische Mittel als auch der Median berechnet werden. Doch welcher von beiden Mittelwerten ist der geeignetere? Diese Frage kann leider nicht allgemein beantwortet werden. Die Antwort hängt von der speziellen Problemstellung ab. Wer sich nur für die Gesamtsumme aller Werte interessiert, sollte das arithmetische Mittel benutzen. Multiplikation des arithmetischen Mittels mit der Anzahl aller Werte ergibt die Gesamtsumme. Das arithmetische Mittel gibt also Auskunft über Gesamtsummen, wie z. B. das Durchschnittseinkommen über das Gesamteinkommen, das Durchschnittsgewicht über das Gesamtgewicht oder der Durchschnittsverbrauch über den Gesamtverbrauch. Bezüglich der Belastung eines Flugzeuges sollte als mittleres Gewicht der Passagiere das arithmetische Mittel und nicht der Median verwendet werden.

Das arithmetische Mittel ist leider sehr empfindlich gegenüber Ausreißern. Sehr große bzw. sehr kleine Werte ziehen das arithmetische Mittel stark nach oben bzw. nach unten. Die Aufteilung der Daten durch das arithmetische Mittel kann dabei sehr unterschiedlich sein. Es ist möglich, daß auf der einen Seite vom arithmetischen Mittel sehr viele, auf der anderen dagegen extrem wenig Werte liegen, wie wir bereits bei den Beispiel der 11 Gehälter, unter denen sich das Spitzengehalt des Chefs befand, gesehen haben.

Der Median dagegen zerlegt das Datenmaterial in zwei ungefähr gleichstarke Gruppen. Links und rechts vom Median befinden sich jeweils höchstens die Hälfte der Werte des Datenmaterials. Die größten bzw. kleinsten Werte dürfen dabei beliebig vergrößert bzw. verkleinert werden, ohne daß sich der Median dadurch ändert. Im Gegensatz zum arithmetischen Mittel liegt der Median immer im mittleren Bereich, also im Zentrum des Datenmaterials. Der Median des Einkommens teilt die Bevölkerung in zwei Hälften. Die einen gehören zur unteren, die anderen zur oberen Einkommenshälfte. Wegen der Spitzenverdiener dürfte der Median um einiges größer sein als das arithmetische Mittel (Durchschnittseinkommen).

Kinderzahl

Bei 100 Familien wurden bezüglich der Anzahl der Kinder folgende Werte bekanntgegeben:
arithmetisches Mittel: 1,29;   Median 1.

Aus diesen Daten kann man folgende Schlüsse ziehen: Die 100 Familien haben zusammen 129 Kinder. Mindestens die Hälfte der Familien hat kein oder nur ein einziges Kind und mindestens die Hälfte ein oder mehrere Kinder. Bei dieser Interpretation sind die Familien mit einem Kind (Median) in beiden Gruppen mitgezählt worden. Beide Mittelwerte liefern eine gewisse Information.

Durschschnittseinkommen der Ärzte

Im Rahmen der Gesundheitsreform geben die Krankenkassen und das zuständige Ministerium als Durchschnittseinkommen der Ärzte das arithmetische Mittel an. Dagegen veröffentlicht die Ärztekammer den Median, der wesentlich kleiner ist. Dabei wird von der Ärztekammer nicht darauf hingewiesen, daß es sich bei dem angegebenen Mittelwert um den Median handelt. Der kleinere Median ist für die Ärzte „günstiger“, weil vermutlich sehr viele Personen fälschlicherweise vom Median auf das Gesamteinkommen schließen.

Preise eines Elektrogerätes

Die Preise für ein bestimmtes Elektrogerät sind in den einzelnen Kaufhäusern verschieden. Die Angabe des arithmetischen Mittels nützt dem Verbraucher nicht viel, da zu diesem Mittelwert häufig in keinem Kaufhaus das Gerät zu haben ist. Hier ist die Angabe des Medians besser, da zu diesem Preis das Gerät tatsächlich auch verkauft wird. Die Zeitschrift „Test“ gibt als Durchschnittspreis allgemein den Median an.

Studiendauer

Zur Untersuchung der Studiendauer wird als mittlere Studienzeit in der Regel das arithmetische Mittel angegeben. Dieses wird jedoch durch einige „ewig Studierende“ stark nach oben gezogen. Falls der Median 11 Semester beträgt, weiß man, daß die 50 Prozent Studierenden mit der kürzesten Studiendauer höchstens 11 Semester für ihr Studium benötigt haben. So kann es durchaus vorkommen, daß das arithmetische Mittel bei 13 Semestern, der Median jedoch bei 11 Semestern liegt. Hier wäre es sogar sinnvoller, Studienzeiten anzugeben, welche von 75 Prozent oder gar von 90 Prozen aller Studierenden nicht überschritten werden.

Türhöhen

Als Höhe einer Tür in einen Bunker könnte man die mittlere Körpergröße (arithmetisches Mittel) oder den Median der Körpergrößen wählen. Wenn als Türhöhe der Median gewählt wird, müssen sich beim Hineingehen etwa die Hälfte der Personen bücken, die andere Hälfte dagegen nicht. Falls das arithmetische Mittel größer als der Median ist, müssen sich beim arithmetischen Mittel weniger als 50 Prozent der Personen bücken. Als Türhöhe könnte man auch die kleinste Zahl wählen, die gerade noch größer ist als die Körpergrößen der 95 Prozent kleinsten Personen. Dann können 95 Prozent eintreten, ohne sich bücken zu müssen.

12.4 Das gewichtete arithmetische Mittel

In einem Betrieb mit 10 213 Beschäftigten beträgt das durchschnittliche Einkommen (arithmetisches Mittel) 3 580,41 DM, in einem zweiten Betrieb mit 876 Beschäftigten 4 237,65 DM. Gesucht ist das Durchschnittseinkommen für beide Betriebe zusammen. Herr Gscheidle meint, das Durchschnittseinkommen sei das arithmetische Mittel

$$\frac{3\,580,41 + 4\,237,63}{2} = 3\,909,02 \text{ DM}.$$

Die Rechnung von Herrn Gscheidle kann nicht richtig sein. Der erste Mittelwert wurde in Bezug auf 10 213 Beschäftigte, der zweite jedoch nur für 876 Personen bestimmt. Daher muß das Gesamtmittel viel näher bei 3 580,41 als bei 4 237,65 liegen. Zur Bestimmung des Gesamtmittels berechnen wir folgende Größen:

Gesamtanzahl der Beschäftigten: $10\,213 + 876 = 11\,089$;
gesamte Lohnsumme:

$10\,213 \cdot 3\,580,41 + 876 \cdot 4\,237,65 = 40\,278\,908,73$ DM.

Daraus erhält man den Gesamtmittelwert

$$\frac{40\,278\,908,73}{11\,089} = 3\,632,33 \text{ DM.}$$

Das Gesamtmittel besitzt die Darstellung

$$\frac{40\,278\,908,73}{11\,089} = \frac{10\,213 \cdot 3\,580,41 + 876 \cdot 4\,237,63}{11\,089}$$

$$= \frac{10\,213}{11\,089} \cdot 3\,580,41 + \frac{876}{11\,089} \cdot 4\,237,63.$$

Zur Berechnung des Gesamtmittels werden die beiden Mittelwerte mit den jeweiligen Gewichten $10\,213/11\,089$ und $876/11\,089$ (an der Gesamtanzahl) multipliziert und anschließend aufaddiert. Die Summe der beiden Gewichte ist dabei gleich Eins. Der so erhaltene Mittelwert heißt **gewichtetes (gewogenes) arithmetisches Mittel.**

Nur wenn die Anzahl der Beschäftigten in beiden Betrieben gleich groß wäre, würde das gewichtete Mittel mit dem gewöhnlichen arithmetischen Mittel der beiden einzelnen Mittelwerte übereinstimmen. Dann hätte Herr Gscheidle recht.

Wir betrachten nun vier verschiedene Betriebe. Die Anzahl der Beschäftigten und die Durchschnittsverdienste sind in Tabelle 12.1 zusammengestellt. In der letzten Spalte werden die Gewichte für das gewichtete arithmetische Mittel berechnet.

Tabelle 12.1 Berechnung des gewichteten arithmetischen Mittels

Betrieb	Anzahl der Beschäftigten	Durchschnittsverdienst in DM	Gewicht
I	2 135	3 760,59	2 135/20 101
II	5 238	3 689,31	5 238/20 101
III	4 136	4 050,56	4 136/20 101
IV	8 592	4 195,31	8 592/20 101
Summe	20 101		1

Das Durchschnittseinkommen aller in den vier Betrieben Beschäftigten ist das gewichtete arithmetische Mittel

$$\frac{2\,135}{20\,101} \cdot 3\,760,59 + \frac{5\,238}{20\,101} \cdot 3\,689,31 + \frac{4\,136}{20\,101} \cdot 4\,050,56$$

$$+ \frac{8\,592}{20\,101} \cdot 4\,195,31 = 3\,987,50 \text{ DM}.$$

Je größer das Gewicht für einen einzelnen Zahlenwert ist, umso stärker ist der Einfluß dieses Wertes auf das gewichtete arithmetische Mittel. Im oben behandelten Beispiel hat der Betrieb IV den größten Einfluß. Beim gewöhnlichen arithmetischen Mittel dagegen besitzt jeder Wert den gleichen Einfluß.

Deutscher Aktienindex DAX

Der deutsche Aktienindex DAX wird aus den Kursen von 30 Aktien berechnet. Falls der DAX das gewöhnliche arithmetische Mittel der 30 Einzelkurse wäre, könnten sehr leicht Manipulationen vorgenommen werden. Spekulanten bräuchten nämlich nur von einer Aktie mit einem kleinen Grundkapital große Posten zu kaufen, und schon würde der Index stark ansteigen. Der DAX ist jedoch ein gewichtetes arithmetisches Mittel. Dabei stehen die Gewichte im Verhältnis zum Eigenkapital der einzelnen Firmen.

12.5 Das Geometrische Mittel

Prozentual gleiche Verluste und Gewinne

Ein Spekulant kauft ein Wertpapier zu DM 500. Nach einem Jahr ist es um 10 % gestiegen, also 550 DM wert. Im 2. Jahr fällt es um 10 % auf 495 DM. In dritten Jahr fällt es sogar um 20 % auf 396 DM und im 4. Jahr steigt es um 20 % auf 475,20 DM.

Herr Gscheidle meint, in der Rechnung stecke ein Fehler, weil das arithmetische Mittel der vier prozentualen Änderungen gleich

$$\frac{1}{4} \cdot (10 - 10 - 20 + 20) = 0$$

ist. Mit einem durchschnittlichen Gewinn von 0 Prozent müßte der Kurs nach vier Jahren doch wieder beim Ausgangsniveau angelangt sein. Doch auch er kommt trotz sorgfältiger rechnerischer Nachprüfung zum gleichen Kurs nach 4 Jahren. Woran liegt diese Diskrepanz? Offensichtlich ist das arithmetische Mittel bei solchen prozentualen Steigerungen bzw. Rückgängen kein geeigneter Mittelwert. Wir kommen auf das Problem zurück.

Mittlere Inflationsrate

In einem bestimmten Jahr betrug die Inflationsrate 1,9 %, im darauffolgenden Jahr sprang sie plötzlich auf 4,7 %. Gesucht ist die „mittlere Inflationsrate" für beide Jahre. Diese kann in Analogie zum obigen Beispiel nicht das arithmetische Mittel sein. 1,9 % Inflationsrate bedeutet, daß der Ausgangsindex mit 1,019 multipliziert werden muß. Nach einem weiteren Jahr muß dann nochmals eine Multiplikation mit 1,047 vorgenommen werden. Der Preisindex nach zwei Jahren unterscheidet sich von dem Ausgangsindex um den Faktor $1,019 \cdot 1,047 = 1,066893$. In zwei Jahren sind damit die Preise um insgesamt 6,6893 % gestiegen. Als mittlere Preissteigerung in den 2 Jahren bezeichnet man die konstante jährliche Preissteigerung, die zum gleichen Preisniveau nach 2 Jahren geführt hätte. Für den gesuchten mittleren Steigerungsfaktor q erhalten wir

$$q \cdot q = q^2 = 1,019 \cdot 1,047 = 1,066893.$$

Durch Wurzelziehen folgt hieraus

$$q = \sqrt{1,019 \cdot 1,047} = \sqrt{1,066893} \approx 1,032905.$$

Der mittlere Preissteigerungsfaktor ist gleich der Quadratwurzel aus dem Produkt der beiden einzelnen Faktoren. Man nennt diesen Wert das

geometrische Mittel der beiden Faktoren 1,019 und 1,047. Aus dem geometrischen Mittel erhält man die mittlere Inflationsrate von 3,2905 % pro Jahr. Sie ist vom arithmetischen Mittel $\frac{1}{2}(1,9 + 4,7) = 3,3$ der beiden einzelnen Inflationsraten verschieden. Wäre in beiden Jahren die Inflationsrate um jeweils 3,2905 % gestiegen, so hätte das zum gleichen Preisdindex geführt wie die beiden Einzelsteigerungen um 1,9 % und 4,7 %.

Mittlerer Kursgewinn

Im Beispiel zu Beginn dieses Abschnitts müssen die Kurswerte nach jedem Jahr der Reihe nach mit 1,1; 0,9; 0,8; 1,2 multipliziert werden. Dabei bedeutet der Faktor $0,9 = 1 - 0,1$ einen Kursrückgang um 10 %. Für den mittleren, konstanten Steigerungsfaktor q (gemittelt über 4 Jahre) erhält man die Gleichung

$$q \cdot q \cdot q \cdot q = q^4 = 1,1 \cdot 0,9 \cdot 0,8 \cdot 1,2 = 0,9504.$$

Hieraus wird die vierte Wurzel gezogen

$$q = \sqrt[4]{1,1 \cdot 0,9 \cdot 0,8 \cdot 1,2} \approx 0,98736245 = 1 - 0,01263755.$$

Der mittlere Steigerungsfaktor q ist das **geometrische Mittel** der vier einzelnen Faktoren. Das Wertpapier ist in den vier Jahren also im Durchschnitt um ungefähr 1,264 % pro Jahr gefallen.

Das **geometrische Mittel** von n positiven Zahlen $x_1, x_2, ..., x_n$ ist die n-te Wurzel aus dem Produkt dieser Zahlen, also der Zahlenwert

$$q = \sqrt[n]{x_1 \cdot x_2 \cdot ... \cdot x_n}.$$

Die n-te Wurzel q ist gleichwertig mit

$$q^n = x_1 \cdot x_2 \cdot ... \cdot x_n.$$

Das geometrische Mittel wird bei Wachstumsraten benutzt. Aus verschiedenen Wachstumsfaktoren wird der mittlere Wachstumsfaktor mit Hilfe des geometrischen Mittels berechnet. Dazu müssen die einzelnen Faktoren miteinander multipliziert werden. Aus dem Produkt wird anschließend die n-te Wurzel gezogen, wobei n die Anzahl der Faktoren ist. Dabei bedeutet z. B. ein Wachstumsfaktor 1,08 eine Zunahme um 8 %, während der Wachstumsfaktor 0,85 einen Rückgang um 15 % darstellt.

Durchschnittlicher Zinssatz

Ein Kapital wird in den ersten beiden Jahren mit 6 % verzinst. Danach beträgt der Zinssatz drei Jahre lang 7 %. Anschließend werden noch für ein Jahr 8 % Zinsen gezahlt. Gesucht ist der mittlere Zinssatz, also der konstante Zinssatz, der in den 6 Jahren zum gleichen Endbetrag führen würde.

Die sechs Verzinsungsfaktoren lauten der Reihe nach

$$1,06; \quad 1,06; \quad 1,07; \quad 1,07; \quad 1,07; \quad 1,08.$$

Den Verzinsungsfaktor für den durchschnittlichen Zinssatz setzen wir q. Dann ist q das geometrische Mittel der 6 Faktoren, also

$$q = \sqrt[6]{1,06 \cdot 1,06 \cdot 1,07 \cdot 1,07 \cdot 1,07 \cdot 1,08} \approx 1,06831.$$

Hieraus erhält man den mittleren (durchschnittlichen) Zinssatz von ungefähr 6,831 %.

Zerobonds (Nullkupon-Anleihen)

Bei Zerobonds (Nullkupon-Anleihen) gibt es während der Laufzeit keine Zinsen. Diese werden zusammen mit der Rückzahlung zum Fälligkeitstermin gezahlt. Eine Firma gibt Zerobonds mit einer Laufzeit von 10 Jahren zu einem Kurs von 46 % aus. Nach 10 Jahren beträgt der Rücknahmekurs 100 %. Gesucht ist der (durchschnittliche) Zinssatz. Für den unbekannten Zinsfaktor q erhalten wir die Bedingung

$$46 \cdot q^{10} = 100.$$

Hieraus folgt

$$q^{10} = \frac{100}{46}; \quad q \approx 1,08075.$$

Die jährliche Verzinsung beträgt ungefähr 8,075 %.

12.6 Das harmonische Mittel

Durchschnittsgeschwindigkeit

Ein Sportflugzeug fliegt dreimal hintereinander 600 km weit mit jeweils verschiedenen konstanten Geschwindigkeiten und zwar die erste Strecke mit 300 km/h, die zweite mit 400 km/h und die dritte mit 600 km/h. Gesucht ist die Durchschnittsgeschwindigkeit für die gesamte Strecke.

Das arithmetische Mittel $1\,300/3 \approx 433,33$ km/h kann nicht die Durchschnittsgeschwindigkeit sein. Der Grund dafür ist die Tatsache, daß für die gleichen Streckenabschnitte verschiedene Zeiten benötigt werden. Je größer die Geschwindigkeit ist, umso kürzer wird die benötigte Zeit. Nur wenn jeweils die gleiche Zeit mit einer konstanten Geschwindigkeit geflogen würde, wäre das arithmetische Mittel die Durchschnittsgeschwindigkeit.

Zur Bestimmung der Durchschnittsgeschwindigkeit berechnen wir in der Tabelle 12.2 die benötigte Gesamtzeit. Für die gesamte Strecke von

Tabelle 12.2 Durchschnittsgeschwindigkeiten

Strecke	Länge	Geschwindigkeit	Zeit in Stunden
1	600	300	2
2	600	400	1,5
3	600	600	1
Summe	1 800		4,5

1 800 km wurden 4,5 Stunden benötigt. Daraus erhält man die Durchschnittsgeschwindigkeit

$$\frac{1\,800}{4,5} = \frac{3\,600}{9} = 400 \text{ km/h}.$$

Diese Durchschnittsgeschwindigkeit erhält man auch durch folgende Rechnung:

$$400 = \frac{3600}{9} = \frac{1}{\frac{4+3+2}{3\cdot 1200}} = \frac{1}{\frac{1}{3}\cdot\left(\frac{1}{300} + \frac{1}{400} + \frac{1}{600}\right)}.$$

Auf der rechten Seite steht das sogenannte **harmonische Mittel** der drei Geschwindigkeiten 300, 400 und 600.

Zur Berechnung dieses harmonischen Mittels werden zuerst die Kehrwerte 1/300, 1/400 und 1/600 gebildet. Von diesen Kehrwerten wird das arithmetische Mittel berechnet. Das ergibt den Nenner. Im Zähler steht die Zahl 1.

Das **harmonische Mittel** von positiven Zahlen wird folgendermaßen bestimmt: Zunächst wird das arithmetische Mittel der Kehrwerte der Zahlen berechnet. Davon wird wieder der Kehrwert gebildet.

12.7 Durchschnittspreise - Anwendung verschiedener Mittelwertbildungen

Eine Ware wird von drei Firmen angeboten, und zwar zu den Preisen von 9 DM bzw. 10 DM bzw. 11 DM je kg.

a) Ein Kunde kauft in jeder der drei Firmen jeweils 100 kg. Gesucht ist der durchschnittliche Preis je kg der gesamten gekauften Menge. Gekauft werden 300 kg zum Gesamtpreis von

$$9 \cdot 100 + 10 \cdot 100 + 11 \cdot 100 = 3\,000 \text{ DM}.$$

Daraus erhält man den Durchschnittspreis

$$\frac{3\,000}{300} = \frac{9 \cdot 100 + 10 \cdot 100 + 11 \cdot 100}{300}$$
$$= \frac{1}{3} \cdot 9 + \frac{1}{3} \cdot 10 + \frac{1}{3} \cdot 11 = 10 \text{ DM}.$$

Im Durchschnitt kostet also ein kg 10 DM. Falls an allen Stellen die gleiche Menge gekauft wird, erhält man den Durchschnittspreis als arithmetisches Mittel der jeweiligen Einzelpreise.

b) Bei der ersten Firma werden 100 kg, bei der zweiten 150 kg und bei der dritten Firma 250 kg gekauft. Die Gesamtmenge 500 kg kostet dann

$$9 \cdot 100 + 10 \cdot 150 + 11 \cdot 250 = 5\,150 \text{ DM}.$$

Dies ergibt den Durchschnittspreis

$$\frac{5\,150}{500} = \frac{9 \cdot 100 + 10 \cdot 150 + 11 \cdot 250}{500}$$

$$= 9 \cdot \frac{100}{500} + 10 \cdot \frac{150}{500} + 11 \cdot \frac{250}{500} = 10,30 \text{DM pro kg.}$$

Bei verschiedenen Mengen ist der Durchschnittspreis das gewichtete arithmetische Mittel. Die Gewichte sind die relativen Anteile der jeweiligen gekauften Mengen an der Gesamtmenge.

c) In jeder der drei Firmen wird für 990 DM Ware gekauft. Dann lauten die Gesamtkosten $3 \cdot 990 = 2\,970$ DM. Für den jeweiligen Betrag von 990 DM erhält man in den drei Firmen der Reihe nach

$$\frac{990}{9} = 110 \text{ kg;} \quad \frac{990}{10} = 99 \text{ kg;} \quad \frac{990}{11} = 90 \text{ kg.}$$

Die Gesamtmenge beträgt $110 + 99 + 90 = 299$ kg.
Dies ergibt einen Durchschnittspreis von

$$\frac{2\,970}{299} = \frac{2\,970}{\frac{990}{9} + \frac{990}{10} + \frac{990}{11}} = \frac{1}{\frac{\frac{990}{9} + \frac{990}{10} + \frac{990}{11}}{2970}} = \frac{1}{\frac{1}{3} \cdot \left(\frac{1}{9} + \frac{1}{10} + \frac{1}{11}\right)}.$$

Falls jeweils für den gleichen Betrag eingekauft wird, ist der Durchschnittspreis das harmonische Mittel der drei Einzelpreise.

Kapitel 13
Zufallsvariable

13.1 Wahrscheinlichkeitsverteilung

Würfelspiel

An einem Jahrmarktstand wird Ihnen das folgende Spiel angeboten: Gegen einen Einsatz von 1 DM dürfen Sie mit zwei idealen Würfeln werfen. Falls beide Würfel eine Sechs zeigen, erhalten Sie als Gewinn 10 DM, bei nur einer Sechs 2 DM, sonst bekommen Sie nichts. Würden Sie dieses Spiel riskieren?

Zur Beantwortung dieser Frage untersuchen wir zunächst die Gewinnchancen bei diesem Spiel. Dabei benutzen wir das (fiktive) Modell aus Kapitel 4, bei dem die beiden Würfel unterscheidbar gemacht werden. Die unter dieser Modellannahme berechneten Wahrscheinlichkeiten gelten dann auch bei zwei nicht unterscheidbaren Würfeln. Bei den beiden unterscheidbaren Würfeln (der eine sei z. B. rot, der andere weiß) treten als Versuchsergebnisse jeweils Paare von Augenzahlen auf. Wenn der erste Würfel eine 3 und der zweite eine 5 zeigt, tritt das Versuchsergebnis (3,5) ein. Insgesamt gibt es 36 solche Paare, die in Tabelle 4.2 aufgeführt sind.

Beim Versuchsergebnis (6,6) (beide Würfel eine Sechs) beträgt die Auszahlung 10 DM. Dem Ergebnis (6,6) wird damit die Auszahlung 10 zugeordnet. 2 DM gibt es, falls eines der Versuchsergebnisse

$$(6,1), (6,2), (6,3), (6,4), (6,5), (1,6), (2,6), (3,6), (4,6), (5,6)$$

eintritt. Bei den restlichen $36 - 10 - 1 = 25$ Versuchsergebnissen gibt es keinen Gewinn. Jedem dieser 25 Versuchsergebnissen wird die Auszahlung 0 zugeordnet. Am häufigsten werden Sie also nichts, manchmal 2 DM, und ganz selten 10 DM gewinnen.

Mit Wahrscheinlichkeit 1/36 erhält man in einem Spiel eine Auszahlung von 10 DM. Die Auszahlung beträgt 2 DM, wenn eines der oben angegebenen 10 Versuchsergebnisse eintritt. Die Wahrscheinlichkeit dafür ist 10/36. Mit Wahrscheinlichkeit 10/36 beträgt damit die Auszahlung 2 DM. Bei den restlichen 25 Versuchsergebnissen, also mit Wahrscheinlichkeit 25/36, ist die Auszahlung gleich 0. In Tabelle 13.1 sind die verschiedenen Auszahlungen mit den zugehörigen Wahrscheinlichkeiten zusammengestellt. Die Summe aller drei Wahrscheinlichkeiten ist dabei gleich Eins. Die Auszahlung hängt vom Zufall ab. Da sie variabel ist, heißt sie auch **Zufallsvariable**. Man nennt das in Tabelle 13.1 angegebene Schema die **Wahrscheinlichkeitsverteilung** der Zufallsvariablen.

Tabelle 13.1 Wahrscheinlickleitsverteilung beim Würfelspiel

Auszahlungen	0	1	10	
Wahrscheinlichkeiten	25/36	10/36	1/36	Summe=1

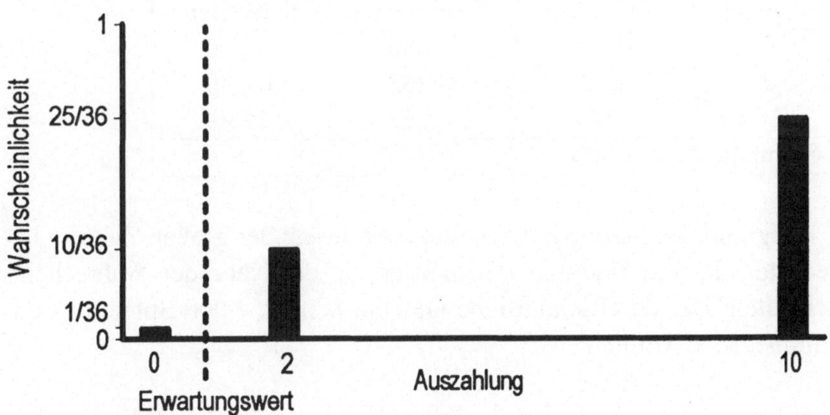

Bild 13.1 Stabdiagramm der Verteilung

Im Bild 13.1 ist ist die Wahrscheinlichkeitsverteilung in einem **Stabdiagramm** graphisch dargestellt. In Analogie zum Stabdiagramm der relativen Häufigkeiten werden über den einzelnen Werten senkrecht nach oben Stäbe angetragen, deren Längen die Wahrscheinlichkeiten sind.

13.2 Erwartungswert

Aus der Wahrscheinlichkeitsverteilung allein können wir noch nicht entscheiden, ob sich das in Abschnitt 13.1 beschriebene Würfelspiel auf Dauer lohnt. Zur Beantwortung dieser Frage wurde das Würfelspiel 1 000mal durchgeführt. Dabei sind die absoluten Häufigkeiten für die einzelnen Auszahlungen in der zweiten Spalte der Tabelle 13.2 eingetragen. Division der absoluten Häufigkeiten durch 1 000 ergibt die relativen Häufigkeiten in der dritten Spalte. In der vierten Spalte sind noch die Wahrscheinlichkeiten für die einzelnen Auszahlungen pro Spiel angegeben.

Tabelle 13.2 Auszahlungen beim Würfelspiel

Aus-zahlungen	absolute Häufigkeiten	relative Häufigkeiten	Wahrschein-lichkeiten
0	686	0,686	25/36
2	282	0,282	10/36
10	32	0,032	1/36
Summen	1 000	1	1

Aufgrund des Stabilisierungseffektes (Gesetz der großen Zahlen) liegen die relativen Häufigkeiten meistens in der Nähe der Wahrscheinlichkeiten. Der durchschnittliche Gewinn bei den 1 000 Spielen ist das arithmetische Mittel

$$\frac{1}{1\,000} \cdot (0 \cdot 686 + 2 \cdot 282 + 10 \cdot 32) = 0,884 \text{ DM.}$$

In dieser Durchschnittsbildung können wir auch die einzelnen Summanden durch 1 000 dividieren und erhalten den Mittelwert in der Form

$$0,884 = 0 \cdot \frac{686}{1\,000} + 2 \cdot \frac{282}{1\,000} + 10 \cdot \frac{32}{1\,000} = 0{\cdot}0,686 + 2{\cdot}0,282 + 10{\cdot}0,032.$$

Die einzelnen Auszahlungswerte werden mit den zugehörigen relativen Häufigkeiten multipliziert. Addition dieser Produkte ergibt das arithmetische Mittel, also die durchschnittliche Auszahlung pro Spiel.

Weil die relativen Häufigkeiten in der Nähe der Wahrscheinlichkeiten liegen, können wir sie gleich durch die Wahrscheinlichkeiten ersetzen und erhalten damit den Näherungswert

$$0,884 \approx 0 \cdot \frac{25}{36} + 2 \cdot \frac{10}{36} + 10 \cdot \frac{1}{36} = \frac{30}{36} = \frac{5}{6} \approx 0,833.$$

Diese Näherung wird in der Regel umso besser, je öfter man das Spiel durchführt. Die hier berechnete Summe

$$0 \cdot \frac{25}{36} + 2 \cdot \frac{10}{36} + 10 \cdot \frac{1}{36}$$

hängt gar nicht mehr von den Ergebnissen der Spieldurchführungen ab, sondern nur noch von der Wahrscheinlichkeitsverteilung. Es handelt sich um ein gewichtetes arithmetisches Mittel der Auszahlungswerte, wobei als Gewichte die zugehörigen Wahrscheinlichkeiten benutzt werden. Zur Berechnung werden also die Auszahlungswerte mit den Wahrscheinlichkeiten multipliziert und aufaddiert. Den so erhaltenen Zahlenwert nennt man den **Erwartungswert**. Er ist im Bild 13.1 zusätzlich eingetragen. Durch ihn geht die Achse, auf welcher der Schwerpunkt der drei Stäbe liegt.

Wenn man das Spiel sehr oft durchführt, liegt die durchschnittliche Auszahlung pro Spiel in der Nähe des Erwartungswertes. Auf Dauer wird man daher pro Spiel eine Auszahlung von ungefähr 5/6 DM erwarten können, also weniger als den Einsatz. Daher lohnt sich das Spiel nicht für den Spieler, sondern nur für den Anbieter.

Bei einem Einsatz von 5/6 DM pro Spiel oder 5 DM für 6 Spiele wäre das Spiel fair. Auf Dauer würden dann die Spieler ungefähr ihren Einsatz zurückgewinnen.

13.2.1 Dreifacher Münzwurf

Ihnen wird folgendes Spiel angeboten: Beim Werfen dreier (idealer) Münzen wird die Anzahl der geworfenen Wappen in DM ausgezahlt. Welchen Einsatz können Sie für ein Spiel riskieren? Zur Bestimmung des fairen Einsatzes berechnen wir den Erwartungswert der Auszahlung. Jedem Versuchsergebnis wird eine Zahl als Auszahlung zugeordnet. Der Auszahlungsbetrag ist die absolute Häufigkeit von Wappen bei den drei Würfen. Zur Berechnung der einzelnen Wahrscheinlichkeiten werden die Münzen (fiktiv) unterscheidbar gemacht. In diesem Modell gibt es insgesamt 8 mögliche Versuchsergebnisse, wobei an jeder Stelle das Symbol der entsprechenden Münze, also entweder W für Wappen oder Z für Zahl steht. Bei dem Versuchsergebnis ZWW wird beim ersten Wurf Zahl und bei den beiden anderen Würfen Wappen geworfen. Diese Zuordnung ist in der Tabelle 13.3 zusammengestellt.

Tabelle 13.3 Dreifacher Münzwurf

Versuchsergebnis	Auszahlung (Anzahl der Wappen)	Wahrscheinlichkeit
ZZZ	0	1/8
WZZ ZWZ ZZW	1	3/8
WWZ WZW ZWW	2	3/8
WWW	3	1/8

Jedes der 8 Versuchsergebnisse besitzt die Wahrscheinlichkeit 1/8. Beim Ergebnis ZZZ (kein Wappen) erhält man keine Auszahlung, bei den Ergebnissen WZZ, ZWZ und ZZW (einmal Wappen) die Auszahlung 1 DM, bei den Ergebnissen WWZ, WZW und ZWW (zweimal Wappen) ist die Auszahlung 2 DM. Das Ergebnis WWW (dreimal Wappen) ergibt die Auszahlung 3 DM.

Daraus erhält man den Erwartungswert

$$0 \cdot \frac{1}{8} + 1 \cdot \frac{3}{8} + 2 \cdot \frac{3}{8} + 3 \cdot \frac{1}{8} = \frac{12}{8} = 1,5 \text{ DM}.$$

Auf Dauer erhält man im Durchschnitt pro Spiel ungefähr 1,50 DM ausgezahlt. 1,50 DM ist also die Gewinnerwartung pro Spiel. Bei keinem Einzelspiel kann dieser Erwartungswert ausgezahlt werden. Bei der Durchführung von sehr vielen Spielen liegt jedoch im allgemeinen die durchschnittliche Auszahlung in der Nähe von 1,50 DM. Damit wäre ein Einsatz von 1,50 DM pro Spiel fair, allerdings nur dann, wenn die Münzen nicht zuungunsten der Spieler verfälscht sind. Dann haben sowohl die Spieler als auch der Anbieter die gleiche Gewinnchance. Bei einem Einsatz von mehr als 1,50 DM macht auf Dauer der Anbieter einen Gewinn, bei einem Einsatz von weniger als 1,50 DM gewinnen die Spieler.

Das in Bild 13.2 dargestellte Stabdiagramm ist **symmetrisch** zur Stelle 1,50. Diese Symmetriestelle stimmt mit dem Erwartungswert überein.

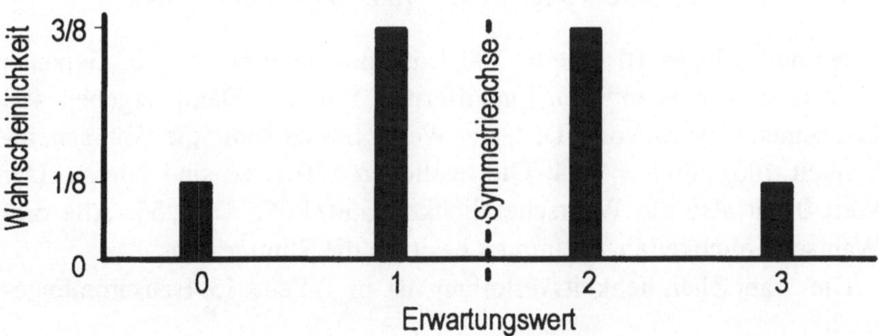

Bild 13.2 Symmetrisches Stabdiagramm

13.2.2 Los-Trommel

In einer Los-Trommel befinden sich 1 000 Lose, die von 1 bis 1 000 numeriert sind. Jedes Los mit den Endziffern 11, 22, 33, 44 oder 55 gewinnt 5 DM. Auf jedes Los mit den Endziffern 6, 7, 8 oder 9 entfallen 2 DM, alle anderen Lose sind Nieten. Die Zufallsvariable, die den Gewinn in DM beschreibt, kann einen der Werte 0, 2 oder 5 annehmen. Für die Losnummern

$$11, 22, 33, 44, 55, 111, 122, 133, 144, 155, \ldots, 911, 922, 933, 944, 955$$

wird jeweils 5 DM ausgezahlt. Es gibt also $10 \cdot 5 = 50$ Lose mit diesem Gewinn. Da insgesamt 1 000 Lose vorhanden sind, besitzt der Wert 5 die Wahrscheinlichkeit $50/1\,000 = 0,05$.

Als nächstes soll die Anzahl der Lose mit der Endziffer 6 bestimmt werden. Es sind dies die Losnummern

$$
\begin{array}{cccccccccc}
6 & 16 & 26 & 36 & 46 & 56 & 66 & 76 & 86 & 96 \\
106 & 116 & 126 & 136 & 146 & 156 & 166 & 176 & 186 & 196 \\
206 & 216 & 226 & 236 & 246 & 256 & 266 & 276 & 286 & 296 \\
\end{array}
$$

$$\ldots\ldots\ldots\ldots\ldots\ldots\ldots\ldots\ldots\ldots\ldots\ldots\ldots\ldots\ldots\ldots\ldots\ldots$$

$$
\begin{array}{cccccccccc}
906 & 916 & 926 & 936 & 946 & 956 & 966 & 976 & 986 & 996.
\end{array}
$$

Insgesamt gibt es $10 \cdot 10 = 100$ Lose mit der Endziffer 6. Genauso viele Lose gibt es mit den Endziffern 7, 8 und 9. Damit ergeben 400 Lose einen Gewinn von 2 DM. Der Wert 2 besitzt somit die Wahrscheinlichkeit $400/1\,000 = 0,4$. Die restlichen 550 Lose sind Nieten. Der Wert 0 hat also die Wahrscheinlichkeit $550/1\,000 = 0,55$. Alle drei Wahrscheinlichkeiten zusammen besitzen die Summe Eins.

Die Wahrscheinlichkeitsverteilung ist in Tabelle 13.4 zusammengestellt.

Der Erwartungswert des Gewinns pro Los lautet

$$0 \cdot 0,55 + 2 \cdot 0,40 + 5 \cdot 0,05 = 1,05 \text{ DM}.$$

Tabelle 13.4 Wahrscheinlichkeitsverteilung

Gewinn	0	2	5	
Wahrscheinlichkeiten	0,55	0,40	0,05	Summe=1

Wenn man also sehr oft aus der vollen Los-Trommel ein Los zufällig.
auswählt, erhält man auf Dauer einen mittleren Gewinn (Durchschnitts-
gewinn) von 1,05 DM. Diese Eigenschaft gilt auch noch, wenn nicht
mehr aus der vollen Los-Trommel gezogen wird. Allerdings darf dabei
keine Information über die vorher gezogenen Lose vorliegen. Falls alle
bereits verkauften Losnummern bekannt wären, würde man einen anderen Erwartungswert erhalten. Zu seiner Berechnung dürfen nur noch die
restlichen Lose aus der Trommel benutzt werden.

Idealer Würfel

Beim Werfen eines idealen Würfels betrachten wir die Zufallsvariable,
welche die Augenzahl bei einem Einzelwurf beschreibt. Jeder der 6
Werte wird mit der gleichen Wahrscheinlichkeit 1/6 angenommen. Die
Wahrscheinlichkeitsverteilung ist in Tabelle 13.5 dargestellt.

Tabelle 13.5 Wahrscheinlichkeitsverteilung beim idealen Würfel

Augensumme	1	2	3	4	5	6
Wahrscheinlichkeiten	1/6	1/6	1/6	1/6	1/6	1/6

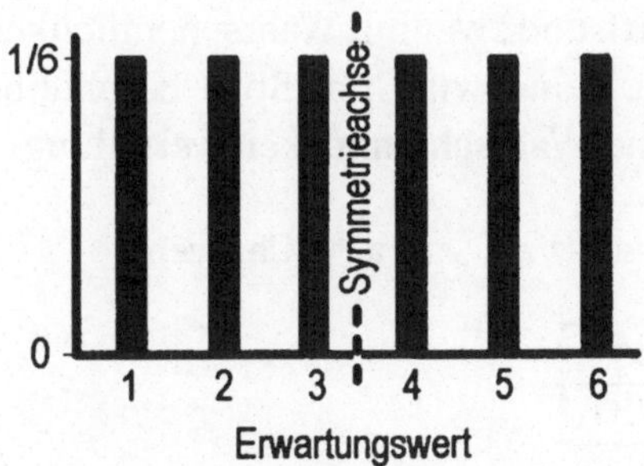

Bild 13.3
Stabdiagramm der Augenzahl eines
idealen Würfels

Im Stabdiagramm in Bild 13.3 sind alle Stäbe gleich lang. Daher gibt
es eine Symmetrieachse. Sie geht durch die Stelle 3,5. Der Symmetrie-

Wert stimmt mit dem Erwartungswert überein. Diese Eigenschaft gilt allgemein. Wir wollen der Erwartungswert trotzdem berechnen. Er lautet

$$\frac{1}{6} \cdot (1 + 2 + 3 + 4 + 5 + 6) = \frac{21}{6} = 3,5.$$

Die erwartete Augenzahl 3,5 kann bei keinem Einzelwurf geworfen werden. Falls man jedoch mit einem idealen Würfel sehr oft wirft, dürfte wegen des Stabilisierungseffekts das Stabdiagramm der relativen Häufigkeiten dem Stabdiagramm der Wahrscheinlichkeitsverteilung in Bild 13.3 sehr ähnlich sein. Die im Durchschnitt geworfene Augenzahl liegt dann in der Nähe des Erwartungswertes 3,5. Bei 10 000 Würfen kann man davon ausgehen, daß die Augensumme in der Nähe von 35 000 liegt, wobei Abweichungen vorkommen werden, die auf den Zufall zurückgeführt werden können.

Roulette - Gewinnerwartung bei einem Einzelspiel

Beim Roulette wird eine der Zahlen 0, 1, 2, ..., 35, 36 ausgespielt. Herr Weigle setzt immer eine Einheit (z. B. 5 DM) auf die Zahl 13. Wird die 13 ausgespielt wird, so erhält er den 36fachen Einsatz, also 36 Einheiten ausgezahlt. Abzüglich seines Einsatzes verbleibt ihm dann ein Reingewinn von 35 Einheiten. Die Wahrscheinlichkeit dafür ist 1/37. Kommt die 13 nicht, so hat er seinen Einsatz verloren, der Reingewinn beträgt dann -1 (Verlust einer Einheit), und zwar mit Wahrscheinlichkeit 36/37. Die Zufallsvariable, die den Reingewinn pro Spiel beschreibt, besitzt die in Tabelle 13.6 angegebene Wahrscheinlichkeitsverteilung.

Tabelle 13.6 Gewinnverteilung beim Einsatz auf „einfache Chancen"

Reingewinn	-1	35
Wahrscheinlichkeiten	36/37	1/37

Hieraus erhält man den Erwartungswert (Gewinnerwartung pro Spiel)

$$-1 \cdot \frac{36}{37} + 35 \cdot \frac{1}{37} = \frac{35 - 36}{37} = -\frac{1}{37}.$$

Der Erwartungswert ist negativ. Auf Dauer wird Herr Weigle mit seiner Strategie pro Spiel ungefähr 1/37 seines Einsatzes verlieren. 1/37 ist gleichzeitig die Wahrscheinlichkeit für zero. Nur eine von 37 Zahlen „arbeitet" somit für die Spielbank. Den gleichen mittleren Verlust erleidet Herr Weigle auch, wenn er auf eine andere Zahl setzt. Welche es ist, spielt dabei keine Rolle.

Dem Spieler Spörer ist das Risiko beim Einsatz auf eine einzige Zahl zu groß. Daher setzt er jeweils eine Geldeinheit auf das erste Dutzend, also gleichzeitig auf die 12 Zahlen

$$1, 2, 3, 4, 5, 6, 7, 8, 9, 10, 11, 12.$$

Falls eine dieser Zahlen ausgespielt wird, erhält er den dreifachen Einsatz ausgezahlt. Dann verbleibt ihm ein Reingewinn von 2 Einheiten. Die Wahrscheinlichkeit dafür ist 12/37. Mit der Restwahrscheinlichkeit 25/37 verliert er seinen Einsatz. Die Zufallsvariable des Reingewinns für Herrn Spörer besitzt die Wahrscheinlichkeitsverteilung aus Tabelle 13.7.

Tabelle 13.7 Gewinnverteilung beim Einsatz auf ein Dutzend

Reingewinn	-1	2
Wahrscheinlichkeiten	25/37	12/37

Der Erwartungswert des Reingewinns pro Spiel lautet

$$-1 \cdot \frac{25}{37} + 2 \cdot \frac{12}{37} = \frac{-24 + 25}{37} = -\frac{1}{37}.$$

Obwohl bei dieser Strategie das Risiko gegenüber dem Einsatz auf eine einzige Zahl wesentlich kleiner ist, bleibt die Gewinnerwartung gleich. Herr Spörer gewinnt zwar viel öfter als Herr Weigle, dafür sind seine Gewinne aber entsprechend niedriger. Auch er wird auf Dauer pro Spiel ungefähr 1/37 seines Einsatzes verlieren.

Wir könnten noch andere Einsatzmöglichkeiten durchrechnen, z. B. den Einsatz von einer Geldeinheit auf zwei oder vier benachbarte Zahlen oder auf eine bzw. zwei Querreihen (Dreierreihen). Jedesmal erhalten wir den gleichen Erwartungswert $-1/37$ Einheiten, also die gleiche Verlusterwartung. Die einzige Ausnahme ist der nachfolgende Einsatz auf eine „einfache Chance".

Herr Vorsicht setzt immer nur auf „einfache Chancen", z. B. auf rot oder schwarz, gerade oder ungerade. Hier gibt es nämlich in vielen Spielbanken eine Sonderregelung, die für den Spieler günstiger ist. Im Falle eines Gewinns erhält er den doppelten Einsatz ausgezahlt. Dann verbleibt ihm ein Reingewinn von einer Einheit. Die Wahrscheinlichkeit dafür ist 18/37. Falls die Null ausgespielt wird, ist der Einsatz nicht ganz verloren. In diesem Fall kann man ihn entweder das nächste Spiel stehenlassen oder die Hälfte davon herausnehmen. Beim Herausnehmen des halben Einsatzes beträgt der Reingewinn $-1/2$ (Auszahlung minus Einsatz). Die Wahrscheinlichkeit dafür ist 1/37. Bei den restlichen Spielausgängen ist der Einsatz verloren (Reingewinn$=-1$). Die Wahrscheinlichkeit dafür ist 18/37. Damit erhalten wir die in Tabelle 13.8 angegebene Wahrscheinlichkeitsverteilung des Reingewinns pro Spiel.

Tabelle 13.8 Gewinnverteilung beim Einsatz auf „einfache Chancen"

Reingewinn	-1	$-1/2$	1
Wahrscheinlichkeiten	18/37	1/37	18/37

Bei diesem Einsatz auf „einfache Chancen" lautet der Erwartungswert

$$-1 \cdot \frac{18}{37} - \frac{1}{2} \cdot \frac{1}{37} + 1 \cdot \frac{18}{37} = \frac{-36 - 1 + 36}{74} = -\frac{1}{74}.$$

Die Verlusterwartung hat sich hier gegenüber den übrigen Strategien halbiert. Damit wird man bei einem Einsatz auf „einfache Chancen" auf Dauer nur halbsoviel verlieren wie mit den übrigen Einsatzmöglichkeiten.

Bis auf den Einsatz auf „einfache Chancen" sind zwar alle Gewinnerwartungen (besser gesagt die Verlusterwartungen) gleich, nämlich

−1/37 des Einsatzes, nicht jedoch die Risiken. Beim Einsatz auf eine einzige Zahl ist das Risiko am größten. Hier wird man am seltensten gewinnen, dafür aber entsprechend mehr. So ist z. B. die Wahrscheinlichkeit dafür, daß eine bestimmte Zahl 50mal hintereinander nicht erscheint gleich $(36/37)^{50} \approx 0,254$. In über 25 Prozent der Fälle muß man auf eine bestimmte Zahl mindestens 50 Spiele warten. Wann sie danach kommt, steht auch nicht fest. 100mal hintereinander wird eine bestimmte Zahl mit Wahrscheinlichkeit $(36/37)^{100} \approx 0,065$ nicht ausgespielt.

Der Spieler Ausdauer wartet schon seit 50 Spielen auf seine Zahl 17. Er meint, daß die 17 bald kommen muß. Als Begründung gibt er den oft zitierten Nachholbedarf an. Falls die einzelnen Ausspielungen voneinander unabhängig sind, kann es jedoch keinen Nachholbedarf geben. Was bisher ausgespielt wurde, kann getrost vergessen werden. Die Zahl 17 besitzt bei der nächsten Ausspielung jeweils die gleiche Wahrscheinlichkeit 1/37, unabhängig davon, wie lange sie schon nicht mehr gezogen wurde. Auf den Hinweis, die Wahrscheinlichkeit, daß die 17 auch in den nächsten 50 Spielen nicht kommt, betrage ebenfalls 0,254, erhalten wir von Herrn Ausdauer die Antwort: „Die Wahrscheinlichkeit, daß die Zahl 17 in 100 Spielen nicht kommt, ist doch $(36/37)^{100} \approx 0,065$. Weil sie aber bereits 50mal nicht gekommen ist, kann sie bei den nächsten 50 Ausspielungen doch nur mit Wahrscheinlichkeit 0,065 nicht erscheinen". Das Argument von Herrn Ausdauer ist falsch. Hier muß nämlich die bedingte Wahrscheinlichkeit dafür berechnet werden, daß die Zahl 100mal nicht erscheint, unter der Bedingung, daß sie bereits 50mal nicht gekommen ist. Wegen der Unabhängigkeit der einzelnen Ausspielungen haben jedoch die Spielausgänge der Vergangenheit keinen Einfluß auf die Ausgänge der Zukunft. Denn wie sollte sich der Roulette-Teller die bereits ausgespielten Zahlen auch merken können? Daher kommt mit Wahrscheinlichkeit 0,254 die Zahl 17 in den nächsten 50 Ausspielungen nicht, auch wenn sie vorher schon 500mal nicht mehr ausgespielt worden sein sollte.

Soll Herr Ausdauer die Zahl wechseln? Ein Wechsel auf eine andere Zahl z. B. auf die 35 bringt auch keinen Vorteil, da die Chance für diese Zahl bei den nächsten Ausspielungen auch nicht größer ist. Falls Herrn Ausdauer das Warten auf den ersten Gewinn zu lange dauert, kann er seine Einsatzstrategie ändern. Vielleicht sollte er auf mehrere Zahlen, etwa auf ein Dutzend oder auf „einfache Chancen" setzen.

Gesetzmäßigkeiten in Serien dürften kaum auftreten. Solche sind rein zufällig und können (leider) erst nachträglich festgestellt werden. Was nützt es einem Spieler, wenn er später erfährt, wie er hätte spielen müssen? Viele Leute glauben nach einer sorgfältigen Analyse der ausgespielten Zahlen eine bestimmte „Gesetzmäßigkeit" entdeckt zu haben. Wenn sie dann bei den nächsten Spielen tatsächlich gewinnen, führen sie dies auf ihre „Entdeckung" zurück. In Wirklichkeit haben sie eben nur Glück gehabt.

Verdoppelungsstrategien beim Roulette

Bei den gewöhnlichen Verdoppelungsstrategien wird nach jedem Verlustspiel der Einsatz so lange verdoppelt, bis man zum ersten Mal gewinnt. Wir wollen verschiedene Einsatzmöglichkeiten untersuchen.

Einsatz auf „einfache Chance"

Wir betrachten zunächst den Fall der „einfachen Chancen". Jemand setzt z. B. immer auf „rot". Er beginnt mit einer Einheit. Falls er gewinnt, erhält er 2 Einheiten ausgezahlt, so daß ihm ein Reingewinn von einer Einheit verbleibt. Verliert er, so verdoppelt er für das nächste Spiel den Einsatz auf 2 Einheiten. Insgesamt hat er dann 3 Einheiten eingezahlt. Im Falle eines Gewinns beträgt die Auszahlung 4 Einheiten. Wiederum hat er einen Reingewinn von einer Einheit. Gewinnt er nicht, so verdoppelt er seinen Einsatz wieder. Diese Verdoppelung wird so lange fortgesetzt, bis einmal ein Gewinn erfolgt. Dann wird die Serie abgebrochen. Man kann zeigen, daß im Falle eines Gewinns die Auszahlung den bisherigen Gesamteinsatz immer um eine Einheit übersteigt, unabhängig davon, wann zum ersten Mal gewonnen wird. Man muß also nur so lange spielen, bis einmal „rot" kommt. Dann hat man als sicheren Reingewinn eine Geldeinheit. Bei diesem „todsicheren System" gibt es allerdings zwei Probleme.

1. Der Spieler müßte über so viel Geld verfügen, daß er auch in einer für ihn ungünstigen Serie in der Lage ist, den Einsatz so lange wie nötig zu verdoppeln.

2. Zur Abwehr dieser Strategie haben die Spielbanken einen Höchsteinsatz vorgegeben. Wir nehmen an, der Höchsteinsatz sei 6 000 DM und der Mindesteinsatz 5 DM. Wegen

$$5 \cdot 2^{10} = 5\,120; \qquad 5 \cdot 2^{11} = 10\,240$$

kann der Spieler seinen Einsatz höchstens 10mal verdoppeln. Die längste Serie, in der die Verdoppelungsstrategie uneingeschränkt durchführbar ist, besteht dann aus 11 Spielen. In einer solchen Serie von elf Spielen beträgt der Gesamteinsatz

$$5 \cdot (1 + 2 + 2^2 + \dots + 2^{10}) = 10\,235 \text{ DM}.$$

Falls elfmal hintereinander nicht „rot" kommt, ist dieser große Einsatz verloren. Bei einem Gewinn erhält man dagegen nur 5 DM ausgezahlt. Die Wahrscheinlichkeit für eine solche Verlustserie beträgt

$$(19/37)^{11} \approx 0,0006547.$$

Mit dieser zwar sehr kleinen Wahrscheinlichkeit verliert man den großen Betrag 10 235 DM. Mit der Restwahrscheinlichkeit

$$1 - 0,0006547 = 0,9993453$$

gewinnt man dagegen nur 5 DM. In der Hoffnung, daß Ereignisse mit einer Wahrscheinlichkeit von 0,0006547 praktisch nie eintreten, könnten Sie auf die Idee kommen, das Spiel zu riskieren. Vermutlich werden Sie über einen längeren Zeitraum (z. B. an einigen Abenden) auch nur gewinnen, jedoch nicht so viel, um reich zu werden. Irgendwann werden Sie in eine Pechsträhne kommen und auf einen Schlag den Betrag von 10 235 DM verlieren, vermutlich zu einem Zeitpunkt, zu dem Sie vorher noch gar keine 10 235 DM gewonnen haben. Denn dazu hätten Sie vorher in 2 047 Serien hintereinander jeweils die 5 DM gewinnen müssen.

Wir berechnen den Erwartungswert der Zufallsvariablen, die den Gewinn pro Serie (nicht pro Spiel!) beschreibt. Er lautet

$$5 \cdot 0,9993453 - 10\,235 \cdot 0,0006547 \approx -1,704 \text{ DM}.$$

Ohne Einsatzbeschränkung wäre die Gewinnerwartung pro Serie gleich 5 DM. Durch die Einführung des Höchsteinsatzes wird die Gewinnerwartung jedoch negativ. Daher gibt es auch mit dieser Verdoppelungsstrategie wegen des vorgegebenen Höchsteinsatzes auf Dauer keine positive Gewinnerwartung.

Einsatz auf das erste Dutzend

Bei der Verdoppelungsstrategie soll jeweils auf das erste Dutzend

$$1, 2, 3, 4, 5, 6, 7, 8, 9, 10, 11, 12$$

gesetzt werden. Dann beträgt die Gewinnwahrscheinlichkeit bei einem Einzelspiel 12/37. Ausgezahlt wird das Dreifache des Einsatzes. Falls man beim ersten Einsatz sofort gewinnt, erhält man 3 Einheiten ausgezahlt. Dann bleibt ein Reingewinn von 2 Einheiten. Andernfalls wird der Einsatz wieder verdoppelt. Kommt jetzt das erste Dutzend, so erhält man 6 Einheiten ausgezahlt. Abzüglich des Gesamteinsatzes $1 + 2 = 3$ verbleibt ein Reingewinn von 3 Einheiten. Muß der Einsatz auf 4 verdoppelt werden, so würde die Auszahlung 12 betragen bei einem Gesamteinsatz $1 + 2 + 4 = 7$. Der Reingewinn wäre 5 Einheiten. Bei diesem Spiel ist der Reingewinn umso größer, je später die Serie mit einen Gewinn abgeschlossen wird. Beim Start mit 5 DM($=1$ Einheit) sind die Einzahlungen bzw. die Gewinne in Abhängigkeit vom ersten Gewinnspiel in der Tabelle 13.9 zusammengestellt.

Der Reingewinn kann beliebig groß werden, wenn die Serie nur spät genug zu Ende geht. Man kann zeigen, daß ohne Höchsteinsatz die Gewinnerwartung beliebig groß ist. Mit dem notwendigen Kapital wäre mit dieser Strategie die Grundlage zur Schaffung eines großen Vermögens gegeben. Doch leider macht auch hier der Höchsteinsatz einen Strich durch die Rechnung. Durch ihn wird die Gewinnerwartung wieder negativ. Falls jemand diese Strategie spielt, kann er sich zunächst freuen, wenn das erste Dutzend nicht sofort kommt, weil doch bei späteren Gewinnen der Reingewinn umso größer wird. Doch diese Freude kann

Tabelle 13.9 Verdoppelungsstrategie beim Einsatz auf ein Dutzend

Gewinn-spiel	1	2	3	4	5	6	7	8	9	10	11
Einsatz	5	10	20	40	80	160	320	640	1280	2560	5120
Gesamt-einsatz	5	15	35	75	155	315	635	1275	2555	5115	10235
Aus-zahlung	15	30	60	120	240	480	960	1920	3840	7680	15360
Rein-gewinn	10	15	25	45	85	165	325	645	1285	2565	5125

bald in Angst umschlagen und zwar in Angst vor einer Pechserie mit einem Verlust von 10 235 DM, die unweigerlich bevorsteht, wenn elfmal hintereinander keine Zahl aus dem ersten Dutzend kommt.

Einsatz auf sechs Zahlen $\{1, 2, 3, 4, 5, 6\}$

Bei einem Einsatz auf die ersten beiden Querreihen wird der sechsfache laufende Einsatz ausgezahlt. In diesem Fall ist es möglich, die Verdoppelung nicht nach jedem Verlustspiel, sondern erst später vorzunehmen. Zunächst könnte man vermuten, daß man mit einer Verdoppelung nach jeweils sechs Verlustspielen auskommt. Wir betrachten die ersten 12 Spiele einer möglichen Serie. Falls erforderlich beträgt der Einsatz für die ersten sechs Spiele jeweils eine Einheit, für die nächsten sechs Spiele jeweils zwei Einheiten. Die Gewinnsituation wird in Tabelle 13.10 beschrieben.

Tabelle 13.10 Verdoppelungsstrategie nach jeweils 6 Verlustspielen

erstes Gewinnpiel	1	2	3	4	5	6	7	8	9	10	11	12
laufender Einsatz	1	1	1	1	1	1	2	2	2	2	2	2
bisheriger Einsatz	1	2	3	4	5	6	8	10	12	14	16	18
Auszahlung	6	6	6	6	6	6	12	12	12	12	12	12
Reingewinn	5	4	3	2	1	0	4	2	0	−2	−4	−6

Vom 10. bis zum 12. Spiel wäre auch im Falle eines Gewinns der Reingewinn negativ. Um eine solche Situation auszuschließen, muß die

Verdoppelung bereits nach jedem dritten Verlustspiel vorgenommen werden. Diese Anzahl 3 erhält man als Quotient 18/6. Dabei steht im Nenner die Anzahl der Zahlen, auf die gleichzeitig gesetzt wird.

Falls man auf vier benachbarte Zahlen setzt, genügt eine Verdoppelung nach jeweils 4 Spielen. Diese Anzahl ist der ganzzahlige Anteil von $18/4 = 4,5$. Beim Einsatz auf eine Querreihe (3 Zahlen) genügt eine Verdoppelung nach jeweils $18/3 = 6$ Verlustspielen, beim Einsatz auf zwei benachbarte Zahlen kommt man mit einer Verdoppelung nach jeweils $18/2 = 9$ Spielen aus. Beim Einsatz auf eine einzige Zahl muß die Verdoppelung spätestens nach 18 verlorenen Spielen erfolgen. Dann ist gewährleistet, daß man im Falle eines Gewinns immer mit einem positiven Reingewinn abschließt. Durch die Vorgabe des Höchsteinsatzes wird jedoch auch bei diesen Strategien die Gewinnerwartung pro Serie negativ.

Risikolebensversicherung

Für eine Risikolebensversicherung in Höhe von 100 000 muß ein 40-jähriger Mann eine Jahresprämie von 500 DM bezahlen. Im Überlebensfall macht die Versicherungsgesellschaft aus diesem Vertrag einen Gewinn von 500 DM. Im Todesfall muß sie 100 000 DM auszahlen. Abzüglich der eingenommenen Prämie von 500 DM entsteht dann für die Versicherungsgesellschaft ein Verlust von 99 500 DM. Entweder beträgt der Reingewinn 500 DM oder $-99\,500$ DM (Verlust). Zur Berechnung der einzelnen Wahrscheinlichkeiten benötigen wir die Wahrscheinlichkeit dafür, daß ein 40jähriger Mann innerhalb eines Jahres stirbt. Nach der Sterbetafel 1986/88 für die Bundesrepublik Deutschland lautet die Sterbewahrscheinlichkeit 0,00218931. Daraus erhält man die Überlebenswahrscheinlichkeit $1 - 0,00218931 = 0,99781069$. Die Wahrscheinlichkeitsverteilung der Zufallsvariablen des Reingewinns aus diesem Vertrag ist in Tabelle 13.11 dargestellt.

Hieraus erhalten wir den Erwartungswert

$$500 \cdot 0,99781069 - 99\,500 \cdot 0,00218931 = 281,07 \text{ DM}.$$

Tabelle 13.11 Reingewinn aus einer Risikolebensversicherung

Reingewinn	500	$-99\,500$
Wahrscheinlichkeit	0,99781069	0,00218931

Wenn die Versicherungsgesellschaft viele solche Verträge mit Männern im Alter von 40 Jahren abschließt, erzielt sie im Durchschnitt einen Gewinn von 281,07 DM pro Vertrag.

Wir nehmen an, die Vertragssumme wird verdreifacht. Dann verdreifacht sich auch die Gewinnerwartung auf 843,21 DM.

Die Risikolebensversicherung über 100 000 DM wird gleichzeitig mit 1 000 Männern im Alter von 40 Jahren abgeschlossen. Dann hat die gesamte Vertragssumme den Wert 100 000 000 DM = 100 Millionen DM. Der Gesamtgewinn der Versicherungsgesellschaft aus diesen 1 000 Verträgen ist dann gleich der Summe der Gewinne aus den 1 000 Einzelverträgen. Damit beträgt die Gewinnerwartung aus allen Verträgen $1\,000 \cdot 281,07 = 281\,070$ DM. Die gleiche Gewinnerwartung hätte die Versicherungsgesellschaft aber auch, wenn die Höhe eines einzelnen Vertrages vertausendfacht würde. Eventuell gewährte Mengenrabatte sollen dabei nicht berücksichtigt werden. Die Gewinnerwartung bei dem zusammengelegten Vertrag über 100 Mill.DM ist zwar genausogroß wie bei 1 000 verschiedenen Verträgen über jeweils 100 000 DM. Für die Versicherungsgesellschaft ist jedoch das Risiko bei dem Einzelvertrag über 100 Millionen DM wesentlich größer als bei 1 000 auf verschiedene Personen verteilten Einzelverträgen. Bei einem 100 Millionen-Vertrag gibt es nur die beiden Möglichkeiten: Entweder gewinnt die Versicherungsgesellschaft $1\,000 \cdot 500 = 0,5$ Millionen DM oder sie verliert auf einen Schlag die riesige Summe von $1\,000 \cdot 99\,500 = 99,50$ Millionen DM. Die Wahrscheinlichkeit für einen solchen Verlust ist allerdings nur 0,00218931. Bei den 1 000 Einzelverträgen ist das Risiko jedoch auf 1 000 Personen verteilt. Die Anzahl der innerhalb eines Jahres zur Auszahlung fällig werdenden Verträge kann zwischen 0 und 1 000 liegen (die Grenzen eingeschlossen). Diese Anzahl werden wir am Ende von Abschnitt 13.3 näher untersuchen. Der Reingewinn aus 1 000 Verträgen kann theoretisch sehr viele verschiedene Werte annehmen. Sie alle aufzuzählen dürfte kaum möglich sein. Bezüglich der Gewinnerwartung spielt es keine Rolle, wie die gesamte Vertragssumme von 100 Mill. DM auf verschiedene Personen aufgeteilt wird. Der Erwartungswert bleibt immer 281 070 DM. Das Risiko wird jedoch größer, sobald sich Vertragssummen bei einzelnen Personen häufen.

Mensch ärgere Dich nicht

Mit einem idealen Würfel wird so lange geworfen, bis erstmals eine sechs erscheint. Die Wahrscheinlichkeit, daß genau k Würfe erforderlich sind, lautet nach Kapitel 11

$$p_k = \left(\frac{5}{6}\right)^{k-1} \cdot \frac{1}{6} \quad \text{für } k = 1, 2, 3, .. \quad \text{mit} \left(\frac{5}{6}\right)^0 = 1.$$

Die Zufallsvariable, welche die Anzahl der benötigten Würfe beschreibt, besitzt den Erwartungswert 6. Im Mittel sind also bis zum Start 6 Würfe erforderlich.

13.3   Erwartete Häufigkeiten

Wir betrachten ein beliebiges Ereignis, das bei einem Einzelversuch mit Wahrscheinlichkeit w eintritt. Das Zufallsexperiment wird n mal unabhängig durchgeführt. Dabei interessiert uns nur wie oft das Ereignis in der Serie eintritt, also die absolute Häufigkeit. Die Wahrscheinlichkeit, daß das Ereignis in der Versuchsserie vom Umfang n genau $k$mal eintritt, lautet nach Kapitel 11

$$p_k = \binom{n}{k} \cdot w^k \cdot (1 - w)^{n-k} \qquad \text{für} \quad k = 0, 1, 2, ..., n$$

mit den Binomialkoeffizienten

$$\binom{n}{k} = \frac{n \cdot (n - 1) \cdot ... \cdot (n - k + 1)}{1 \cdot 2 \cdot ... \cdot k} \qquad \text{mit} \binom{n}{0} = 1 \text{ und } a^0 = 1.$$

Die Zufallsvariable, welche die absolute Häufigkeit in einer Versuchsserie vom Umfang n beschreibt, kann die Werte 0,1,2,...,n annehmen mit den zugehörigen Wahrscheinlichkeiten $p_1, p_2, ..., p_n$. Man nennt die Wahrscheinlichkeitsverteilung dieser Zufallsvariablen **Binomialverteilung**. Der Erwartungswert lautet $n \cdot w$. Die erwartete absolute Häufigkeit ist also $n \cdot w$. In Versuchsserien von großem Umfang n werden die absoluten Häufigkeiten um diesen Wert schwanken.

Division der absoluten Häufigkeit durch den Versuchsumfang n ergibt die **relative Häufigkeit**. Der Erwartungswert der relativen Häufigkeit ist die Einzelwahrscheinlichkeit w.

Münzwurf – Anzahl der Wappen

Eine ideale Münze wird fünfmal geworfen und die Anzahl der geworfenen Wappen festgestellt. Mit $n = 5$ und $w = 0,5$ erhält man die (gerundeten) Wahrscheinlichkeiten der Zufallsvariablen der Anzahl der Wappen in Tabelle 13.12.

Tabelle 13.12 Anzahl der Wappen beim fünffachen Münzwurf

Anzahl Wappen	0	1	2	3	4	5
Wahrscheinlichkeit	0,0313	0,1563	0,3125	0,3125	0,1563	0,0313

Wegen $w = 1/2$ ist die Verteilung symmetrisch. Die erwartete Anzahl von Wappen beträgt $5 \cdot 0,5 = 2,5$ (=Symmetrie-Stelle).

Anzahl der Knaben unter 5 Kindern

Nach Kapitel 7 ist die Wahrscheinlichkeit für eine Knabengeburt ungefähr gleich 0,51421. Diese Wahrscheinlichkeit benutzen wir. Fünf Kinder werden zufällig ausgewählt z. B. bei Familien mit 5 Kindern und die Anzahl der Knaben festgestellt. Mit $n = 5$ und $w = 0,51421$ erhält man die Wahrscheinlichkeitsverteilung der Zufallsvariablen der Anzahl der Knaben unter den 5 ausgewählten Kindern aus Tabelle 13.13.

Tabelle 13.13 Anzahl der Knaben unter fünf Kindern

Anzahl Knaben	0	1	2	3	4	5
Wahrscheinlichkeit	0,0271	0,1432	0,3031	0,3209	0,1698	0,0360

Der Erwartungswert lautet $5 \cdot 0,51421 = 2,5711$. Unter 5 zufällig ausgewählten Kindern befinden sich also im Mittel ungefähr 2,57, also etwas mehr als die Hälfte Knaben.

Ein Familie habe bereits 4 Kinder und zwar lauter Buben. Vor der Geburt des fünften Kindes ist der Vater fest davon überzeugt, daß es ein Mädchen wird. Da die Wahrscheinlichkeit für fünf Knaben doch nur 0,036 ist, glaubt er, das nächste Kind sei nur mit dieser Wahrscheinlichkeit ein Junge und daher mit der großen Wahrscheinlichkeit $1 - 0,036 = 0,964$ ein Mädchen. Diese Argumentation ist falsch. Falls das Geschlecht des fünften Kindes vom Geschlecht der ersten vier Kinder unabhängig ist (davon gehen wir aus), ist auch nach 4 Knabengeburten das nächste Kind mit Wahrscheinlichkeit 0,51421 wieder ein Junge.

Risikolebensversicherungen

Wir betrachten nochmals die 1 000 einzelnen Versicherungsverträge über jeweils 100 000 DM, die mit vierzigjährigen Männern abgeschlossen werden. Dabei interessiert die Anzahl der Verträge, die während eines Jahres zur Auszahlung anstehen. Diese Anzahl hängt vom Zufall ab. Zur Bestimmung der entsprechenden Wahrscheinlichkeitsverteilung setzen wir voraus, daß jeder dieser 1 000 Männer unabhängig von den anderen mit Wahrscheinlichkeit $w = 0,00218931$ während eines Jahres stirbt. Die Bedingung der Unabhängigkeit wäre allerdings verletzt, wenn die gleiche Person mehrere oder alle 1 000 Verträge abschließen würde. Die Zufallsvariable, welche die Anzahl der Todesfälle unter den 1 000 Männern beschreibt, ist dann binomialverteilt mit $n = 1 000$ und $w = 0,00218931$. Die Wahrscheinlichkeitsverteilung dieser Zufallsvariablen ist in der Tabelle 13.14 angegeben.

Tabelle 13.14 Verteilung der Anzahl der Todesfälle

Todesfälle .	0	1	2	3	4	5	> 5
Wahrsch.	0,1117	0,2451	0,2687	0,1961	0,1072	0,0469	0,0243

Die erwartete Anzahl der Todesfälle beträgt $1\,000 \cdot 0,00218931 = 2,18931$. Von $1\,000$ vierzigjährigen Männern werden also im Mittel ungefähr 2,19 das Jahr nicht überleben. Daher werden von den $1\,000$ Verträgen im Durchschnitt pro Jahr nur ungefähr 2,19 zur Auszahlung fällig. Hierbei handelt es sich um einen erwarteten Durchschnittswert.

Kapitel 14
Klasseneinteilungen

14.1   Radarkontrolle

Bei einer Radarkontrolle wurden die Geschwindigkeiten (in km/h) derjenigen Fahrzeuge registriert, welche die zulässige Höchstgeschwindigkeit überschritten haben. Die Höhe des Bußgeldes für PKW's hängt von der Übertretungsgeschwindigkeit ab. Wegen eventueller Meßungenauigkeiten werden von der gemessenen Geschwindigkeit 3 km/h als Toleranz abgezogen. Da in der Bußgeldtabelle keine Werte zwischen 10 und 11 km/h aufgeführt sind, habe ich im Polizeipräsidium angerufen, um zu erfahren, welches Bußgeld jemand bezahlen muß, der 10,5 km/h zu schnell gefahren ist. Als Antwort erhielt ich: „10,5 km gibt es nicht. Entweder sind es 10 oder 11 km". Daraus konnte ich wenigstens schließen, daß die gemessene Geschwindigkeit auf ganze km gerundet wird. Die Frage lautet nur: wird dabei auf- oder abgerundet? Um dies zu erfahren, rief ich mehrere Polizeistationen an. Die erste wußte es nicht, die zweite meinte, es würde aufgerundet, die dritte gab an, daß abgerundet wird. Damit war ich genauso schlau wie vorher. Zum Glück kann aus der Klasseneinteilung für das Bußgeld logisch geschlossen werden, daß wohl aufgerundet wird. Die erste Klasse geht bis 10 km. Weil die zweite Klasse erst mit 11 km beginnt, muß aufgerundet werden. Das Bußgeld in Abhängigkeit von der Geschwindigkeit ist in Tabelle 14.1 aufgeführt (Stand 1994). In dieser Tabelle ist die jeweilige Anzahl der Autos angegeben, deren Geschwindigkeiten im entsprechenden Bereich lagen. Von 59 Fahrzeugen wurde das Tempolimit um höchstens 10 km/h überschritten. Alle Verkehrssünder aus diesem Bereich sind zwar zu schnell gefahren, doch kann aus der Tabelle der genaue Wert nicht abgelesen werden. Durch die Klasseneinteilung entsteht ein gewisser Informationsverlust.

Bei 35 Fahrzeugen wurde die Überschreitungsgeschwindigkeit zwischen 11 und 15 km/h registriert. Wegen der vorgenommenen Aufrundung kann bei dieser Klasse nur gesagt werden, daß die Höchstgeschwindigkeit um mindestens 10 aber um höchstens 15 km/h überschritten wurde.

Tabelle 14.1 Klasseneinteilung zur Bußgeldbestimmung

Überschreitungs-geschwindigkeit	Bußgeld	abs. Häufigkeit
bis 10 km/h	30 DM	59
11 bis 15 km/h	50 DM	35
16 bis 20 km/h	75 DM	30
21 bis 25 km/h	100 DM und 1 Punkt	22
26 bis 30 km/h	120 DM und 2 Punkte	15
31 bis 40 km/h	200 DM und Fahrverbot	32
41 bis 50 km/h	250 DM und Fahrverbot	11
51 bis 60 km/h	350 DM und Fahrverbot	4
ab 61 km/h	450 DM und Fahrverbot	0
	Summe	208

Die in der Klasseneinteilung angegebene Stichprobe soll nun in einem **Histogramm** graphisch dargestellt werden. Dabei gehen wir davon aus, daß die ganzzahlig angegebenen Überschreitungsgeschwindigkeiten aufgerundet wurden. 10,2 wird auf 11 gerundet. Damit gehört der exakte Wert 10,2 zur zweiten Klasse. Von 10 bis 15 km/h wird ein Bußgeld von 50 DM fällig. Die in der Tabelle 14.1 zwischen den einzelnen Grenzen fehlenden Bereiche werden also jeweils zur nächsthöheren Klasse gezählt, was dem Aufrunden gleichkommt. 16 bis 20 bedeutet also in Wirklichkeit, daß die Überschreitungsgeschwindigkeit größer als 15 war, aber höchstens 20 km/h betrug. Im Histogramm der absoluten Klassenhäufigkeiten werden über den einzelnen Klassen senkrecht nach oben Rechtecke eingezeichnet.

Histogramm, das nicht flächenproportional ist

Als Rechteckshöhen wählen wir in Bild 14.1 unmittelbar die absoluten Häufigkeiten der einzelnen Klassen. Aus dem Histogramm in Bild 14.1 können zwar die absoluten Häufigkeiten abgelesen werden, es vermittelt aber einen optisch falschen Eindruck.

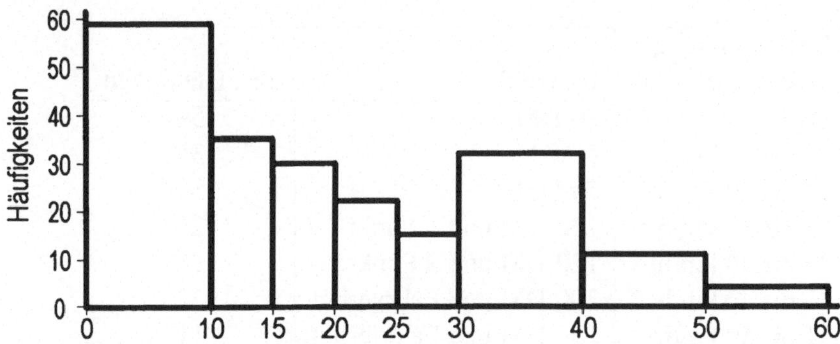

Bild 14.1 Nichtflächenproportionales Histogramm bei einer Klasseneinteilung

Bei der Betrachtung dieses Histogramms schließt man unweigerlich vom Flächeninhalt eines Rechtecks auf die absolute Klassenhäufigkeit. Einem Rechteck mit dem doppelten Inhalt wird auch die doppelte Häufigkeit zugeordnet. Die Flächeninhalte der Rechtecke der beiden Klassen zwischen 10 und 15 und zwischen 15 und 20 sind zusammen wesentlich kleiner als der Inhalt des Rechtecks über der ersten Klasse. Beide Inhalte sind zusammen nur etwas größer als die Hälfte des Inhalts des Rechtecks über dem Bereich 0...10. Daraus schließt man unwillkürlich, daß die Häufigkeit der Meßwerte zwischen 10 und 20 nur etwa halb so groß ist wie die Anzahl der Meßwerte zwischen 0 und 10. Dieser Schluß ist jedoch falsch. Im Bereich 0 bis 10 liegen 59 Meßwerte. Zwischen 10 und 20 sind es $35 + 30 = 65$, also mehr als im Bereich zwischen 0 und 10. Der Grund für diese optische Fehlinterpretation liegt in der Tatsache, daß das Histogramm **nicht flächenproportional** ist. Die Flächeninhalte der einzelnen Rechtecke verhalten sich nicht wie die absoluten Klassenhäufigkeiten.

2. Flächenproportionales Histogramm

Bei einem **flächenproportionalen Histogramm** müssen sich die Inhalte der einzelnen Rechtecke wie die Häufigkeiten verhalten. Falls der Flächeninhalt eines Rechtecks doppelt so groß ist wie der eines anderen, so muß auch die Häufigkeit doppelt so groß sein. Die Häufigkeiten zweier Klassen müssen sich also genau so verhalten wie die Flächeninhalte der Rechtecke über den Klassen. Diese Eigenschaft können wir dadurch erhalten, daß als Höhe eines Rechtecks nicht mehr die Häufigkeit, sondern der Quotient aus der Häufigkeit und der Klassenbreite gewählt wird, also

$$\text{Rechteckshöhe} = \frac{\text{Klassenhäufigkeit}}{\text{Klassenbreite}}.$$

Dann stimmt die Klassenhäufigkeit mit dem Flächeninhalt des entsprechenden Rechtecks überein. Für die Rechteckshöhen erhält man der Reihe nach die Werte

59/10=5,9;	35/5=7;	30/5=6;	22/5=4,4
15/=3;	32/10=3,2;	11/10=1,1;	4/10=0,4.

Das Histogramm ist in Bild 14.2 dargestellt.

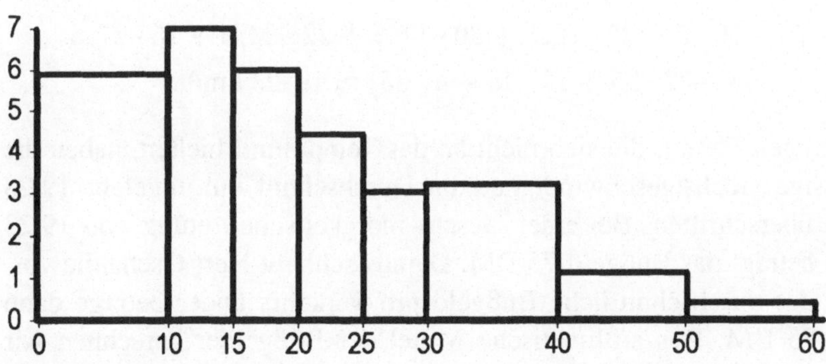

Bild 14.2 Flächenproportionales Histogramm bei einer Klasseneinteilung

Aus diesem flächenproportionalen Histogramm erhält man optisch einen guten Überblick über die einzelnen Häufigkeiten.

Wir suchen nun einen Näherungswert für den **Median** der Überschreitungsgeschwindigkeiten. In unserem Beispiel wurden insgesamt 208 Fahrzeuge registriert, welche die Höchstgeschwindigkeit überschritten haben. Falls alle 208 Meßwerte der Größe nach angeordnet sind, ist der 104. und 105. Meßwert der Median. Diese beiden Werte können aus der Tabelle 14.1 nicht mehr abgelesen werden. Sie liegen jedoch in der dritten Klasse mit den aufgerundeten Grenzen 16 und 20, in Wirklichkeit also zwischen 15 und 20. In diesem Bereich liegt der Median. Es handelt sich allerdings nur um den Median der Überschreitungsgeschwindigkeiten derjenigen Fahrzeuge, welche die zulässige Höchstgeschwindigkeit überschritten haben. Die Fahrzeuge mit eingehaltenem Tempolimit sind hier nicht mitgezählt. Weil ihre Überschreitungsgeschwindigkeit gleich 0 ist, würde durch sie der Median stark nach unten gezogen. Falls sich mehr als 208 Fahrer an das Tempolimit gehalten hätten, wäre der Median der Überschreitungsgeschwindigkeiten aller vorbeigefahrenen Fahrzeuge sogar gleich 0, da dann ja mindestens die Hälfte der vorbeifahrenden Fahrzeuge das Tempolimit eingehalten haben.

Wir suchen nun nach einem Näherungswert für das arithmetische Mittel der Überschreitungsgeschwindigkeiten. Dazu identifizieren wir alle Werte einer Klasse mit der Klassenmitte und erhalten für den Mittelwert den Näherungswert

$$\frac{1}{208} \cdot (59 \cdot 5 + 35 \cdot 12,5 + 30 \cdot 17,5 + 22 \cdot 22,5 + 15 \cdot 27,5$$
$$+32 \cdot 35 + 11 \cdot 45 + 4 \cdot 55) \approx 19,23 \text{ km/h.}$$

Diejenigen Fahrer, die sich nicht an das Tempolimit hielten, haben die zulässige Höchstgeschwindigkeit im Durchschnitt um ungefähr 19,23 km/h überschritten. Bei einer Geschwindigkeitsübertretung von 19,23 km/h beträgt das Bußgeld 75 DM. Daraus schließt Herr Gscheidle voreilig, das durchschnittliche Bußgeld pro Verkehrssünder betrage dann auch 75 DM. Das arithmetische Mittel der Bußgelder berechnen wir direkt mit den Daten aus Tabelle 14.1 als

$$\frac{1}{208} \cdot (59 \cdot 30 + 35 \cdot 50 + 30 \cdot 75 + 22 \cdot 100 + 15 \cdot 120$$
$$+32 \cdot 200 + 11 \cdot 250 + 4 \cdot 350) = 97,69 \text{ DM.}$$

Herr Gscheidle hat also nicht recht. Das im Durchschnitt gezahlte Bußgeld ist wesentlich höher als 75 DM.

14.2 Körpergrößen

Von 200 zufällig ausgewählten Männern wurden die Körpergrößen gemessen. Das arithmetisches Mittel (Durchschnittsgröße) beträgt 172,97
cm. Der Median lautet 173 cm. In Bild 14.3 sind die Daten in drei
verschiedenen flächenproportionalen Histogrammen für die relativen
Häufigkeiten graphisch dargestellt. Als Klassenbreiten wurden 1 cm,
2 cm und 5 cm gewählt.

Alle drei Histogramme bilden jeweils eine Fläche mit dem Inhalt 1.
Beim ersten Histogramm mit der feinsten Einteilung stellt man noch
ein starkes Auf und Ab der relativen Häufigkeiten fest. Der Idealfall
wäre wohl ein Histogramm, in dem die relativen Häufigkeiten bis zum
Mittelwert hin steigen und danach wieder fallen. Diese Tendenz ist im
Groben erkennbar, doch wird sie immer wieder unterbrochen. Im zweiten Histogramm wird diese Tendenz deutlicher, sie wird nur noch bei
der zweiten Klasse verletzt. Aus dem dritten Histogramm könnte man
den Schluß ziehen, daß die festgestellten relativen Häufigkeiten zunächst
immer steigen und danach fallen. Dieser Schluß wäre jedoch falsch, da
in den Orginaldaten diese Eigenschaft nicht erfüllt ist. Durch das Zu-
sammenlegen von Merkmalswerten wird das Histogramm zwar immer
mehr „geglättet", doch kann es Anlaß zu Fehlinterpretationen geben.

Bei der Betrachtung dieser Histogramme kann man feststellen, daß die
Umrisse einer **glockenförmigen** Kurve ähnlich sind. Nach dem Deut-
schen Mathematiker C.F. **Gauß** (1777–1855) nennt man diese Kurven
Gaußsche Glockenkurven. Gauß hat solche Kurven erstmals bei der
Fehlerrechnung benutzt.

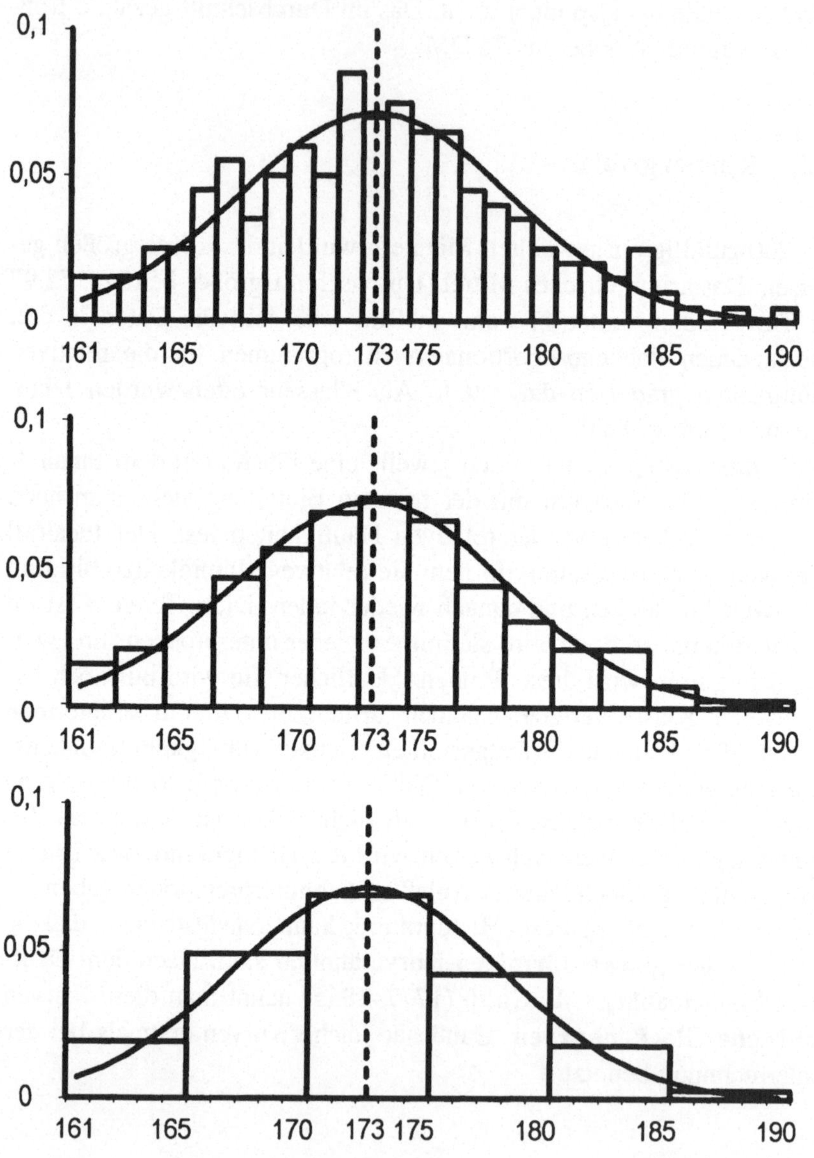

Bild 14.3 Histogramme von Körpergrößen bei verschiedenen Klasseneinteilungen

Kapitel 15
Bevölkerungsaufbau und Lebenserwartung

15.1 Altersaufbau

Die in Bild 15.1 dargestellte „Bevölkerungspyramide" stammt aus dem
Statistischen Jahrbuch 1990 . In zwei getrennten Histogrammen mit
der Klassenbreite 1 Jahr ist jeweils die Anzahl der männlichen bzw.
weiblichen Personen der entsprechenden Altersklasse in der Bundesrepublik Deutschland (alte Bundesländer) am 1.1.1989 zusammengestellt.
Das Histogramm der Altershäufigkeiten der männlichen Personen steht
dabei „auf dem Kopf". Durch Drehung um 90 Grad erhält man die ge-
wohnte Darstellung. Beim Histogramm der weiblichen Personen wird
das Alter in umgekehrter Richtung aufgetragen. Es entsteht durch Spie-
gelung an der Altersachse. Diese Darstellung hat den Vorteil, daß gleiche
Altersgruppen direkt miteinander verglichen werden können.

Aufgrund von Geburtenausfällen während der beiden Weltkriege und
der Weltwirtschaftskrise 1932 gibt es in beiden Histogrammen plötzliche
„Einschnitte" nach unten. Bei einem Alter über 57 Jahre ist ein deutlicher
Frauenüberschuß erkennbar, bei den Personen unter 57 Jahren besteht ein
geringer Männerüberschuß. Über den festgestellten Männerüberschuß
brauchen wir uns nicht zu wundern, da wir ja bereits gesehen haben,
daß die Wahrscheinlichkleit einer Knabengeburt größer als 1/2 ist. Auf
Grund des feststellbaren Frauenüberschusses könnte man auf die Idee
kommen, daß vor dem Jahr 1932 die Wahrscheinlichkeit einer Mädchengeburt größer war als die einer Knabengeburt. Doch dieser Schluß ist
falsch. Es gibt zwei Gründe für diesen Frauenüberschuß. Einmal waren es die Kriege, in denen mehr erwachsene Männer ihr Leben lassen
mußten als Frauen oder Kinder. Andererseits ist die Lebenserwartung der

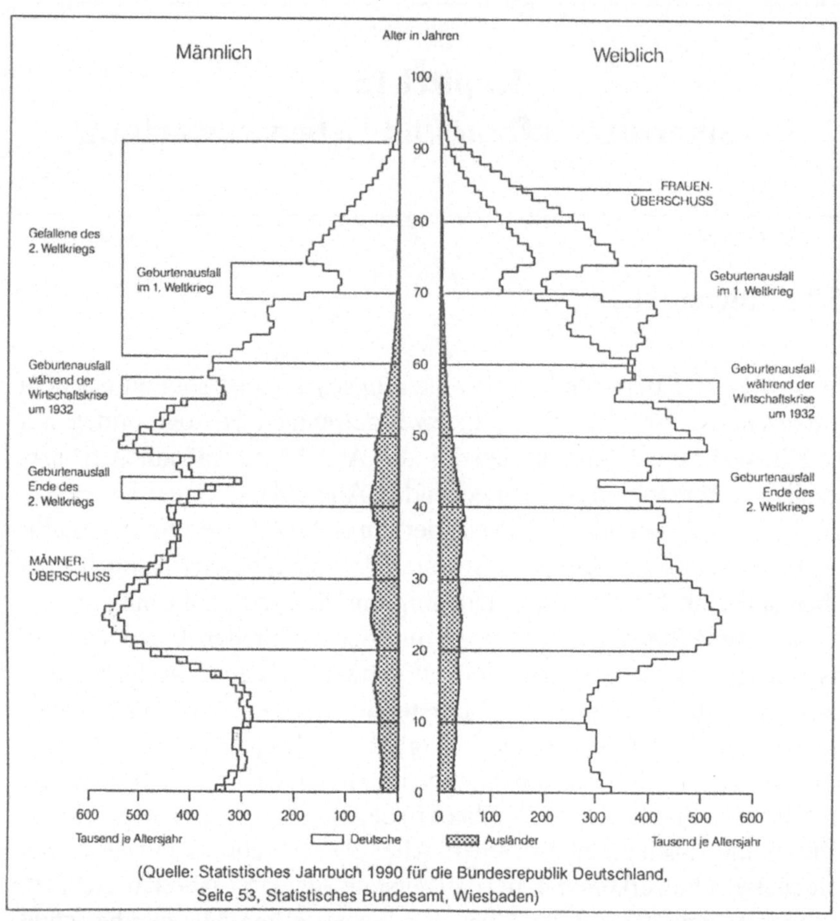

Bild 15.1 Altersaufbau der Bevölkerung am 1.1.1989 (Quelle: Statistisches Jahrbuch 1990)

Frauen wesentlich größer als die der Männer (s. Abschnitt 15.2). Deswegen wird es im hohen Alter vermutlich immer einen Frauenüberschuß geben, auch wenn im Durchschnitt mehr Knaben als Mädchen geboren werden. Im Alter von 10 bis 22 Jahren stellt man einen deutlichen Bevölkerungsrückgang fest. Diese Personen wurden zwischen 1967 und 1979 geboren. Es handelt sich um geburtenschwache Jahrgänge, die mit dem

Pillenknick im Jahre 1967 begannen. Die fallende Tendenz kam 1979 zum Stillstand. Seit 1985 ist wieder ein Geburtenanstieg erkennbar.

15.2 Lebenserwartung

Nach der *Sterbetafel 1986/88* für die Bundesrepublik Deutschland beträgt die Lebenserwartung neugeborener Knaben 72,21 Jahre, während die Lebenserwartung neugeborener Mädchen 78,68 Jahre ist. In den alten Bundesländer sind es nach der Sterbetafel 1986/87 bei den Männer 69,7 Jahre und bei den Frauen 75,7 Jahre (Quelle: *Statistisches Jahrbuch 1990*). Dabei handelt es sich um die Lebenserwartung neugeborener Mädchen und Knaben. Die Lebenserwartungen Neugeborener sind in den einzelnen Ländern verschieden. In Tabelle 15.1 sind sie für einige Länder aufgeführt. Die Daten stammen aus dem *Statistischen Jahrbuch 1990*. In allen aufgeführten Ländern ist die Lebenserwartung der Frauen deutlich größer als die der Männer. Der Unterschied zwischen der Lebenserwartung der Männer und der Frauen ist allerdings in den Ländern Polen, Sowjetunion, Tschechoslowakei und Ungarn überdurchschnittlich groß.

Die Lebenserwartung darf nicht verwechselt werden mit dem durchschnittlichen Alter derjenigen Männer bzw. Frauen, die zum Zeitpunkt der Erstellung der Sterbetafel in dem enstsprechenden Land gelebt haben. In der Alterspyramide in Abschnitt 15.1 dürfte das Durchschnittsalter der Männer bei etwa 40 Jahren und das der Frauen vielleicht bei 45 Jahren liegen. Wegen der Altersstruktur sind diese Durchschnittswerte wesentlich kleiner als die angegebenen Lebenserwartungen. Auch das im Durchschnitt erreichte Lebensalter derjenigen Männer und Knaben, die im laufenden Jahr sterben, dürfte ebenfalls kleiner als 72 Jahre sein. Das im Durchschnitt erreichte Lebensalter eines bestimmten Jahrgangs kann erst dann genau angegeben werden, wenn alle Individuen des Jahrgangs tot sind. Die durchschnittliche Lebenszeit wird vermutlich sehr stark von dem zur Zeit angegebenem Schätzwert abweichen. Falls wir von Seuchen und Kriegen verschont bleiben, werden die männlichen Personen im Durchschnitt vermutlich um einiges länger leben als 72

Tabelle 15.1 Lebenserwartungen (Quelle: Statisisches Jahrbuch 1990)

Land	Jahr	Männer	Frauen
Europa			
Belgien	1986	70,9	77,7
Bulgarien	1986	68,6	74,7
Dänemark	1986/87	71,8	77,8
Deutschland (alte Bundesländer)	1986/88	72,2	78,7
Deutschland (neue Bundesländer)	1986/88	69,7	75,7
Finnland	1986	70,5	78,7
Frankreich	1987	72,0	80,3
Griechenland	1986	74,1	78,9
Großbritanien und Nordirland	1987	72,4	78,1
Irland	1986	70,8	76,4
Island	1987	74,9	79,0
Italien	1985	72,2	78,8
Jugoslawien	1985	68,1	73,9
Luxemburg	1987	70,5	77,4
Niederlande	1988	73,7	80,2
Norwegen	1986	72,9	79,7
Österreich	1988	72,0	78,6
Polen	1987	66,8	75,2
Portugal	1987	70,7	77,5
Rumänien	1984	67,1	72,7
Schweden	1984/88	74,0	80,0
Schweiz	1988	73,9	80,7
Sowjetunion	1985/86	64,2	73,3
Tschechoslowakei	1987	67,6	75,1
Ungarn	1987	65,7	73,9
Zypern	1979/81	72,3	76,0
Afrika			
Ägypten	1985/90	59,3	62,0
Algerien	1983	61,6	63,3
Mauritius	1987	65,0	72,3
Südafrika	1979/81	66,6	74,2
Tunesien	1985	61,0	64,0

Land	Jahr	Männer	Frauen
Amerika			
Argentinien	1980/81	65,5	72,7
Brasilien	1985	62,0	67,0
Chile	1986	68,9	75,4
Costa Rica	1986	72,0	76,6
Kanada	1986	73,1	79,9
Kuba	1986	72,7	76,1
Panama	1986	72,9	77,4
Peru	1985	57,0	60,0
Venezuela	1985	66,7	72,8
Vereinigte Staaten	1986	71,4	78,6
Asien			
Indonesien	1985/90	54,6	57,4
Japan	1988	75,5	81,3
Korea, Republik	1988	67,4	76,7
Singapur	1987	71,3	76,5
Sri Lanka	1981	67,8	71,7
Thailand	1985	62,0	66,0
Australien	1986	73,0	79,6
Neuseeland	1986	71,1	77,5

Jahre, die Frauen entsprechend länger als 79 Jahre. Andernfalls wird das durchschnittliche Lebensalter kürzer sein. Denken wir nur an die Krankheit AIDS. Niemand kann heute eine auch nur einigermaßen zuverlässige Prognose über den weiteren Verlauf dieser Krankheit abgeben. Wann und ob überhaupt ein Impfstoff entdeckt wird, darüber können im Jahr 1994 nur Spekulationen angestellt werden. Auch wissen wir nicht, welche Seuchen außer AIDS noch auf uns zukommen werden. Die Prognosen der Lebenserwartungen sind mit Hilfe der Daten aus der Volkszählung 1986/88 erstellt worden. Möglicherweise müssen diese Werte bald wieder aktualisiert werden.

Wegen der erfolgreichen Bekämpfung von Seuchen, des medizinischen Fortschritts und einer gesünderen Ernährung ist die Lebenserwartung in den vergangenen Jahrzehnten sehr stark angestiegen. Zum

Vergleich: Nach der Sterbetafel 1970/72 für die alten Bundesländer betrug die Lebenserwartung bei den Männern nur 67,41 Jahre und bei den Frauen 73,83 Jahre. Dies waren fast fünf Jahre weniger als nach der Sterbetafel 1986/88.

Restlebenserwartung

Als Herr Gscheidle mit einem Alter von 65 Jahren von der Lebenserwartung erfahren hat, stellte er etwas traurig fest: „Dann beträgt meine restliche Lebenserwartung ja nur noch 7 Jahre". Wir können Herrn Gscheidle beruhigen. Falls er nicht an einer schweren Krankheit leidet, ist seine Restlebenserwartung nicht $72, 2 - 65 = 7, 2$, sondern 14,05 Jahre. Dieser Wert kann aus einer Sterbetafel entnommen werden. Die gesamte Lebenserwartung von Herrn Gscheidle ist mit ungefähr 79 Jahren um einiges größer als die Lebenserwartung neugeborener Knaben. Woran liegt das? Bei Herrn Gscheidle ist bekannt, daß er mindestens 65 Jahre alt geworden ist. Damit gehört er zu denjenigen Männern, die 65 Jahre überlebt haben. Bei der Berechnung der durchschnittlichen Lebensdauer neugeborener Knaben werden dagegen alle mitgezählt, also auch diejenigen, die sehr früh z. B. schon als Baby oder in ihrer Kindheit sterben. Bei der Berechnung der mittleren Lebensdauer der jetzt 65jährigen sind jedoch nur noch Jahreszahlen über 65 möglich. Daher handelt es sich um eine bedingte Lebenserwartung. Sie gilt nur für Männer, welche das 65. Lebensjahr überlebt haben oder überleben. Diese bedingte Lebenserwartung ist größer als die absolute Lebenserwartung für Neugeborene.

In Sterbetafeln sind für jedes Geschlecht getrennt folgende Werte aufgeführt:

1. Sterbewahrscheinlichkeiten innerhalb eines Jahres, welche vom Alter abhängig sind.

2. Vom Alter abhängige Restlebenserwartungen.

Eine solche Sterbetafel findet man z. B. in der vom Statistischen Bundesamt herausgegebenen Zeitschrift *Wirtschaft und Statistik, Juni 1991, Verlag Metzler-Poeschel Stuttgart.*

Kapitel 16
Über die statistische Lüge

Viele Personen sind der Meinung, mit der Statistik könne man alles beweisen. Aus diesem Grund ist die Statistik leider etwas in Verruf geraten und wird von vielen Personen nicht allzu ernst genommen. Wenn viele „Pseudostatistiker" oder Personen, die von Statistik nur wenig oder gar keine Ahnung haben, diese völlig falsch anwenden oder sie sogar absichtlich für gezielte Manipulationen mißbrauchen, darf doch deswegen der Statistik kein Vorwurf gemacht werden. An der Tatsache, daß jemand falsche Berechnungen veröffentlicht, ist doch auch nicht die Mathematik schuld.

Als Ursachen für die sogenannte „statistische Lüge" können verschiedene Sachverhalte in Frage kommen. Einige davon sollen hier kurz vorgestellt werden.

16.1 Ungeschickte Darstellung des Datenmaterials

In Bild 14.1 haben wir ein Histogramm kennengelernt, das nicht flächenproportional ist. Falls man Flächeninhalte in Zusammenhang mit Häufigkeiten bringt, kann ein solches Histogramm Anlaß zu statistischen Fehlinterpretationen sein. Für die Wahl eines solchen Histogramms kann es zwei verschiedene Gründe geben. Eine solche ungeschickte Darstellung kann ohne böse Absicht gewählt worden sein. Es ist aber auch möglich, daß jemand absichtlich ein solches Histogramm benutzt mit dem Ziel der optischen Täuschung. Ob beabsichtigt oder unbeabsichtigt, in beiden Fällen besteht die Gefahr einer statistischen Fehlinterpretation.

16.2　Verlauf des Aktienindex DAX

In Bild 16.1 ist der Verlauf des Aktienindex DAX während einer drei-
stündigen Börsensitzung skizziert. Eine solche Darstellung wird meistens bei den Börsennachrichten im Fernsehen benutzt. Aus dem an-

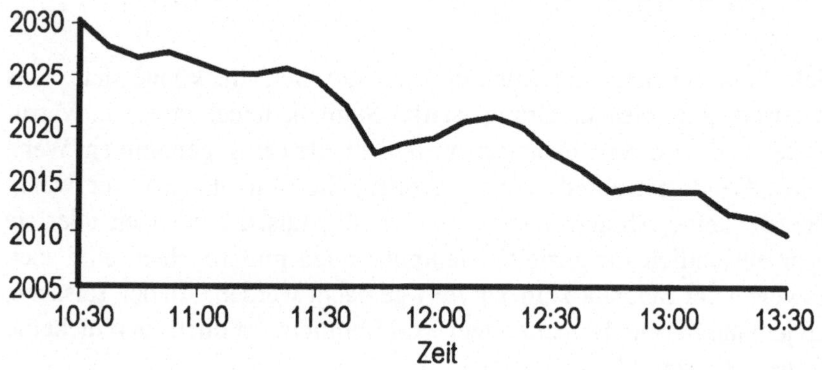

Bild 16.1　Verlauf des DAX während einer Börsensitzung

gegebenem Maßstab kann die Entwicklung des Index genau abgelesen
werden. Während der Börsensitzung ist er um 20 Punkte gefallen. Die
Skala des Index beginnt nicht bei 0, sondern erst bei 2005 Punkten.
Der Anfangsindex ist 25 Punkte von der Zeitachse entfernt, der Schluß-
index nur noch 5 Punkte. Daher könnte man bei der oberflächlichen
Betrachtung des Kurvenverlaufs schließen, daß der Index im Verlauf
der Börsensitzung sehr stark gefallen ist, vielleicht sogar auf ein Fünf-
tel seines Anfangswertes. Die Gefahr eines solchen Trugschlusses besteht besonders dann, wenn man die Skala nicht beachtet. Relativ (zum
tatsächlichen Wert des Index) ist der DAX jedoch nur um

$$\frac{20}{2030} \cdot 100 \approx 0,985\%$$

gefallen.

Oft werden in der Presse und im Fernsehen absolute Zahlen bekanntgegeben und nicht die relativen, welche viel mehr Information liefern als

die absoluten Zahlen. Als früher der amerikanische Aktienindex Dow-Jones bei etwa 2000 Punkten und der Frankfurter Aktienindex FAZ bei 800 Punkten lag, kam im Fernsehen sehr oft eine pessimistische Meldung der Art „der Dow-Jones-Index ist um 41 Punkte gefallen". Diese absolute Zahl 41 wurde für sehr groß gehalten. In Wirklichkeit waren es gut 2 Prozent. Die Tatsache, daß der FAZ-Index am gleichen Tag um 18 Punkte gefallen war, wurde kaum registriert. Dabei war der FAZ-Index mit 2,25 Prozent prozentual sogar stärker nach unten gegangen als der Dow-Jones-Index.

16.3 Ein verhängnisvoller Kommafehler

Im Jahre 1910 hat ein Schweizer Wissenschaftler festgestellt, daß im Spinat übermäßig viel Eisen enthalten ist und zwar 41 mg pro 100 g. Seit dieser Zeit wurden die Kleinkinder mit Spinat regelrecht überfüttert. Erst Anfang der 90er Jahre wurde entdeckt, daß dem Wissenschaftler ein peinlicher Rechenfehler unterlaufen ist. Er hat nämlich das Komma an die falsche Stelle gesetzt. Anstatt der von ihm angegebenen 41 mg waren es tatsächlich nur 4,1 mg pro 100 g, also zehnmal weniger. Es ist schon erstaunlich, daß ein solcher Kommafehler über 80 Jahre unbemerkt blieb.

16.4 Datenmanipulation

In Bild 16.2 sind die in einer Klausur erreichten Punkte graphisch dargestellt. Insgesamt konnten 40 Punkte erreicht werden, wobei es auch halbe Punkte gab. Bei der genauen Betrachtung des Histogramms fällt die Lücke zwischen 15,5 und 16,5 Punkten auf. Dafür ist die Häufigkeit für 17 Punkte sehr groß. Zunächst ist schwer erklärbar, daß niemand 15,5 oder 16 oder 16,5 Punkte erreichte. Diese Diskrepanz kann ganz einfach aufgeklärt werden. Zum Bestehen der Klausur waren mindestens 17 Punkte notwendig. Der Dozent hat die Grenzfälle zwischen 15,5 und

16,5 Punkte einfach auf 17 Punkte angehoben. Daduch entstand dieses Loch und die überhöhte Häufigkeit der Punktzahl 17.

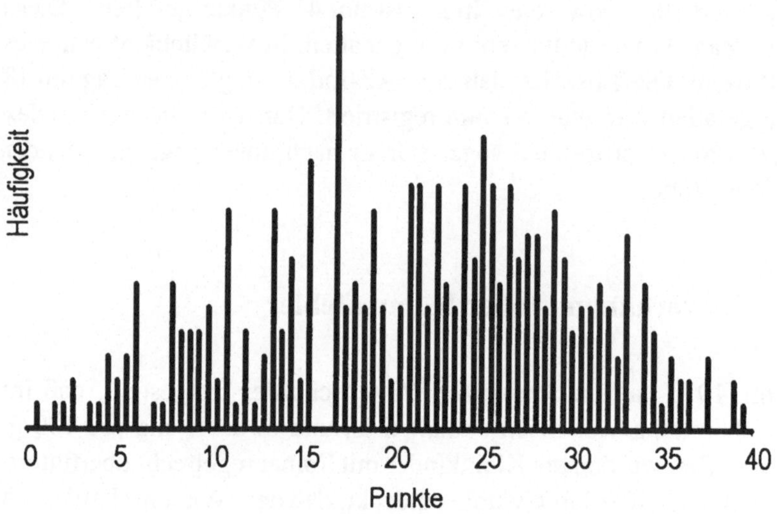

Bild 16.2 verfälschtes Stabdiagramm

16.5   Ungeeignete Stichprobenentnahme

Falls eine Stichprobe nicht repräsentativ ist, kann auch eine daraus abgeleitete Aussage im allgemeinen nicht richtig sein. Wenn eine Befragung telefonisch durchgeführt wird, können hiermit keine allgemeinen Aussagen gemacht werden. Man könnte damit nur eine Hochrechnung auf die Telefoninhaber machen.

Bei einer Qualitätskontrolle werde jedes zehnte Stück aus der Produktion untersucht. Es könnte aber sein, daß aus bestimmten Gründen jedes zehnte Stück besonders gut oder besonders schlecht ist. Dann ist die Stichprobe nicht repräsentativ.

Bei Wahlprognosen ist das Auswahlverfahren der zu befragenden Personen für die Güte der Prognose ganz entscheidend. Zwischen der städtischen und ländlichen Bevölkerung gibt es ein unterschiedliches Wahlverhalten. In Universitätsstädten haben erfahrungsgemäß die Grünen einen höheren Stimmenanteil als anderswo.

Oft passen bestimmte Stichprobenwerte nicht in ein Konzept, weil man mit ihnen eine Vermutung entweder nicht widerlegen oder nicht bestätigen kann. In einem solchen Fall besteht die Gefahr, daß jemand diese Stichprobe einfach ignoriert und neue Werte sammelt und zwar so lange, bis sie ins Konzept passen. Noch schlimmer ist es, wenn einzelne Stichprobenwerte aussortiert oder gar gefälscht werden. In diesem Fall handelt es sich nicht mehr um eine statistische Lüge, sondern um einen statistischen Betrug.

In meiner Studienberatung war einmal ein Student, der statistisch nachweisen wollte, der Erwartungswert für einen bestimmten Ertrag betrage 150 Einheiten. Er fragte mich nach einem geeigneten Verfahren. Im Gespräch gab er offen zu, sämtliche Meßwerte weggelassen zu haben, die von dem hypothetischen Erwartungswert 150 um mehr als 5 Prozent abwichen. Auf meine Frage, wie viele seiner Meßwerte er dann noch verwenden konnte, antwortete er „ungefähr 10 Prozent". Wegen dieser Manipulation der Stichprobe war es nicht verwunderlich, daß der Mittelwert der übriggebliebenen Stichprobe in der Nähe von 150 lag. Damit hätte er seine Vermutung sehr gut „bestätigen" können.

16.6 Aussortieren von Brötchen

In einem Land vieler Verordnungen wurde ein Erlaß herausgebracht, nach dem das Mindestgewicht der Brötchen 40 Gramm betragen muß. Da ein Bäcker von einer bevorstehenden Kontrolle erfahren hat, ließ er in seinem Betrieb alle Brötchen mit einem Gewicht unter 40 Gramm aussortieren. Bei der Überprüfung wurden alle Brötchen gewogen. Dabei ergab sich für die relativen Klassenhäufigkeiten das Histogramm aus Bild 16.3.

Weil alle Brötchen mit einem Gewicht unter 40 Gramm aussortiert

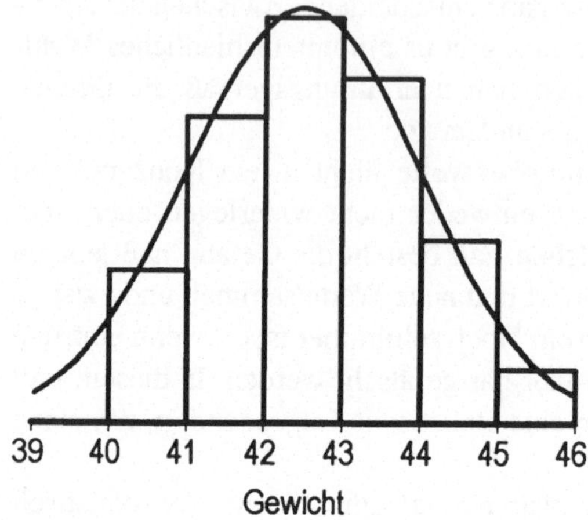

Bild 16.3
Gewichte von aussortierten Brötchen

wurden, bricht dieses Histogramm links an der Stelle 40 abrupt ab. Man kann davon ausgehen, daß das Histogramm ohne die vorgenommene Aussortierung einigermaßen symmetrisch wäre. Dann müßte auch die Klasse zwischen 39 und 40 Gramm besetzt sein.

Durch das Histogramm wurde ein Teil einer Gaußschen Glockenkurve gelegt und nach links weitergezeichnet. Daraus erkennt man bereits, daß Brötchen mit einem Gewicht unter 40 Gramm fehlen müssen. Dem Bäcker wurde vorgeworfen, er habe alle Brötchen mit einem zu leichten Gewicht aussortiert. Dies bestritt er und versicherte, sämtliche Brötchen zur Kontrolle vorgelegt zu haben. Die Manipulation konnte jedoch mit Hilfe statistischer Methoden einwandfrei nachgewiesen werden.

16.7 Anwendung eines ungeeigneten statistischen Verfahrens

Oft wird zur Lösung eines statistischen Problems ein völlig ungeeignetes Verfahren benutzt. Diese Gefahr besteht besonders im heutigen Computer-Zeitalter. Oft werden die Rechner wahllos mit Daten gefüttert, ohne daß die entsprechenden Personen wissen, was mit diesen Daten eigentlich geschehen soll. Sie meinen, der Computer würde damit schon etwas vernünftiges machen. Dabei ist der Computer doch das „dümmste Wesen" auf der Welt. Er kann nur das ausführen, was ihm von Menschenhand einprogrammiert wurde. Seine Vorteile sind allerdings die ungeheuerliche Rechengeschwindigkeit und die Zuverlässigkeit. Wenn das Programm richtig ist, stimmen auch die Ergebnisse. Der Computer „verarbeitet" jedoch die Daten auch mit einem völlig ungeeigneten Programm und spuckt Ergebnisse aus, die unkritisch als die „große Wahrheit" angesehen werden. Auch wenn die Stichprobe noch so repräsentativ ist, kann man nicht erwarten, daß die mit Hilfe eines ungeeigneten statistischen Programms berechneten Ergebnisse auch tatsächlich statistisch abgesichert sind. Man kann sich nur über die Computer-Gläubigkeit wundern. An den von einem Computer ausgespuckten Ergebnissen wird kaum gezweifelt, auch wenn sie noch so sinnlos und falsch sind.

Falsche Interpretation der Ergebnisse

Oft wird ein statistisch abgesichertes Ergebnis falsch interpretiert. Wenn man z. B. bei zwei Merkmalen eine Abhängigkeit feststellen kann, muß keineswegs die Ursache dafür eines der beiden Merkmale sein. Die Abhängigkeit könnte ja andere Ursachen haben.

In einem gewissen Zeitraum wurde in Schweden gleichzeitig eine Zunahme der Störche und der Neugeborenen registriert, ohne daß hier ein kausaler Zusammenhang bestehen kann.

Zu Beginn der Industrialisierung wurde in Ostpreußen eine Abnahme der Storchennester entdeckt. Gleichzeitig ging auch die Zahl der Geburten zurück. Der Grund für diesen Zusammenhang war wohl die zunehmende Industrialisierung.

Kausale Zusammenhänge bestehen z. B. zwischen Begabung und Leistung oder zwischen Herstellungszeiten und Preisen.

Aus der statistisch nachweisbaren Existenz eines Zusammenhangs kann noch keine Aussage über einen kausalen Zusammenhang gemacht werden.

Oft wird aber auch ein kausaler Zusammenhang einfach ignoriert.
Nach der Öffnung der DDR wurde in der Presse häufig auf die starke
Zunahme der Verkehrsunfälle in den neuen Bundesländern hingewiesen.
Die Tatsache, daß das Verkehrsaufkommen noch stärker gestiegen ist,
wurde dabei meistens verschwiegen.

16.8 Verharmlosung einer Statistik

In der Sendung Monitor am 14.12.1992 wurde über folgende medizini-
sche Statistik berichtet. Zur Vorbeugung gegen eine bestimmte Gehirn-
krankheit wurde neugeborenen Kindern ein Medikament verabreicht.
Manche Babys bekamen das Medikament durch den Mund, andere über
eine Impfung. In einer Statistik wurde nachgewiesen, daß von den Kindern, die geimpft wurden, doppelt so viele an Krebs erkrankten wie bei
den anderen, die das Medikament schluckem mußten. Als Grund dafür
wurde die viel zu hohe Dosis bei der Impfung angegeben. Während der
Sendung kam ein Mediziner zu Wort. Mit dem Hinweis auf die geringe Anzahl der jährlich an Krebs erkrankten Kinder (die Rede war von
600 pro Jahr) sagte er: „Hier handelt es sich nur um ein statistisches
Problem. Ein einzelnes Kind ist davon doch nicht betroffen". Eine solche Verharmlosung kann auch bei einem Mediziner nicht entschuldigt
werden. Die Wahrscheinlichkeit, daß infolge der Impfung ein Kind an
Krebs erkrankt, ist zwar gering. Doch für die Eltern derjenigen Kinder,
die dadurch Krebs bekamen und starben, kann dies kein Trost sein. An
der Tatsache, daß diese Feststellung statistik abgesichert ist, wurde in
der Sendung nicht gezweifelt. Dann gibt es doch jedes Jahr Kinder, die
nur wegen der Impfung Krebs bekommen. Und wenn es sich nur um ein
einziges Kind handeln würde, müßte die Sache - vor allem von einem
Mediziner - ernst genomen werden.

```
F1        F2       F3  F4    F5      F6
          Control  I/O Var   Find... Mode
:lotto()
:Prgm
:Local i,k,n,a:ClrIO
:For k,1,8
    Lbl top
    seq(rand(49),n,1,6)→a:SortA a
    For i,1,5
        If a[i]=a[i+1]:Goto top
    EndFor
    Disp a
:EndFor
:EndPrgm

MAIN            RAD AUTO            FUNC
```

```
F1        Algebra  Calc Other  F5        Clean
                               PrgmIO
{4   8   13   21   23   35}
{2   5   20   23   38   47}
{5   6   27   34   36   46}
{2   3   5   9   12   49}
{16   17   24   30   33   35}
{1   16   17   19   42   49}
{11   16   20   26   32   47}
{7   15   24   30   32   36}

MAIN            RAD AUTO            FUNC 5/30
```

<h1 style="text-align:center">Kapitel 17
Zahlenlotto</h1>

In diesem Kapitel werden theoretische Untersuchungen über das Zahlenlotto 6 aus 49 vorgenommen. Zur Herleitung der entsprechenden Formeln und Aussagen können die Ergebnisse aus dem ersten Teil des Buches benutzt werden. In Kapitel 18 untersuchen wir das Tippverhalten der Spieler. Dazu wurden mir von der Lotto-Zentrale Baden/Württemberg freundlicherweise ungefähr 6,8 Millionen Reihen zur Verfügung gestellt, die tatsächlich an einem bestimmten Samstag im Jahre 1993 getippt wurden. Dafür möchte ich mich ganz herzlich bedanken. Dabei werden wir feststellen, daß sehr viele Spieler die Zahlen nicht zufällig ankreuzen. Oft werden sie nach bestimmten Mustern auf dem Lotto-Schein eingetragen. Eine beliebte Methode ist auch die Verwendung von Geburtstagszahlen. Wenn eine von den Spielern beliebte Gewinnreihe ausgespielt wird, sind die Quoten in den oberen Rängen sehr niedrig. Aus diesem Grund sollte man bemüht sein „gegen die Mitspieler zu tippen". Reihen, die sehr beliebt sind, sollten Sie nach Möglichkeit meiden. Verstehen Sie mich bitte nicht falsch. Durch dieses Spielen gegen die Mitspieler wird Ihre Gewinnchance in keiner Weise erhöht. Sie werden auch nicht öfter gewinnen als mit anderen Reihen. Doch wenn Sie gewinnen, sind die Quoten in der Regel wesentlich höher als sonst. Dies ist meiner Meinung nach die einzige Strategie, mit der die Quotenerwartung erhöht werden kann.

17.1 Der Traum von den Lotto-Millionen

Viele Personen, die nicht durch Arbeit oder eine Erbschaft reich werden können, träumen vom großen Lottogewinn. Prinzipiell ist bereits mit dem Einsatz einer einzigen Tippreihe ein Gewinn von einigen Millionen DM möglich.

Wöchentlich geben die Spieler je nach Spiellaune und finanzieller Möglichkeit mehr oder weniger viele Tippreihen ab. Sie hoffen, damit möglichst bald einen Sechser zu erzielen. Die Ziehung der Gewinnzahlen wird für sie zur beliebtesten Fernsehsendung. Mancher Spieler ist zu Beginn der Ziehung noch vom großen Gewinn überzeugt. Doch im Laufe der Ausspielung schlägt meistens die Euphorie in eine gewisse Enttäuschung um. Die neue Hoffnung liegt dann in der nächsten Ausspielung. Meldungen über Millionengewinne, wie z. B. einen Gewinn über 12 Millionen DM, oder daß sich im Jackpot für die nächste Ziehung fast 20 Millionen DM befinden, tragen dazu bei, daß die Spieler weiterhin ihre Lotto-Zettel abgeben und sogar den Einsatz erhöhen.

Zugegeben, fast jede Woche gibt es Millionengewinne, die oft mit einem kleinen Einsatz erzielt werden. Im Lotto am Samstag werden meistens weit über 100 Millionen Tippreihen abgegeben. Der Umsatz hängt sehr von der wirtschaftlichen Lage ab.

In einer wirtschaftlichen Rezession wird üblicherweise weniger getippt als in Zeiten der Hochkonjunktur. Bei 140 Millionen abgegebenen Tippreihen liegt die Anzahl der Sechser meistens in der Nähe von 10. Manchmal gibt es weniger - unter Umständen gar keinen -, manchmal wesentlich mehr Sechser. Aus diesen statistischen Durchschnittszahlen wird deutlich, wie klein die Chance ist, mit einer einzigen Tippreihe sechs Richtige zu erzielen. Zum Glück gibt es noch weitere Gewinnmöglichkeiten in niedrigen Rängen mit entsprechend kleineren Quoten.

Vom Gesamteinsatz wird nach einem bestimmten Schlüssel die Hälfte unter den Gewinnern der verschiedenen Ränge aufgeteilt. Daher sind die Gewinnquoten umso kleiner, je mehr Gewinne es in den einzelnen Rängen gibt. Wenn jemand am Samstagabend feststellt, daß er einen Sechser hat, so kann er nur hoffen, daß er nicht mit vielen Mitgewinnern teilen muß. So ging schon mancher von einem Milliongewinn aus und war bitter enttäuscht, daß ausgerechnet der Gewinn für seinen Sechser unter 100 000 DM lag. Stellen Sie sich vor, es würde einmal eine der beiden Reihen

1 9 17 25 33 41   oder   7 13 19 25 31 37

gezogen. Dann bin ich überzeugt, daß die Quoten für einen Sechser weit unter 1 000 DM liegen. Sie, verehrte Leserin und verehrter Leser, werden sich vermutlich über meine Behauptung wundern oder sie einfach nicht ernst nehmen. Ich werde jedoch versuchen, Ihnen im Kapitel 18 den Beweis dafür zu liefern.

Zur Auswahl der Tippzahlen werden die verschiedensten Methoden benutzt. Sehr beliebt sind die folgenden:

- In jeder Reihe werden willkürlich sechs Zahlen angekreuzt. Hier spricht man von einer **Zufallsauswahl**.

- Es werden bestimmte **Systemtips** benutzt.

- Auf dem Lottozettel werden sechs Zahlen nach bestimmten **Mustern** angekreuzt.

- Als Tippzahlen dienen sogenannte **Geburtstagszahlen**.

Die meisten Personen suchen nach einer Möglichkeit, die Gewinnchance zu vergrößern, also gegen den Zufall zu spielen. Mit der Frage, ob dies möglich ist, werden wir uns später beschäftigen. Die Antwort will ich jedoch vorwegnehmen: Es gibt keine Möglichkeit, die Gewinnchancen auch nur geringfügig zu vergrößern.

Der in einer Gewinnklasse zur Verfügung stehende Ausschüttungsbetrag wird unter allen Gewinnern dieser Klasse gleichmäßig aufgeteilt. Daher sollte man nach Tippreihen suchen, von denen man ausgehen kann, daß sie von den Mitspielern kaum getippt werden. Bei einem solchen Spiel gegen die Mitspieler dürften dann im Falle eines Gewinns die Gewinnquoten überdurchschnittlich hoch sein. Diese wohl beste Strategie werden wir später untersuchen.

17.2   Die Spielregeln beim Zahlenlotto 6 aus 49

Bei jeder Lotto-Ausspielung werden mit Hilfe des Ziehungsgerätes von den Zahlen 1 bis 49 sechs zufällig ausgewählt. Dabei spielt die Reihenfolge, in der die einzelnen Zahlen gezogen werden, keine Rolle. Das

Ergebnis der Ziehung besteht aus 6 verschiedenen Zahlen, die im Anschluß an die Ziehung der Größe nach angeordnet werden. Zusätzlich wird eine Zusatzzahl und am Samstag noch eine Superzahl gezogen.

Beim Lotto am Mittwoch finden zwei Ausspielungen statt. In den Ziehungen A und B werden jeweils unabhängig voneinander sechs Zahlen sowie eine Zusatzzahl gezogen. Eine Superzahl gibt es bei den Mittwoch-Ausspielungen nicht. Jede getippte Reihe nimmt am Mittwoch gleichzeitig an beiden Ausspielungen teil. Beispiele für Gewinnreihen sind:

Samstag: 4 8 11 17 19 37   Zusatzzahl 48   Superzahl 3.

Mittwoch: Ziehung A: 12   16   24   25   39   44   Zus. 9
           Ziehung B: 8   12   19   29   37   41   Zus. 43.

Zum Mitspielen benötigt man einen Lotto-Schein. In 10 Tippfeldern (Spiel 1 bis Spiel 10) stehen jeweils die Zahlen 1 bis 49. In jedem Einzelfeld können sechs beliebige Zahlen angekreuzt werden. Für das Lotto am Samstag beträgt der Einsatz für jede Reihe zur Zeit (im Jahr 1994) 1,25 DM, für das Lotto am Mittwoch 1 DM. Dazu kommen noch Bearbeitungsgebühren. Weil im Gegensatz zum Samstags-Lotto beim Lotto am Mittwoch jede getippte Reihe an beiden Ausspielungen teilnimmt, sind die Quoten beim Mittwochs-Lotto im allgemeinen wesentlich niedriger als beim Samstags-Lotto. In den Tippfeldern sind die 49 Zahlen in einem 7×7-Schema quadratisch angeordnet. Das Feld besteht also aus 7 Zeilen und 7 Spalten mit jeweils 7 Zahlen. Falls jemand mehr als 6 Zahlen angekreuzt hat, gelten davon nur die ersten sechs Zahlen als getippt.

1	2	3	4	5	6	7
8	9	10	11	12	13	14
15	16	17	18	19	20	21
22	23	24	25	26	27	28
29	30	31	32	33	34	35
36	37	38	39	40	41	42
43	44	45	46	47	48	49

Hier sind 7 Zahlen angekreuzt. Die letzte Zahl 48 gilt als nicht gespielt. Die angekreuzte Reihe wird gewertet als 2 10 19 31 37 40.

Sind dagegen in einem Zahlenfeld weniger als sechs Zahlen angekreuzt, so werden die fehlenden Zahlen von der höchsten gespielten Zahl an in aufsteigender Reihenfolge fortlaufend ergänzt. Falls dies nicht möglich ist (z. B. wenn die 49 getippt wurde), so werden die fehlenden Zahlen durch die höchsten nicht gespielten Zahlen ergänzt.

1	2	3	4	5	6	7
8	9	10	11	12	13	14
15	16	17	18	19	20	21
22	23	24	25	26	27	28
29	30	31	32	33	34	35
36	37	38	39	40	41	42
43	44	45	46	47	48	49

1	2	3	4	5	6	7
8	9	10	11	12	13	14
15	16	17	18	19	20	21
22	23	24	25	26	27	28
29	30	31	32	33	34	35
36	37	38	39	40	41	42
43	44	45	46	47	48	49

In der linken Reihe ist eine Zahl zu wenig getippt. Sie wird automatisch ergänzt durch die 41 (Nachfolger von 40). In der rechten Reihe fehlen zwei Zahlen. Diese Reihe wird ergänzt durch die beiden Zahlen 49 und 47.

1	2	3	4	5	6	7
8	9	10	11	12	13	14
15	16	17	18	19	20	21
22	23	24	25	26	27	28
29	30	31	32	33	34	35
36	37	38	39	40	41	42
43	44	45	46	47	48	49

Diese Reihe wird ergänzt durch die drei Zahlen 48 47 46 .

Die Spielbedingungen sind in den Teilnahmebedingungen nachzulesen, die in jeder Annahmestelle kostenlos erhältlich sind.

17.3 Die Gesamtanzahl aller möglichen Tippreihen

Jede Person, die Lotto spielt, weiß, daß es sehr viele verschiedene Tippmöglichkeiten gibt. Die genaue Anzahl aller möglichen Tippreihen berechnen wir mit Hilfe einer mathematischen Formel, deren Herleitung nicht allzu kompliziert ist.

Beim Ausfüllen einer Tippreihe können wir für das erste Kreuzchen eine von den 49 Zahlen 1, 2, ... , 48, 49 auswählen. Für das erste Kreuzchen gibt es also 49 Möglichkeiten. Als Beispiel wählen wir die 21.

1	2	3	4	5	6	7
8	9	10	11	12	13	14
15	16	17	18	19	20	21̸
22	23	24	25	26	27	28
29	30	31	32	33	34	35
36	37	38	39	40	41	42
43	44	45	46	47	48	49

Für die Auswahl der ersten Zahl gibt es insgesamt 49 Möglichkeiten.

Für die Auswahl der zweiten Zahl bleiben jetzt noch 48 Möglichkeiten übrig, nämlich alle Zahlen mit Ausnahme der bereits getippten Zahl. Zu jeder der 49 Auswahlmöglichkeiten für die erste Zahl gibt es also 48 Auswahlmöglichkeiten für die zweite Zahl. Daher kann man die beiden ersten Zahlen auf $49 \cdot 48 = 2\,352$ verschiedene Möglichkeiten auswählen. Wir wählen die Zahl 13. Hätten wir aber zuerst die 13 und dann die 21 ausgewählt, so wäre auf dem Tippschein das gleiche Ergebnis entstanden. Verschiedene Auswahlmöglichkeiten, die zum gleichen Ergebnis führen, werden bei dem von uns benutzten Zählmodell zunächst als verschieden mitgezählt. In Wirklichkeit erhalten wir bei dieser Rechnung eine viel zu große Anzahl. Nach der Auswahl aller sechs Zahlen werden wir dies in der Formel korrigieren.

1	2	3	4	5	6	7
8	9	10	11	12	13̸	14
15	16	17	18	19	20	21̸
22	23	24	25	26	27	28
29	30	31	32	33	34	35
36	37	38	39	40	41	42
43	44	45	46	47	48	49

Insgesamt gibt es unter Berücksichtigung der Auswahlreihenfolge
$$49 \cdot 48 = 2\,352$$
verschiedene Zahlenpaare.

Für die Auswahl der dritten Zahl verbleiben noch 47 Möglichkeiten. Wir wählen die Zahl 36.

1	2	3	4	5	6	7
8	9	10	11	12	13	14
15	16	17	18	19	20	21
22	23	24	25	26	27	28
29	30	31	32	33	34	35
36	37	38	39	40	41	42
43	44	45	46	47	48	49

Unter Berücksichtigung der Reihenfolge gibt es

$$49 \cdot 48 \cdot 47 = 110\,544$$

Auswahlmöglichkleiten für drei Zahlen.

Für die vierte Zahl verbleiben noch 46 Auswahlmöglichkeiten. Wir wählen die 1.

1	2	3	4	5	6	7
8	9	10	11	12	13	14
15	16	17	18	19	20	21
22	23	24	25	26	27	28
29	30	31	32	33	34	35
36	37	38	39	40	41	42
43	44	45	46	47	48	49

Unter Berücksichtigung der Reihenfolge gibt es für vier Zahlen insgesamt

$$49 \cdot 48 \cdot 47 \cdot 46 = 5\,085\,024$$

Auswahlmöglichkeiten.

Für die Auswahl der fünften Zahl bleiben noch 45 Möglichkeiten übrig. Wir wählen die Zahl 2.

1	2	3	4	5	6	7
8	9	10	11	12	13	14
15	16	17	18	19	20	21
22	23	24	25	26	27	28
29	30	31	32	33	34	35
36	37	38	39	40	41	42
43	44	45	46	47	48	49

Für fünf Zahlen gibt es unter Berücksichtigung der Reihenfolge

$$49 \cdot 48 \cdot 47 \cdot 46 \cdot 45 = 228\,826\,080$$

Auswahlmöglichkeiten.

Für die Auswahl der letzten Zahl gibt es noch 44 Möglichkeiten. Wir nehmen die 41.

~~1~~	~~2~~	3	4	5	6	7
8	9	10	11	12	~~13~~	14
15	16	17	18	19	20	~~21~~
22	23	24	25	26	27	28
29	30	31	32	33	34	35
~~36~~	37	38	39	40	~~41~~	42
43	44	45	46	47	48	49

Für sechs Zahlen gibt es unter Berücksichtigung der Auswahlreihenfolge

$$49 \cdot 48 \cdot 47 \cdot 46 \cdot 45 \cdot 44 = 10\,068\,347\,520$$

verschiedene Auswahlmöglichkeiten.

Unser Beispiel ergibt die Tippreihe

$$1 \quad 2 \quad 13 \quad 21 \quad 36 \quad 41.$$

Falls man jedoch der Reihe nach die Zahlen 36, 1, 21, 41, 13, 2 ankreuzt, erhält man die gleiche Tippreihe. Aus diesem Grund muß es wesentlich weniger als 10 068 347 520 Reihen geben.

Wir bestimmen nun die Anzahl der oben durchgeführten Auswahlmöglichkeiten, welche zur gleichen Tippreihe 1 2 13 21 36 41 führen. Zuerst muß eine dieser 6 Zahlen ausgewählt werden, danach eine der restlichen fünf Zahlen, dann eine der übriggebliebenen vier Zahlen usw. Unter Berücksichtigung der Reihenfolge der ausgewählten Zahlen gibt es somit

$$6 \cdot 5 \cdot 4 \cdot 3 \cdot 2 \cdot 1 = 720$$

verschiedene Auswahlmöglichkeiten, welche die gleiche Tippreihe 1 2 13 21 36 41 ergeben. Für jede andere Reihe erhält man genauso viele Auswahlmöglichkeiten. Division der oben berechneten Anzahl durch 720 liefert die gesuchte Anzahl. Insgesamt gibt es

$$\frac{49 \cdot 48 \cdot 47 \cdot 46 \cdot 45 \cdot 44}{6 \cdot 5 \cdot 4 \cdot 3 \cdot 2 \cdot 1} = \frac{10\,068\,347\,520}{720} = 13\,983\,816,$$

also fast 14 Millionen verschiedene Tippreihen. So viele Reihen muß man abgeben, um garantiert 6 Richtige zu haben. Dieser Zahlenwert ist der in Abschnitt 5.2 eingeführte Binomialkoeffizient $\binom{49}{6}$ (sprich: „49 über 6").

Insgesamt gibt es also

$$\binom{49}{6} = \frac{49 \cdot 48 \cdot 47 \cdot 46 \cdot 45 \cdot 44}{1 \cdot 2 \cdot 3 \cdot 4 \cdot 5 \cdot 6} = 13\,983\,816$$

verschiedene Tippreihen.

In Zukunft werden wir immer wieder von 14 Millionen Tippmöglichkeiten sprechen, also den auf ganze Millionen gerundeten Wert angeben. Sie wissen dann, daß wir damit in Wirklichkeit die genaue Anzahl 13 983 816 meinen.

Die Chance, mit einer einzigen Tippreihe einen Sechser zu erzielen, beträgt ungefähr 1: 14 Millionen. Dabei wird stillschweigend vorausgesetzt, daß jede dieser Reihen die gleiche Chance besitzt. Dafür sagt man auch: „Alle Reihen sind gleichwahrscheinlich".

Im Ziehungsgerät befinden sich 49 gleichartige Kugeln, die mit den Zahlen 1 bis 49 beschriftet sind. Falls alle Kugeln tatsächlich gleich schwer sind, kann aufgrund des Ausspielungsmodus davon ausgegangen werden, daß bei einer Ziehung jede Kugel im Ziehungsgerät die gleiche Chance besitzt, gezogen zu werden. Dann hat aber jede der fast 14 Millionen Tippreihen die gleiche Gewinnchance. Daß manche Zahlen bisher öfter, andere dagegen seltener ausgespielt wurden, ist auf den Zufall zurückzuführen.

Der exakte Nachweis der Chancengleichheit aller Reihen kann letztendlich nur mit Hilfe statistischer Tests durchgeführt werden. Bisher ist es noch niemandem gelungen, eine Verletzung der Chancengleichheit statistisch einwandfrei nachzuweisen.

Vergleich mit einer Münzreihe

Wie winzig klein die Chance ist, mit einer Reihe sechs Richtige zu erzielen, soll durch das folgende Zufallsexperiment verdeutlicht werden: An den Rand einer Autobahn werden in einer Reihe 13 983 816 Fünf-DM-Münzen hingelegt. Die Anzahl der Münzen stimmt mit der Anzahl aller möglichen Tippreihen überein. Bei einem Münzdurchmesser von 3 cm ergibt dies eine Münzreihe der Länge

$$13\,983\,816 \cdot 3 = 41\,951\,448 \text{ cm} \approx 419,5 \text{ km},$$

also ungefähr die Strecke von Stuttgart nach München und zurück. Von diesen Münzen sei nur eine einzige markiert, wobei die Markierung rein äußerlich nicht zu erkennen sei. Ein Autofahrer fährt diese Strecke, hält zu einem zufällig gewählten Zeitpunkt an und nimmt zufällig eine Münze. Die Chance, daß er so die markierte Münze erhält, ist genauso groß wie mit einer einzigen Tippreihe einen Sechser zu erzielen.

Das Spiel mit der Münzreihe würde wohl kaum jemand mitmachen. Als Grund dafür dürfte die geringe Gewinnchance angegeben werden. Dagegen sind sehr viele Personen von einem Sechser im Lotto überzeugt, obwohl die Chance dafür auch nicht größer ist als die Chance, aus der Münzreihe zufällig die einzige gekennzeichnete Münze auszuwählen.

17.4 Die Gewinnchancen beim Lotto

17.4.1 Die Gewinnchancen beim Lotto am Samstag

Beim Samstags-Lotto werden aus 49 Zahlen 6 Gewinnzahlen und eine Zusatzzahl gezogen. Dabei wird die Zusatzzahl nur zusammen mit 5 bzw. 3 Richtigen gewertet. Zusätzlich wird noch eine der Ziffern 0, 1,..., 9 als Superzahl ausgespielt. Die Wertung dafür ist die letzte Ziffer der auf dem Lottoschein aufgedruckten Nummer. Die Superzahl spielt nur im Zusammenhang mit 6 Richtigen eine Rolle. Es gibt folgende Gewinnklassen:

Klasse I: 6 Gewinnzahlen mit Superzahl
Klasse II: 6 Gewinnzahlen ohne Superzahl
Klasse III: 5 Gewinnzahlen mit Zusatzzahl
Klasse IV: 5 Gewinnzahlen ohne Zusatzzahl
Klasse V: 4 Gewinnzahlen
Klasse VI: 3 Gewinnzahlen mit Zusatzzahl
Klasse VII: 3 Gewinnzahlen ohne Zusatzzahl.

Wie groß ist die Chance, mit einer einzigen Reihe sechs Richtige mit Superzahl zu erzielen? Als Superzahl wird eine der Ziffern 0, 1, 2,..., 9 ausgespielt. Für die Auswahl der Superzahl gibt es daher unabhängig von den 6 Gewinnzahlen 10 Möglichkeiten. Damit gibt es für 6 Richtige mit Superzahl insgesamt

$$10 \cdot 13\,983\,816 = 139\,838\,160,$$

also ungefähr 140 Millionen Möglichkeiten.

Die Gewinnchance für 6 Richtige mit Superzahl beträgt demnach

$$1 : 139\,838\,160, \quad \text{also etwa} \quad 1 \text{ zu } 140 \text{ Millionen.}$$

Die Gewinnchance für 6 Richtige ohne Superzahl ist

$$9 : 139\,838\,160 \quad \text{oder} \quad 1 : 15\,537\,573.$$

Mit Hilfe kombinatorischer Überlegungen kann die Anzahl derjenigen Reihen berechnet werden, die einen Gewinn in den jeweiligen Klassen erzielen.

Beim Samstags-Lotto gibt es ohne Berücksichtigung der Superzahl insgesamt 13 983 816 verschiedene Tippmöglichkeiten. Wenn jemand alle diese 13 983 816 Reihen tippt, so hat er

1mal	„6 Richtige"	(Klasse I oder II)
6mal	„5 Richtige mit Zusatzzahl"	(Klasse III)
252mal	„5 Richtige ohne Zusatzzahl"	(Klasse IV)
13545	„4 Richtige"	(Klasse V)
17 220mal	„3 Richtige mit Zusatzzahl"	(Klasse VI)
229 600mal	„3 Richtige ohne Zusatzzahl"	(Klasse VII).

Nur 260 624 von den fast 14 Millionen Reihen gewinnen. Das sind ungefähr 1,864 Prozent aller Reihen. Mit Berücksichtigung der Superzahl gibt es 139 838 160 verschiedene Möglichkeiten. Bei der Abgabe all dieser Reihen hat man einmal sechs Richtige mit Superzahl und neunmal 6 Richtige ohne Superzahl. Für die übrigen Ränge müssen die oben angegebenen Häufigkeiten verzehnfacht werden. Für die einzelnen Gewinnklassen lauten die gerundeten

Gewinnchancen:

Klasse I:	1 : 139 838 160		
Klasse II:	9 : 139 838 160	oder	1 : 15 537 573
Klasse III:	6 : 13 983 816	oder	1 : 2 330 636

Klasse IV:	252 : 13 983 816	oder	1 : 55 491
Klasse V:	13 545 : 13 983 816	oder	1 : 1 032
Klasse VI:	17 220 : 13 983 816	oder	1 : 812
Klasse VII:	229 600 : 13 983 816	oder	1 : 61.

Die Chance, mit einer einzigen Reihe überhaupt zu gewinnen, ist

$$260\,624 : 13\,983\,816 \quad \text{oder ungefähr} \quad 1 : 54.$$

Bei 100 verschiedenen zufällig ausgewählten Reihen ist die Chance auf einen Sechser selbstverständlich 100 mal größer als mit nur einer einzigen Reihe.

Vergleich der Gewinnchancen mit der Länge der Münzreihe

Die Chance mit einer einzigen Reihe 6 Richtige (mit oder ohne Superzahl) zu erzielen ist nach den obigen Ausführungen genausogroß, wie aus einer 419,5 km langen Reihe von 5 DM-Münzen die einzige markierte zufällig auszuwählen. Bei 6 Richtigen mit Superzahl müßte die Reihe sogar 42 195 km lang sein. Bei 5 Richtigen mit Zusatzzahl reicht die Länge 419,5/6=69,92 km.

Zum Vergleich der Gewinnchancen in den einzelnen Gewinnklassen sind nachfolgend die benötigten Längen der ensprechenden Münzreihen zusammengestellt. Die Chance mit einer einzigen Reihe einen Gewinn in der jeweiligen Klasse zu erzielen ist ebensogroß, wie die Chance, aus der Münzreihe der angegebenen Länge zufällig das gekennzeichnete 5 DM-Stück auszuwählen.

Klasse I:	Sechs mit Superzahl	Münzreihe:	4 195 km
Klasse II:	Sechs ohne Superzahl	Münzreihe:	466,11 km
Klasse III:	Fünf mit Zusatzzahl	Münzreihe:	69,92 km
Klasse IV:	Fünf ohne Zusatzzahl	Münzreihe:	1664,70 m
Klasse V:	Vier Richtige	Münzreihe:	30,97 m
Klasse VI:	Drei mit Zusatzzahl	Münzreihe:	24,36 m
Klasse VII:	Drei ohne Zusatzzahl	Münzreihe:	1,8271 m.

17.5 Lotto-Vollsysteme

In Kapitel 1 wurde bereits eine „Lotto-Gemeinschaft" zitiert, welche behauptet, die Gewinnchancen können dadurch erhöht werden, daß man nicht mehr aus allen 49, sondern nur noch aus 36 Zahlen auswählt. Stimmt die in dem Prospekt aufgestellte Behauptung wirklich? Wird die Gewinnchance größer, wenn man sich auf weniger Zahlen beschränkt? Wir werden zeigen, daß dies nicht der Fall sein kann. Wenn der Verfasser des Werbetextes tatsächlich von seiner Behauptung überzeugt wäre, so müßte er sich doch logischerweise auf noch weniger Zahlen beschränken, weil dadurch seiner Aussage nach die Chancen ja noch größer wären. Führt man dieses Gedankenspiel konsequent zu Ende, so dürfte man sich nur noch auf 6 Zahlen, also auf eine einzige Tippreihe beschränken. Daraus dürfte bereits deutlich werden, daß der Werbetext ein großer Bluff ist, auf den vermutlich viele Personen hereinfallen.

Allgemein werden bei Vollsystemen die Tippreihen nicht mehr aus allen 49, sondern nur noch aus weniger Zahlen ausgewählt. Beim Lotto am Samstag sind Vollsysteme mit 7, 8, 9, 10, 11 und 12 Systemzahlen zugelassen. Dafür gibt es extra Tippzettel. Der Spieler muß nur die Systemzahlen ankreuzen und den entsprechenden Betrag einzahlen. Falls sich unter den angekreuzten Systemzahlen tatsächlich einmal alle sechs Gewinnzahlen befinden sollten, hat man nur dann absolut sicher einen Sechser, wenn alle möglichen Tippreihen aus diesen Systemzahlen auch getippt wurden. Daher muß ein Vollsystem aus sämtlichen möglichen Tippreihen aus den vorgegebenen Systemzahlen bestehen. Auf die genaue Angabe aller möglichen Tippreihen kann verzichtet werden, da die Anzahl der notwendigen Tippreihen mathematisch berechnet werden kann.

Die Anzahl der mit dem Vollsystem erzielten Gewinne hängt davon ab, wie viele Gewinnzahlen sich unter den Systemzahlen befinden. Mit weniger als drei Gewinnzahlen kann man auch mit dem Vollsystem nicht gewinnen. In Abhängigkeit von der Anzahl der Gewinnzahlen unter den ausgewählten Systemzahlen kann die Anzahl der Gewinne in den einzelnen Gewinnklassen durch kombinatorische Überlegungen berechnet werden, ohne daß man die einzelnen Tippreihen des Vollsystems aufschreiben muß.

Zunächst untersuchen wir die von der Lotto-Gesellschaft zugelassenen Vollsysteme mit 7 bis 12 Systemzahlen.

17.5.1   6 aus 7 Vollsystem

Bei diesem Vollsystem wählt der Spieler aus den 49 Zahlen 7 Systemzahlen aus.

Die Anzahl der Tippreihen des Vollsystems

In jeder Tippreihe können nur 6 Systemzahlen angekreuzt werden. Eine der 7 Systemzahlen muß also jeweils weggelassen werden. Daher gibt es insgesamt 7 Tippreihen aus den 7 Systemzahlen. Auf dem Systemzettel muß man nur die 7 Systemzahlen ankreuzen und den Betrag für 7 Tippreihen einzahlen. Damit gelten alle 7 Reihen als getippt.

Die Gewinnmöglichkeiten beim Lotto am Samstag

In Abhängigkeit von der Anzahl der Gewinnzahlen unter den 7 Systemzahlen sind in der Tabelle 17.1 alle Gewinnmöglichkeiten angegeben.

Tabelle 17.1 Gewinnmöglichkeiten mit dem 6 aus 7 Vollsystem

Gewinnzahlen im Systemzahlen	6	5 mit Zus.	5 ohne Zus.	4	3 mit Zus.	3 ohne Zus.
6 Richtige und Zus.	1	6	—	—	—	—
6 Richtige ohne Zus.	1	—	6	—	—	—
5 Richtige und Zus.	—	1	1	5	—	—
5 Richtige ohne Zus.	—	—	2	5	—	—
4 Richtige und Zus.	—	—	—	3	4	—
4 Richtige ohne Zus.	—	—	—	3	—	4
3 Richtige und Zus.	—	—	—	—	3	1
3 Richtige ohne Zus.	—	—	—	—	—	4

Dabei steht Zus. für Zusatzzahl. Die Superzahl soll unberücksichtigt bleiben. Falls man auch noch die Superzahl auf dem Lotto-Schein hat, wird aus dem Sechser ein Sechser mit Superzahl.

Ein Blick auf diese Tabelle sieht zunächst sehr vielversprechend aus. Wenn sich unter den 7 System-Zahlen drei Gewinnzahlen befinden, hat man gleich viermal drei Richtige. Bei fünf Gewinnzahlen im System erzielt man sogar zwei Fünfer und fünf Vierer. Wenn auch noch die Zusatzzahl dabei ist, wird aus einem Fünfer sogar ein Fünfer mit Zusatzzahl.

Die Gewinnmöglichkeiten beim Lotto am Mittwoch

Beim Lotto am Mittwoch gibt es keine 3 Richtige mit Zusatzzahl. Daher müssen aus dem Samstags-Lotto die Gewinnmöglichkeiten bei 3 Richtigen mit Zusatzzahl und ohne Zusatzzahl zusammengefaßt werden.

Die Anzahl aller möglichen 6 aus 7 Vollsysteme

Herr Gscheidle ist von dem Vollsystem 6 aus 7 sehr begeistert. Er meint, daß mit einem solchen System die Gewinnchancen wesentlich größer sind als beim zufälligen Auswählen von 7 Tippreihen. Als Begründung gibt er an, daß es ja nur noch 7 Auswahlmöglichkeiten für die Systemzahlen gibt und die in Tabelle 17.1 aufgeführten Gewinnhäufigkeiten doch für sich sprechen. Hat Herr Gscheidle wirklich recht? Hat man mit dem Vollsystem tatsächlich eine größere Gewinnchance als mit 7 beliebig ausgewählten verschiedenen Tippreihen?

Zur Beantwortung dieser Frage bestimmen wir zunächst die Anzahl aller möglichen verschiedenen Vollsysteme mit 7 Systemzahlen. Bei der Auswahl eines Vollsystems müssen aus allen 49 Zahlen 7 Stück ausgewählt werden. Dafür gibt es insgesamt

$$\binom{49}{7} = \frac{49 \cdot 48 \cdot 47 \cdot 46 \cdot 45 \cdot 44 \cdot 43}{1 \cdot 2 \cdot 3 \cdot 4 \cdot 5 \cdot 6 \cdot 7} = 85\,900\,584$$

verschiedene Möglichkeiten. Es gibt also fast 86 Millionen Vollsysteme mit 7 Zahlen. Vielleicht werden die Gewinnerwartungen von Herrn Gscheidle durch diese Zahl etwas gedämpft.

Die Gewinnchance mit dem Vollsystem

Unter den fast 86 Millionen verschiedenen Vollsystemen enthält nur ein einziges System sämtliche 6 Gewinnzahlen und die Zusatzzahl. Bei sechs Gewinnzahlen ohne Zusatzzahl im System muß neben den 6 Gewinnzahlen noch eine von der Zusatzzahl verschiedene Zahl als Systemzahl ausgewählt worden sein. Dafür gibt es 42 Möglichkeiten. Damit enthalten nur 42 von den fast 86 Millionen Vollsystemen die 6 Gewinnzahlen ohne Zusatzzahl. Mit Hilfe kombinatorischer Methoden kann die jeweilige Anzahl der Vollsysteme bestimmt werden, die 6,5,4,3,2,1 oder 0 Gewinnzahlen enthalten. Diese Häufigkeiten sind in der Tabelle 17.2 zusammengestellt.

Tabelle 17.2 Anzahl der Gewinnzahlen in den 6 aus 7 Vollsystemen

Gewinnzahlen im System	Anzahl der Vollsysteme
6 Gewinnzahlen und Zusatzzahl	1
6 Gewinnzahlen ohne Zusatzzahl	42
5 Gewinnzahlen und Zusatzzahl	252
5 Gewinnzahlen ohne Zusatzzahl	5 166
4 Gewinnzahlen und Zusatzzahl	12 915
4 Gewinnzahlen ohne Zusatzzahl	172 200
3 Gewinnzahlen und Zusatzzahl	229 600
3 Gewinnzahlen ohne Zusatzzahl	2 238 600
2 Gewinnzahlen	14 438 970
1 Gewinnzahlen	36 578 724
0 Gewinnzahlen	32 224 114
Gesamt	85 900 584

Von den fast 86 Milliarden möglichen Vollsystemen enthalten nur 43 alle sechs Gewinnzahlen, eines davon auch noch die Zusatzzahl. Daher ist die Chance, bei der Auswahl der 7 Systemzahlen ein Vollsystem mit 6 Gewinnzahlen zu erhalten

$$43 : 85\,900\,584 \qquad \text{oder} \qquad 1 : 1\,997\,688.$$

Falls man anstelle dieses Vollsystems 7 andere, aber verschiedene Reihen tippt, beträgt die Chance für 6 Richtige

$$7 : 13\,983\,816 \qquad \text{oder} \qquad 1 : 1\,997\,688.$$

Diese Chance ist ebensogroß wie die Chance, mit dem Vollsystem sechs Gewinnzahlen zu erzielen. Durch das System wird daher die Chance auf einen Sechser nicht erhöht. Sie ist bei 7 beliebig ausgewählten verschiedenen Reihen gleich groß.

Nur diejenigen Vollsysteme mit mindestens drei Gewinnzahlen erzielen einen Gewinn. Das sind insgesamt $2\,658\,776$, also ungefähr 3,1 Prozent. Die Chance, mit einem solchen Vollsystem überhaupt zu gewinnen ist daher

$$2\,658\,776 : 85\,900\,584, \qquad \text{also ungefähr} \qquad 1 : 32.$$

Nach Abschnitt 17.4 ist die Gewinnchance einer einzigen Tippreihe ungefähr 1:54. Damit ist die Chance mit einem Vollsystem mit 7 Reihen überhaupt zu gewinnen nur ungefähr 1,67 mal größer als die Gewinnchance mit einer einzigen Reihe. Mit 7 zufällig ausgewählten verschiedenen Reihen wird man daher im allgemeinen öfter gewinnen als mit dem Vollsystem. Daraus jedoch zu schließen, die Chancen beim Vollsystem seien schlechter als bei 7 willkürlich ausgewählten Reihen, wäre aber nicht richtig. Beim Vollsystem gewinnt man zwar wesentlich seltener. Doch im Falle eines Gewinnes erzielt man nach der Tabelle 17.1 gleich mehrere Gewinne. Durch die höhere Auszahlung wird die niedrigere Gewinnchance wieder ausgeglichen. Wem es nur darum geht, überhaupt zu gewinnen, der sollte nicht das Vollsystem 6 aus 7, sondern 7 verschiedene Reihen ankreuzen. Dadurch wird die Chance auf einen Gewinn am größten. Das Vollsystem vermindert zwar die Gewinnchance gegenüber 7 Einzelreihen. Durch die höheren Gewinnerwartungen wird dies jedoch wieder ausgeglichen.

17.5.2   6 aus 8 Vollsystem

Aus den 49 Zahlen werden 8 Systemzahlen ausgewählt. Dieses Vollsystem besteht aus

$$\binom{8}{6} = \frac{8 \cdot 7 \cdot 6 \cdot 5 \cdot 4 \cdot 3}{1 \cdot 2 \cdot 3 \cdot 4 \cdot 5 \cdot 6} = 28$$

Tippreihen. Die Gewinnmöglichkeiten beim Lotto am Samstag sind in Tabelle 17.3 zusammengestellt. Zusammen mit der Superzahl wird aus dem Sechser ein Sechser mit Superzahl.

Tabelle 17.3 Gewinnmöglichkeiten mit dem 6 aus 8 Vollsystem

Gewinnzahlen im System	6	5 mit Zus.	5 ohne Zus.	4	3 mit Zus.	3 ohne Zus.
6 Richtige und Zus.	1	6	6	15	—	—
6 Richtige ohne Zus.	1	—	12	15	—	—
5 Richtige und Zus.	—	1	2	15	10	—
5 Richtige ohne Zus.	—	—	3	15	—	10
4 Richtige und Zus.	—	—	—	6	12	4
4 Richtige ohne Zus.	—	—	—	6	—	16
3 Richtige und Zus.	—	—	—	—	6	4
3 Richtige ohne Zus.	—	—	—	—	—	10

Beim Mittwochs-Lotto müssen die Gewinnmöglichkeiten bei 3 Richtigen mit und ohne Zusatzzahl zusammengefaßt werden.

Insgesamt gibt es

$$\binom{49}{8} = \frac{49 \cdot 48 \cdot 47 \cdot 46 \cdot 45 \cdot 44 \cdot 43 \cdot 42}{1 \cdot 2 \cdot 3 \cdot 4 \cdot 5 \cdot 6 \cdot 7 \cdot 8} = 450\,978\,066,$$

also fast 451 Millionen verschiedene Vollsysteme mit 8 Zahlen. Wie viele davon gewinnen, ist in der Tabelle 17.4 zusammengestellt.

Von den fast 451 Millionen möglichen Vollsystemen mit 8 Systemzahlen enthalten $42 + 861 = 903$ alle 6 Gewinnzahlen, 42 davon auch noch die Zusatzzahl. Die Chance auf einen Sechser ist mit diesem Vollsystem

$$903 : 450\,978\,066 = 1 : 499\,422 = 28 : 13\,983\,816.$$

Sie ist also genausogroß wie die Chance auf einen Sechser bei 28 verschiedenen Reihen (rechte Seite). Von den fast 451 Millionen verschiedenen Vollsystemen mit 8 Systemzahlen erzielen nur 21 178 059 einen

Tabelle 17.4 Anzahl der Gewinnzahlen in den 6 aus 8 Vollsystemen

Gewinnzahlen im System	Anzahl der Vollsysteme
6 Gewinnzahlen und Zusatzzahl	42
6 Gewinnzahlen ohne Zusatzzahl	861
5 Gewinnzahlen und Zusatzzahl	5 166
5 Gewinnzahlen ohne Zusatzzahl	68 880
4 Gewinnzahlen und Zusatzzahl	172 200
4 Gewinnzahlen ohne Zusatzzahl	1 678 950
3 Gewinnzahlen und Zusatzzahl	2 238 600
3 Gewinnzahlen ohne Zusatzzahl	17 013 360
2 Gewinnzahlen	91 446 810
1 Gewinnzahlen	193 344 684
0 Gewinnzahlen	145 008 513
Gesamt	450 978 066

Gewinn. Das sind ungefähr 4,7 Prozent. Die Chance mit diesem Vollsystem einen Gewinn zu erzielen ist ungefähr 1:21. Sie ist nur etwa 2,5 mal größer als die Gewinnchance, mit einer einzigen Tippreihe, obwohl das System aus 28 Reihen besteht.

17.5.3 6 aus 9 Vollsystem

Aus den 49 Zahlen werden 9 Systemzahlen ausgewählt. Für dieses Vollsystem werden insgesamt

$$\binom{9}{6} = \frac{9 \cdot 8 \cdot 7 \cdot 6 \cdot 5 \cdot 4}{1 \cdot 2 \cdot 3 \cdot 4 \cdot 5 \cdot 6} = 84$$

Tippreihen benötigt. Die Gewinnmöglichkeiten beim Lotto am Samstag sind in Tabelle 17.5 zusammengestellt. Insgesamt gibt es

$$\binom{49}{9} = 2\,054\,455\,634,$$

also über 2 Milliarden verschiedene Vollsysteme mit 9 Zahlen.

Tabelle 17.5 Gewinnmöglichkeiten mit dem 6 aus 9 Vollsystem

Gewinnzahlen im System	6	5 mit Zus.	5 ohne Zus.	4	3 mit Zus.	3 ohne Zus.
6 Richtige und Zus.	1	6	12	45	20	—
6 Richtige ohne Zus.	1	—	18	45	—	20
5 Richtige und Zus.	—	1	3	30	30	10
5 Richtige ohne Zus.	—	—	4	30	—	40
4 Richtige und Zus.	—	—	—	10	24	16
4 Richtige ohne Zus.	—	—	—	10	—	40
3 Richtige und Zus.	—	—	—	—	10	10
3 Richtige ohne Zus.	—	—	—	—	—	20

17.5.4 6 aus 10 Vollsystem

Aus den 49 Zahlen werden 10 Systemzahlen ausgewählt. Das System besteht aus

$$\binom{10}{6} = \frac{10 \cdot 9 \cdot 8 \cdot 7 \cdot 6 \cdot 5}{1 \cdot 2 \cdot 3 \cdot 4 \cdot 5 \cdot 6} = 210$$

verschiedenen Tippreihen. Die Gewinnmöglichkeiten beim Lotto am Samstag sind in Tabelle 17.6 zusammengestellt. Es gibt

$$\binom{49}{10} = 8\,217\,822\,536$$

verschiedene Vollsysteme mit 10 Systemzahlen.

17.5.5 6 aus 11 Vollsystem

Aus den 49 Zahlen werden 11 Systemzahlen ausgewählt. Für das System muß man

$$\binom{11}{6} = \frac{11 \cdot 10 \cdot 9 \cdot 8 \cdot 7 \cdot 6}{1 \cdot 2 \cdot 3 \cdot 4 \cdot 5 \cdot 6} = 462$$

Tippreihen abgeben. Die Gewinnmöglichkeiten beim Lotto sind in Tabelle 17.7 dargestellt. Insgesamt gibt es

Tabelle 17.6 Gewinnmöglichkeiten mit dem 6 aus 10 Vollsystem

Gewinnzahlen im System	6	5 mit Zus.	5 ohne Zus.	4	3 mit Zus.	3 ohne Zus.
6 Richtige und Zus.	1	6	18	90	60	20
6 Richtige ohne Zus.	1	—	24	90	—	80
5 Richtige und Zus.	—	1	4	50	60	40
5 Richtige ohne Zus.	—	—	5	50	—	100
4 Richtige und Zus.	—	—	—	15	40	40
4 Richtige ohne Zus.	—	—	—	15	—	80
3 Richtige und Zus.	—	—	—	—	15	20
3 Richtige ohne Zus.	—	—	—	—	—	35

$$\binom{49}{11} = 29\,135\,916\,264,$$

also über 29 Milliarden verschiedene Vollsysteme mit jeweils 11 Systemzahlen.

Tabelle 17.7 Gewinnmöglichkeiten mit dem 6 aus 11 Vollsystem

Gewinnzahlen im System	6	5 mit Zus.	5 ohne Zus.	4	3 mit Zus.	3 ohne Zus.
6 Richtige und Zus.	1	6	24	150	120	80
6 Richtige ohne Zus.	1	—	30	150	—	200
5 Richtige und Zus.	—	1	5	75	100	100
5 Richtige ohne Zus.	—	—	6	75	—	200
4 Richtige und Zus.	—	—	—	21	60	80
4 Richtige ohne Zus.	—	—	—	21	—	140
3 Richtige und Zus.	—	—	—	—	21	35
3 Richtige ohne Zus.	—	—	—	—	—	56

17.5.6   6 aus 12 Vollsystem

Aus den 49 Zahlen werden 12 Systemzahlen ausgewählt. Das System besteht aus

$$\binom{12}{6} = \frac{12 \cdot 11 \cdot 10 \cdot 9 \cdot 8 \cdot 7}{1 \cdot 2 \cdot 3 \cdot 4 \cdot 5 \cdot 6} = 924$$

verschiedenen Tippreihen. Die Gewinnmöglichkeiten sind in Tabelle 17.8 zusammengestellt. Bei 12 Systemzahlen gibt es

$$\binom{49}{12} = 92\,263\,734\,836,$$

also über 92 Milliarden verschiedene Vollsysteme.

Tabelle 17.8 Gewinnmöglichkeiten mit dem 6 aus 12 Vollsystem

Gewinnzahlen im System	6	5 mit Zus.	5 ohne Zus.	4	3 mit Zus.	3 ohne Zus.
6 Richtige und Zus.	1	6	30	225	200	200
6 Richtige ohne Zus.	1	—	36	225	—	400
5 Richtige und Zus.	—	1	6	105	150	200
5 Richtige ohne Zus.	—	—	7	105	—	350
4 Richtige und Zus.	—	—	—	28	84	140
4 Richtige ohne Zus.	—	—	—	28	—	224
3 Richtige und Zus.	—	—	—	—	28	56
3 Richtige ohne Zus.	—	—	—	—	—	84

17.5.7 Allgemeine Vollsysteme mit n Systemzahlen

Wir betrachten allgemeine Vollsysteme mit n Systemzahlen. Dabei ist n eine vorgegebene Zahl, die mindestens gleich 7 und höchstens gleich 49 sein darf.

Die Anzahl der Tippreihen bei n Systemzahlen

Ein Vollsystem mit n Systemzahlen besteht aus

$$\binom{n}{6} = \frac{n \cdot (n-1) \cdot \ldots \cdot (n-5)}{1 \cdot 2 \cdot 3 \cdot 4 \cdot 5 \cdot 6}$$

Tippreihen. In Tabelle 17.9 ist die Anzahl der benötigten Tippreihen für ein Vollsystem mit n Systemzahlen zusammengestellt.

Tabelle 17.9 Anzahl der notwendigen Reihen bei Vollsystemen

Systemzahlen	Anzahl Reihen	Systemzahlen	Anzahl Reihen
6	1	28	376 740
7	7	29	475 020
8	28	30	593 775
9	84	31	736 281
10	210	32	906 192
11	462	33	1 107 568
12	924	34	1 344 904
13	1 716	35	1 623 160
14	3 003	36	1 947 792
15	5 005	37	2 324 784
16	8 008	38	2 760 681
17	12 376	39	3 262 623
18	18 564	40	3 838 380
19	27 132	41	4 496 388
20	38 760	42	5 245 786
21	54 264	43	6 096 454
22	74 613	44	7 059 052
23	100 947	45	8 145 060
24	134 596	46	9 366 819
25	177 100	47	10 737 573
26	230 230	48	12 271 512
27	296 010	49	13 983 816

Die Anzahl der Vollsysteme mit n Systemzahlen

Insgesamt gibt es
$$\binom{49}{n} = \frac{49 \cdot 48 \cdot \ldots \cdot (49 - n + 1)}{1 \cdot 2 \cdot \ldots \cdot n}$$
verschiedene Vollsysteme mit n Systemzahlen.

Die Chance auf einen Sechser mit einem Vollsystem

Wir nehmen an, unter den n ausgewählten Systemzahlen befinden sich tatsächlich alle sechs Gewinnzahlen. Dann können neben den 6 Gewinnzahlen die restlichen $n - 6$ Systemzahlen aus der Menge der 43 nichtgezogenen Zahlen ausgewählt worden sein. Daher gibt es insgesamt

$$\binom{43}{n-6} = \frac{43 \cdot 42 \cdot 41 \cdot \ldots \cdot (43 - n + 7)}{1 \cdot 2 \cdot 3 \cdot \ldots \cdot (n - 6)}$$

verschiedene Vollsysteme, die alle sechs Gewinnzahlen enthalten. Die Chance, mit dem Vollsystem einen Sechser zu erzielen, lautet daher

$$\binom{43}{n-6} : \binom{49}{n}.$$

Allgemein läßt sich die folgende Identität zeigen:

$$\binom{43}{n-6} : \binom{49}{n} = \binom{n}{6} : \binom{49}{6}.$$

Auf der rechten Seite dieser Gleichung steht das Verhältnis der Anzahl der für das Vollsystem benötigten Tippreihen zur Anzahl aller Tippreihen.

Die Chance, mit einem Vollsystem einen Sechser zu erzielen ist damit genauso groß wie mit der gleichen Anzahl anderer, aber verschiedener Tippreihen. Systemtippen erhöht die Chance auf einen Sechser in keiner Weise. Damit haben wir nachgewiesen, daß der zu Beginn dieses Abschnitts zitierte Werbetext einer „Lotto-Gemeinschaft" nicht den Tatsachen entspricht. Die dort aufgestellte Behauptung stimmt nicht.

17.6 VEW-Systeme

Neben den Vollsystemen sind noch 12 Verkürzte Engere Wahl-Systeme mit 12 bis 132 Tippreihen zugelassen. Dabei werden 9 bis 22 System-

zahlen benutzt. Im Gegensatz zu den Vollsystemen werden hier nicht
alle Möglichkeiten getippt. Falls sich unter den Systemzahlen alle 6 Gewinnzahlen befinden, besteht im Gegensatz zu den Vollsystemen keine
Gewähr auf einen Sechser. Weil nicht alle Möglichkeiten getippt sind,
kann es sogar vorkommen, daß man bei sechs richtigen Systemzahlen
als höchsten Gewinn nur einen Vierer hat (dann allerdings gleich mehrere). Durch geschicktes Kombinieren der Systemzahlen wird erreicht, daß
man drei Richtige hat, falls sich unter den Systemzahlen 3 Gewinnzahlen
befinden. Die Anzahl der Gewinne in den einzelnen Klassen hängt einmal von der Anzahl der Gewinnzahlen unter den Systemzahlen ab, zum
andern aber auch davon, wie diese Systemzahlen kombiniert werden.
Die Gewinntabellen sind im Merkblatt für Systeme zusammengestellt,
das in jeder Lotto-Annahmestelle kostenlos erhältlich ist.

17.7 Kleinste und größte Zahl in einer Tippreihe

Die Gewinnzahlen werden nach der Ausspielung der Größe nach angeordnet. In der Reihe

$$11 \quad 24 \quad 25 \quad 32 \quad 39 \quad 46$$

ist die Anfangszahl 11 die kleinste und die Endzahl 46 die größte Zahl.

Herr Gscheidle tippt prinzipiell nur solche Reihen, die mit 1 beginnen.
Als Begründung gibt er an, festgestellt zu haben, daß Gewinnreihen mit
der Anfangszahl 1 öfter vorkommen als Reihen mit der Anfangszahl 2
oder Reihen mit einer anderen Anfangszahl, z. B. Reihen, die mit 5 oder
mit 10 beginnen.

Die Feststellung von Herrn Gscheidle ist zwar richtig. Beobachtet man
über einen längeren Zeitraum die Gewinnreihen, so kann man feststellen,
daß die Zahl 1 am häufigsten als Anfangszahl auftritt, danach die 2 usw.
Je größer eine Zahl ist, umso seltener kommt sie als Anfangszahl vor. Die
größte mögliche Anfangszahl ist die 44 und zwar bei der Ausspielung

$$44 \quad 45 \quad 46 \quad 47 \quad 48 \quad 49.$$

Die Chance für diese Reihe ist 1:13 983 816. Daher wird die 44 fast nie Anfangszahl einer Gewinnreihe sein. Nicht jede der Zahlen 1 bis 44 besitzt damit die gleiche Chance, Anfangszahl einer Gewinnreihe zu werden. Diese Eigenschaft kann sehr einfach nachgewiesen werden.

17.7.1 Anzahl der Tippreihen in Anhängigkeit von der Anfangszahl

Damit die 1 Anfangszahl ist, müssen die Zahl 1 und von den restlichen 48 Zahlen fünf ausgewählt werden. Dafür gibt es

$$\binom{48}{5} = \frac{48 \cdot 47 \cdot 46 \cdot 45 \cdot 44}{1 \cdot 2 \cdot 3 \cdot 4 \cdot 5} = 1\,712\,304$$

verschiedene Möglichkeiten. So viele Reihen mit der Anfangszahl 1 gibt es. Das sind immerhin

$$\frac{1\,712\,304}{13\,983\,816} \cdot 100 \approx 12,245\%$$

aller Reihen. Der Bruch 1 712 304/13 983 816 stimmt mit 6/49 überein. 6 : 49 ist aber auch die Chance dafür, daß bei einer Ziehung die Zahl 1 dabei ist. Diese Eigenschaft ist auch plausibel, denn die Zahl 1 kann nur Anfangszahl einer Tippreihe sein, wenn sie auch tatsächlich in der Reihe steht.

Damit man eine Reihe mit der Anfangszahl 2 erhält, muß die 2 ausgewählt werden und zusätzlich fünf von denjenigen 47 Zahlen, die größer als 2 sind. Damit gibt es nur noch

$$\binom{47}{5} = \frac{47 \cdot 46 \cdot 45 \cdot 44 \cdot 43}{1 \cdot 2 \cdot 3 \cdot 4 \cdot 5} = 1\,533\,939$$

verschiedene Reihen mit der Anfanszahl 2.

Man erhält eine Reihe mit der Anfangszahl k, wenn diese Zahl k dabei ist und die restlichen 5 Tippzahlen größer als k sind. Zu deren Auswahl gibt es $49 - k$ Zahlen. Allgemein gibt es

$$\binom{49-k}{5} = \frac{(49-k)\cdot(48-k)\cdot(47-k)\cdot(46-k)\cdot(45-k)}{1\cdot 2\cdot 3\cdot 4\cdot 5}$$

verschiedene Reihen mit der Anfangszahl k für k=1, 2,..., 44.

In Tabelle 17.10 sind die absoluten Häufigkeiten aller möglichen Reihen mit den entsprechenden Anfangszahlen zusammengestellt. In der dritten Spalte steht der prozentuale Anteil aller Reihen mit der Anfangszahl (kleinsten Zahl).

Herr Gscheidle hat zwar recht. Etwa 12,25 Prozent aller möglichen Tippreihen beginnen tatsächlich mit 1. Die Anfangszahl 2 besitzen nur ungefähr 10,97 Prozent aller möglichen Reihen. Je größer die Anfangszahl ist, umso kleiner wird der prozentuale Anteil der damit beginnenden Reihen. Kann daraus jedoch der Schluß gezogen werden, daß eine Tippreihe mit der Anfangszahl 1 eine größere Chance besitzt als jede Reihe mit einer anderen Anfangszahl? Auf diese Frage werden wir bald eine Antwort geben.

Herr Gscheidle müßte jetzt seine Schlußweise konsequent weiterführen. Unter den mit 1 beginnenden Reihen treten dann doch wohl diejenigen mit der zweitkleinsten Zahl 2 am häufigsten auf. Also müßte er mit seiner Argumentation auch die 2 tippen. So fortfahrend müßte er sich dann für die Reihe der ersten 6 Zahlen, also für die Tippreihe 1 2 3 4 5 6 entscheiden, denn die müßte nach seiner Argumentation die größte Chance besitzen. Logischerweise hätte dann wohl die Reihe der letzten 6 Zahlen 44 45 46 47 48 49 die geringste Chance. Dieser Meinung war auch der Autor eines Buches, in dem in bezug auf diese beiden Reihen wörtlich zu lesen war: „Mit der erstgenannten Reihe haben Sie durchaus gute Chancen auf einen Sechser, die zweite hingegen können Sie vergessen, diese wird vermutlich erst in etlichen hundert Millionen Jahren gezogen. Die Reihe mit den ersten sechs Zahlen kann jedoch am nächsten Samstag schon kommen".

17.7.2 Anzahl der Tippreihen in Abhängigkeit von der Endzahl

Wir drehen nun den Spieß um und betrachten anstelle der kleinsten Zahl die größte, also die Endzahl der Tippreihe. Diese kann zwischen 6 und

Tabelle 17.10 Anfangs- und Endzahlen der Tippreihen

kleinste Zahl	Anzahl der Reihen	prozentualer Anteil	größte Zahl
1	1 712 304	12,24490	49
2	1 533 939	10,96939	48
3	1 370 754	9,80243	47
4	1 221 795	8,73695	46
5	1 086 008	7,76618	45
6	962 598	6,88366	44
7	850 668	6,08323	43
8	749 398	5,35904	42
9	658 008	4,70550	41
10	575 757	4,11731	40
11	501 942	3,58945	39
12	435 897	3,11715	38
13	376 992	2,69592	37
14	324 623	2,32148	36
15	278 256	1,98984	35
16	237 336	1,69722	34
17	201 376	1,44006	33
18	169 911	1,21505	32
19	142 506	1,01908	31
20	118 755	0,84923	30
21	98 280	0,70281	29
22	80 730	0,57731	28
23	65 780	0,47040	27
24	53 130	0,37994	26
25	42 504	0,30395	25
26	33 649	0,24063	24
27	26 334	0,18832	23
28	20 349	0,14552	22
29	15 504	0,11087	21
30	11 628	0,08315	20
31	8 568	0,06127	19

kleinste Zahl	Anzahl der Reihen	prozentualer Anteil	größte Zahl
32	6 188	0,04425	18
33	4 368	0,03124	17
34	3 003	0,02147	16
35	2 002	0,01432	15
36	1 287	0,00920	14
37	792	0,00566	13
38	462	0,00330	12
39	252	0,00180	11
40	126	0,00090	10
41	56	0,00040	9
42	21	0,00015	8
43	6	0,0000429	7
44	1	0,0000072	6

49 liegen. Für eine Reihe mit der Endzahl 49 müssen neben der Zahl 49 von den restlichen 48 Zahlen 5 ausgewählt werden. Dafür gibt es

$$\binom{48}{5} = \frac{48 \cdot 47 \cdot 46 \cdot 45 \cdot 44}{1 \cdot 2 \cdot 3 \cdot 4 \cdot 5} = 1\,712\,304$$

verschiedene Möglichkeiten. Die Anzahl der Reihen mit der Endzahl 49 stimmt also überein mit der Anzahl der Reihen mit der Anfangszahl 1. Analog entspricht der Endzahl 48 die Anfangszahl 2, der Endzahl 47 die Anfangszahl 3 usw. Es besteht also eine gewisse „Symmetrie". Damit erhält man für die Endzahlen mit dem Beginn 49 die gleiche Tabelle wie für die Anfangszahlen von 1 an. In Tabelle 17.10 sind die Endzahlen bereits in der letzten Spalte eingetragen.

Mit diesem Argument müßte sich Herr Gscheidle jetzt für die letzten 6 Zahlen, also für die Tippreihe 44 45 46 47 48 49 entscheiden. Diese hätte jetzt plötzlich die größte Chance. Dann hätten die ersten 6 Zahlen 1 2 3 4 5 6 aber die kleinste Chance. Spätestens jetzt müßte Herr Gscheidle total verwirrt sein. Er muß zu einem sehr merkwürdigen Ergebnis gelangen: Die beiden Gewinnreihen der ersten bzw. der letzten sechs Zahlen müßten einerseits die größte, andererseits aber auch die kleinste Chance besitzen. Da kann doch etwas nicht stimmen.

Der Autor des oben erwähnten Buches untersuchte auch die Endzahl in einer Reihe. Dabei kommt er zu dem Trugschluß, man solle die ersten drei und die letzten drei Zahlen stark in die Auswahl einbeziehen und den Rest mit Zahlen eigener Wahl auffüllen. Dadurch würde man viel öfter gewinnen als bei jeder anderen Auswahl der Tippreihen.

In dem erwähnten Buch wird auch behauptet, die Reihe 11 18 22 28 36 38 besitze allenfalls eine Chance von 1 : 140 Millionen. Bei den Lesern des Buches besteht nun die Gefahr, daß sie sich einfach für die Reihe 1 2 3 47 48 49 als Dauertipp entscheiden. Stellen Sie sich vor, sehr viele Leserinnen und Leser des Buches tippen diese Reihe und zufällig wird sie einmal ausgespielt. Dann könnte es vorkommen, daß es wesentlich mehr Sechser als Fünfer gibt. Dabei muß noch beachtet werden, daß diese Reihe als beliebter Mustertip sehr oft abgegeben wird. Wir kommen auf das Problem der Mustertips in Abschnitt 17.11.2 noch zu sprechen.

Die Tatsache, daß das erwähnte Buch nicht mehr neu aufgelegt wurde, macht wohl jeden Kommentar überflüssig. Positiv in ihm ist die Bestimmung der Häufigkeiten der einzelnen Anfangs- und Endzahlen in sämtlichen Ausspielungen bis zum Jahr 1983. Die dort berechneten prozentualen Häufigkeiten liegen - wen wundert dies auch - in der Nähe der in Tabelle 17.10 angegebenen prozentualen Anteile, wobei kleinere Abweichungen auf den Zufall zurückgeführt werden können.

Die Schlußweise von Herrn Gscheidle und des Autors des oben angesprochenen Buches ist falsch. Dies soll nun aufgeklärt werden.

17.7.3 Die Gewinnchance einer Reihe mit der Anfangszahl 1

Wenn jemand eine Reihe mit der Anfangszahl 1 tippen will, so muß er eine von den 1 712 304 möglichen Reihen mit der Anfangszahl 1 ankreuzen. Wer in seiner Reihe die niedrigste Zahl 30 haben will, dem stehen nur 11 628 Reihen zur Auswahl. Mit der Anfangszahl 44 gibt es nur eine einzige Reihe. Auf dieses Argument würde Herr Gscheidle wohl die Antwort geben: „Die Chance, daß man mit einer Reihe mit der Anfangszahl

1 einen Sechser erzielt, ist nach Tabelle 17.10 doch 1 : 1 712 304. Sie ist damit ungefähr 8 mal größer als 1 : 14 Millionen". Hier liegt allerdings eine Verwechslung mit der bedingten Chance vor. Die Aussage ist nur unter der Bedingung richtig, daß tatsächlich die Zahl 1 ausgespielt wird. Falls Herrn Gscheidle nur bekannt wäre, daß eine Gewinnreihe mit der Anfangszahl 1 ausgespielt wurde, und ihm sonst keine Information über die restlichen 5 Gewinnzahlen vorliegen würde, hätte er recht. Dann ist eine der 1 712 304 Reihen mit der Anfangszahl 1 gezogen worden. Ohne weitere Information über die restlichen 5 Gewinnzahlen hat dann jede der mit 1 beginnenden Reihen tatsächlich die Gewinnchance 1 : 1 712 304. Hierbei handelt es sich allerdings um eine bedingte Chance. Diese hat Herr Gscheidle mit der absoluten Chance verwechselt, bei der keinerlei Information über die Anfangszahl vorliegen darf.

Falls jemand alle 1 712 304 mit 1 beginnenden Tippreihen abgibt, hat er im Durchschnitt bei 12,2449 Prozent der Ausspielungen, auf Dauer also bei ungefähr jeder 8. Ausspielung einen Sechser. Bei der Abgabe aller fast 14 Millionen Reihen erzielt man jedesmal einen Sechser, also etwa achtmal öfter als bei Reihen mit der Anfangszahl 1. Dafür muß man aber auch etwa achtmal mehr Reihen abgeben.

Wir bestimmen nun die Wahrscheinlichkeit dafür, daß man mit einer bestimmten mit 1 beginnenden Reihe einen Sechser erzielt. Als Beispiel wählen wir die Reihe 1 13 23 28 36 45.

Die Wahrscheinlichkeit, daß eine ausgespielte Gewinnreihe mit 1 beginnt, beträgt 1 712 304/13 983 816. Hier handelt es sich um eine absolute Wahrscheinlichkeit. Von einer Gewinnreihe sei nur bekannt, daß sie mit 1 beginnt. Über die übrigen 5 Gewinnzahlen liege sonst keinerlei Information vor. Dann ist die (bedingte) Wahrscheinlichkeit dafür, daß 1 13 23 28 36 45 die Gewinnreihe ist, gleich 1/1 712 304. Wir könnten in einem Baumdiagramm als erste Stufe die Anfangszahl der Gewinnreihe eintragen. Unsere Tippreihe hat nur noch bei dem Pfad mit der Anfangszahl 1 eine Chance auf einen Sechser. Aus diesem Grund können wir auf die Angabe der übrigen Pfade verzichten und nur noch diesen einen Pfad untersuchen. Er ist in Bild 17.1 dargestellt.

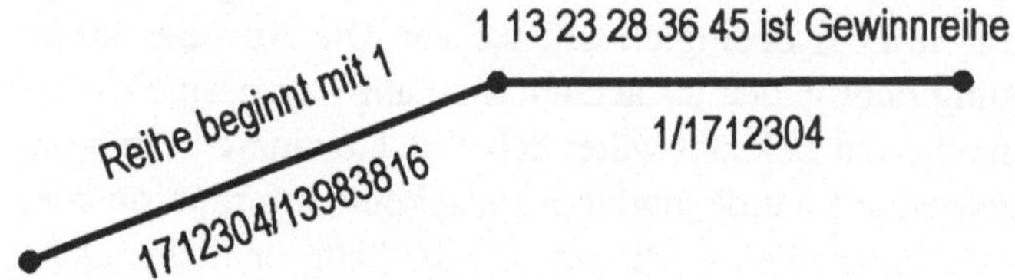

Bild 17.1 Pfad einer mit 1 beginnenden Reihe

Nach der Produktregel besitzt dieser Pfad die Wahrscheinlichkeit

$$\frac{1\,712\,304}{13\,983\,816} \cdot \frac{1}{1\,712\,304} = \frac{1}{13\,983\,816}.$$

Die Ziehungswahrscheinlichkeit der Reihe 1 13 23 28 36 45 ist also genausogroß wie für jede andere Reihe auch. Das gleiche gilt für jede Reihe mit der Anfangszahl 1. Damit haben wir nachgewiesen, daß Herr Gscheidle nicht recht hat.

Mit der gleichen Überlegung kann gezeigt werden, daß jede Tippreihe mit einer anderen Anfangszahl auch nur die Chance von 1 zu 13 983 816 besitzt. Weder Anfangs- noch Endzahl einer Reihe haben Einfluß auf deren Ziehungschance.

17.8 Gewinnquoten

Beim Lotto sind die Auszahlungsquoten im Gegensatz zu den Staatlichen Lotterien oder beim Roulette nicht immer gleich groß. Von der gesamten Einzahlungssumme wird nur die Hälfte wieder ausgeschüttet. Der zur Verfügung stehende Ausschüttungsbetrag wird auf die einzelnen Gewinnklassen prozentual nach einem bestimmten Schlüssel aufgeteilt. Innerhalb einer Gewinnklasse wird dieser Betrag unter allen Gewinnern gleichmäßig verteilt. Daher hängen die Ausschüttungsquoten von der Anzahl der Gewinner und damit vom Zufall ab.

17.8.1 Quotenerwartungen beim Lotto am Mittwoch

Beim Mittwochs-Lotto nimmt jede Tippreihe sowohl an der Ziehung A als auch an der Ziehung B teil. Bei der Betrachtung der Quoten kann man folgendes feststellen: Die Quoten für einen Dreier liegen meistens in der Nähe von 5 DM, die für einen Vierer etwa bei 60 DM. Bei einem Fünfer ohne Zusatzzahl schwanken sie um 3000 DM. In den beiden ersten Rängen gibt es jedoch oft größere Schwankungen, die auf den Zufall und auf das Tippverhalten der Spieler zurückgeführt werden können. Ein weiterer Grund für die starken Schwankungen der Quoten in den oberen Rängen ist die kleine Anzahl der Gewinner in diesen Klassen.

Die Quotenerwartungen berechnen wir mit Hilfe des folgenden Modells: Wir gehen davon aus, daß sämtliche 13 983 816 verschiedene Tippreihen genau einmal abgegeben werden. Weil jede Reihe 1 DM kostet (Stand 1994), ergibt dies eine Einzahlungssumme von insgesamt 13 983 816 DM. Die Hälfte davon, also 6 991 908 DM wird zur Ausschüttung für die Ziehungen A und B gleichmäßig verteilt. Die prozentualen Anteile sind in der zweiten Spalte der Tabelle 17.11 angegeben. In der dritten Spalte stehen die jeweiligen Ausschüttungssummen für die einzelnen Gewinnklassen. Die Anzahl der Gewinne sind aus Abschnitt 17.4.1 übernommen worden. Division durch die jeweilige Anzahl der Gewinner ergibt dann die gesuchte Quotenerwartung.

Tabelle 17.11 Quotenerwartung beim Lotto am Mittwoch

Klasse	Anteil in Prozent	Ausschüttungssumme	Anzahl Gewinne	Quotenerwartung
I (6 Gewinnzahlen)	7,50 %	524 393,10	1	524 393,10
II (5 mit Zusatzzahl)	3,75 %	262 196,55	6	43 699,43
III (5 ohne Zusatzzahl)	11,25 %	786 589,65	252	3 121,39
IV (4 Gewinnzahlen)	11,25 %	786 589,65	13 545	58,07
V (3 Gewinnzahlen)	16,25 %	1 136 185,05	246 820	4,60
Summen	50,00 %	6 991 908,00	260 624	

Falls alle möglichen Tippreihen in Form von Losen in gleicher Stückzahl verkauft würden, gäbe es wie bei den Staatlichen Lotterien bei allen Mittwochs-Ausspielungen in beiden Ziehungen konstante Quoten. Diese wären dann die Quotenerwartungen aus Tabelle 17.11. Da die Tippreihen jedoch von den Spielern selbst ausgesucht werden, wird es in den

einzelnen Rängen - insbesondere in den beiden ersten - immer wieder
größere Abweichungen geben.

Wenn alle Spieler ihre Tippzahlen zufällig auswählen würden, könnte
man nach dem Gesetz der großen Zahlen davon ausgehen, daß die einzelnen Ausschüttungsquoten - mit Ausnahme in den beiden ersten Klassen
- nicht stark von den oben berechneten Quotenerwartungen abweichen
würden.

Die meisten Spieler wählen ihre Tippreihen jedoch nicht zufällig aus.
Falls eine Gewinnreihe ausgespielt wird, die bei den Spielern nicht beliebt ist, sind die Quoten sehr hoch. Bei stark bevorzugten Gewinnreihen
sind die Quoten sehr niedrig. Dies ist besonders bei Reihen mit Mustern
oder Geburtstagszahlen (Zahlen unter 31) der Fall. Beim Mittwochs-
Lotto am 30.6.1993 lauteten die Gewinnreihen

Ziehung A: 3   4   7   9   12   24   Zusatzzahl 16
Ziehung B: 5   13   14   35   43   49   Zusatzzahl 8.

In Tabelle 17.12 sind die Quotenerwartungen sowie die Quoten für diese
beiden Ziehungen zusammengestellt. Bei der Ziehung A gab es lauter

Tabelle 17.12 Quoten beim Lotto am Mittwoch

Klasse	erwartete Quoten	Quoten Ziehung A	Quoten Ziehung B
I (6 Gewinnzahlen)	524 393,10	87 521,80	unbesetzt
II (5 mit Zusatzzahl)	43 699,43	9 257,10	160 456,60
III (5 ohne Zusatzzahl)	3 121,39	900,30	4 210,20
IV (4 Gewinnzahlen)	58,07	25,40	72,30
V (3 Gewinnzahlen)	4,60	2,70	5,20

Geburtstagszahlen (Zahlen unter 31). Die Gewinnzahlen lagen außerdem
eng beeinander. Durch viele Mustertips konnte man in dieser Ziehung
ebenfalls einen Gewinn erzielen. Daher lagen alle Quoten weit unter
den Quotenerwartungen. Bei der Ziehung B gab es nur drei Geburtstagszahlen. Ferner waren die Zahlen weit gestreut. Sämtliche Quoten
waren hier deutlich über den Quotenerwartungen. Weil es bei der Ziehung B keinen Sechser gab, wurde diese Reihe überhaupt nicht getippt,

während die Gewinnreihe aus der Ziehung A gleich elfmal getippt wurde. Der für den ersten Rang der Ziehung B zur Verfügung stehende Betrag von 962 740,00 DM kam in den Jackpot. Er wurde der enstprechenden Ausschüttungssumme bei der nächsten Ziehung B zugeschlagen.

17.8.2   Quotenerwartungen beim Lotto am Samstag

Beim Samstags-Lotto nimmt jede Tippreihe mit einem Einsatz von 1,25 DM nur an einer Ausspielung teil (Stand 1994). Samstags gibt es einen Dreier mit und einen ohne Zusatzzahl. Ferner gibt es noch 6 Richtige mit Superzahl. Ohne Berücksichtigung der Superzahl wurden sämtliche Gewinnmöglichkeiten in Abschnitt 17.4.1 zusammengestellt. Die Superzahl ist die letzte Ziffer der Nummer auf dem Tippzettel. Damit man garantiert sechs Gewinnzahlen mit Superzahl hat, müssen die 13 983 816 möglichen Tippreihen jeweils mit den Endziffern 0,1,...,9 für die Superzahl abgegeben werden. Damit gibt es 139 838 160 verschiedene Tippmöglichkeiten. Darunter gibt es einmal 6 Gewinnzahlen mit und neunmal 6 Gewinnzahlen ohne Superzahl. Weil die Superzahl sonst keine Rolle spielt, müssen die übrigen Gewinnhäufigkeiten mit 10 multipliziert werden. Diese 139 838 160 Reihen ergeben einen Einsatz von $139\,838\,160 \cdot 1,25 = 174\,797\,700$ DM. Die Hälfte davon, also 87 398 850 DM wird ausgeschüttet. Analog zum Mittwochs-Lotto nehmen wir an, alle 139 838 160 Reihen unter Berücksichtigung der Superzahl werden genau einmal abgegeben. Dann erhält man die Quotenerwartungen aus Tabelle 17.13.

Tabelle 17.13 Quotenerwartung beim Lotto am Samstag

Klasse	Anteil Prozent	Ausschüt- tungssumme	Anzahl der Gewinne	Quoten- erwartung
I (6 mit Superzahl)	4 %	3 495 954	1	3 495 954,00
II (6 ohne Superzahl)	12 %	10 487 862	9	1 165 318,00
III (5 mit Zusatzzahl)	6 %	5 243 931	60	87 398,85
IV (5 ohne Zusatzzahl)	20 %	17 479 770	2 520	6 936,42
V (4 Gewinnzahlen)	20 %	17 479 770	135 450	129,05
VI (3 mit Zusatzzahl)	14 %	12 235 839	172 200	71,06
VII (3 ohne Zusatzzahl)	24 %	20 975 724	2 296 000	9,14
Summen	100 %	81 398 850	2 606 240	

Die Gesamteinsätze am Samstag liegen oft in der Nähe der oben angegebenen Zahl 174 797 700 DM. Dann dürfte es im Durchschnitt einen Sechser mit und 9 Sechser ohne Superzahl sowie 60 Fünfer mit Zusatzzahl geben. Da es sich bei diesem einen Sechser mit Superzahl um einen Durchschnittswert handelt, wird es sehr oft keinen Sechser mit Superzahl geben. Dann kommt die vorgesehene Ausschüttungssumme in den Jackpot. Falls dieser sehr hoch ist, werden neue Spieler angelockt bzw. die Spieler zu höheren Einsätzen verleitet.

Ich bitte Sie, verehrte Leserin und verehrter Leser, über einen längeren Zeitraum hinweg bei den Mittwochs- und Samstagsziehungen die Quoten mit den oben berechneten zu vergleichen. Sie werden vermutlich feststellen, daß diese -wenigstens in den unteren Rängen- meistens in der Nähe der in der Tabelle 17.13 angegebenen Quotenerwartungen liegen. Am Samstag, den 26. Juni 1993 lautete die Gewinnreihe

$$6 \quad 8 \quad 11 \quad 14 \quad 41 \quad 49 \qquad \text{Zusatzzahl } 40 \qquad \text{Superzahl } 4.$$

Der Spieleinsatz betrug 121 872 510 DM. Die Hälfte davon ergibt den Ausschüttungsbetrag von 60 936 255 DM. Für die beiden ersten Klassen ergibt dies die Ausschüttungssummen ohne Jackpot

Klasse I: $60\,936\,255 \cdot 0,04 = 2\,437\,450,20$ DM
Klasse II: $60\,936\,255 \cdot 0,12 = 7\,312\,350,60$ DM.

Hier muß allerdings noch berücksichtigt werden, daß für die Klasse I aus der Vorwoche ein Jackpot in der Höhe von 4 769 716,50 DM übrigblieb. Mit dem Jackpot der Vorwoche ergibt das die Ausschüttungssummen:

Klasse I: $60936255 \cdot 0,04 = 7\,207\,166,70$ DM
Klasse II: $60936255 \cdot 0,12 = 7\,312\,350,60$ DM.

Bei dieser Ausspielung trat die seltene Situation ein, daß es in der ersten Klasse zwei und in der zweiten Klasse nur einen Gewinner gab. Ohne Zusammenlegung hätte das folgende Quoten ergeben:

Klasse I: zweimal   3 603 583,35 DM
Klasse II: einmal   7 312 350,60 DM.

Nach den Spielbedingungen dürfen die Quoten in einer niedrigen Klasse nicht kleiner sein als die Quoten in einer höheren Klasse. In einem solchen Fall werden die Quoten aus beiden Klassen zusammengelegt. Aufgrund dieser Zusammenlegung erhielt jeder der drei Gewinner den gleichen Betrag 4 839 839,10 DM.

Der einzige Gewinner aus Klasse II hatte Pech, daß es in der Klasse I zwei Gewinner gab. Bei nur einem Gewinner in Klasse I hätten beide nach der Quotenzusamenlegung 7 259 758,65 DM erhalten. Wäre die Klasse I nicht besetzt gewesen, so hätte der Gewinner aus Klasse II den ganzen Betrag 7 312 350,60 kassiert. Die in der Tabelle 17.14 angegebenen Quoten lagen bei dieser Ziehung alle deutlich über den ebenfalls aufgeführten Quotenerwartungen.

Tabelle 17.14 Quoten beim Lotto am Samstag, den 26.6.1993

Gewinnklasse	Quotenerwartung	Quoten
I (6 mit Superzahl)	3 495 954,00	4 839 839,10
II (6 ohne Superzahl)	1 165 318,00	4 839 839,10
III (5 mit Zusatzzahl)	87 398,85	182 808,70
IV (5 ohne Zusatzzahl)	6 936,42	11 059,20
V (4 Gewinnzahlen)	129,05	176,70
VI (3 mit Zusatzzahl)	71,06	98,30
VII (3 ohne Zusatzzahl)	9,14	10,40

Am Samstag, den 3. Juli 1993 lautete die Gewinnreihe

3 18 27 29 32 36   Zusatzzahl 40   Superzahl 4.

Die Quoten sind in Tabelle 17.15 zusammengestellt.

Die erste Klasse (6 Richtige mit Superzahl) war nicht besetzt. Die gesamte Ausspielungssumme von DM 2 404 003,80 DM kam in den Jackpot. In der Klasse II gab es 3 Gewinner. Auf die Klasse II entfällt 12 % der zur Verfügung stehenden Ausschüttungssumme, auf die Klasse I nur 4%. Die drei Gewinner der Klasse II erhielten zusammen das Dreifache des Jackpots ausgezahlt. Aus diesem Grund stimmt hier zufälligerweise

Tabelle 17.15 Quoten beim Lotto am Samstag, den 3.7.1993

Gewinnklasse	Quotenerwartung	tatsächliche Quoten
I (6 mit Superzahl)	3 495 954,00	Jackpot 2 404 003,80
II (6 ohne Superzahl)	1 165 318,00	2 404 003,80
III (5 mit Zusatzzahl)	87 398,85	68 037,80
IV (5 ohne Zusatzzahl)	6 936,42	5 992,00
V (4 Gewinnzahlen)	129,05	98,60
VI (3 mit Zusatzzahl)	71,06	68,70
VII (3 ohne Zusatzzahl)	9,14	7,80

die Quote aus dem zweiten Rang mit dem Jackpot des ersten Ranges überein. Hätte es in der Klasse I mindestens zwei Gewinner gegeben, so wäre eine Quotenzusammenlegung notwendig geworden. Die Quoten ab der Klasse 3 lagen deutlich unter den Quotenerwartungen. Der Grund dafür dürften die vier Geburtstagszahlen 3 18 27 29 gewesen sein.

17.9   Gleiche Gewinnreihen in zwei Ausspielungen

Vor einigen Jahren wurde in Deutschland eine Gewinnreihe ausgespielt, die genau eine Woche zuvor in Holland gezogen wurde. Dieses Ereignis hat allergrößte Verwunderung hervorgerufen, denn nach Meinung vieler Spieler und Journalisten war ein Ereignis mit einer „außerst geringen Chance" eingetreten. Zur allgemeinen Überraschung waren dann auch noch die Quoten für einen Sechser erstaunlich niedrig. Eine Superzahl gab es damals noch nicht. Wegen der geringen Quoten mußte diese Reihe wohl überdurchschnittlich oft getippt worden sein. Der Grund dafür ist die Tatsache, daß von vielen Personen in Deutschland jeweils die Gewinnreihe der Vorwoche aus Holland getippt wird. Die gleiche Verwunderung würde eintreten, wenn einmal beim Mittwochs-Lotto in beiden Ziehungen die gleiche Gewinnreihe ausgespielt würde.

Herr Wieland hat in seinem Computer sämtliche Reihen gespeichert, die bereits einmal gezogen wurden. Bevor er sich für eine Tippreihe entscheidet, läßt er vom Computer prüfen, ob diese nicht schon einmal als Gewinnreihe da war. Dann tippt er sie nicht. Auf die Frage, weshalb er so vorgeht, antwortet er: „Eine Reihe, die bereits einmal da war, hat doch kaum noch eine Chance, in absehbarer Zeit wiederzukommen". Hat Herr Wieland wirklich recht?

Vor einigen Jahren hat in Norddeutschland ein Mann mit einem Sechser einen großen Gewinn erzielt. Den ganzen Gewinn gab er großzügig aus. Danach behauptete er, in absehbarer Zeit ja nochmals einen Sechser zu ehalten. Diese Aussage wurde von der Presse belächelt. Als der Mann dann einige Jahre später tatsächlich nochmals einen Sechser erzielte, wurde in der Presse daraus eine Sensationsmeldung gemacht. Was war hier geschehen? Wie groß ist die Chance auf einen zweiten Sechser? Hat jemand, der bereits einen Sechser hatte, mit seinen zukünftigen Tippreihen kleinere Gewinnchancen als jemand, der noch keinen Sechser hatte? Wenn dies tatsächlich der Fall wäre, müßte sich das Ziehungsgerät doch alle bereits gezogenen Reihen „merken" können. Doch wie soll dies geschehen?

17.9.1 Die Gewinnchance einer bestimmten Tippreihe bei zwei zeitlich vorgegebenen zukünftigen Ziehungen

Jemand gibt die Tippreihe 4 8 11 17 19 37 ab. Wie groß ist die Chance, daß diese (fest vorgegebene) Reihe bei beiden Mitwochs-Ziehungen die Gewinnreihe ist?

Zur Beantwortung dieser Frage betrachten wir folgendes Modell: Für die erste Ziehung gibt es insgesamt 13 983 816 Möglichkeiten. Zu jeder Möglichkeit für die Ziehung A gibt es dann wieder 13 983 816 Reihen für die Ziehung B. Daher erhält man für beide Ziehungen zusammen insgesamt

$$13\,983\,816 \cdot 13\,983\,816 = 195\,547\,109\,921\,856$$

Möglichkeiten. Dabei handelt es sich um die Anzahl aller Paare von zwei Tippreihen, wobei die erste bei der Ziehung A, die zweite bei der Ziehung B ausgespielt werden kann. Bei diesen Paaren von zwei Reihen spielt die Reihenfolge eine Rolle. Die Chance, daß beim Lotto am Mittwoch in beiden Ziehungen die Reihe 4 8 11 17 19 37 gezogen wird, beträgt damit ungefähr 1:195,5 Billionen. Jede andere fest vorgegebene Tippreihe hat aber die gleiche Chance, in beiden Ausspielungen gezogen zu werden. Diese Chance von etwa 1: 195,5 Billionen ist ungefähr 14 Millionen mal kleiner als die Chance für die Reihe bei einer einzigen Ziehung. 1 zu 195,5 Billionen ist auch die Chance dafür, daß in zwei zeitlich festgelegten Ziehungen der Zukunft beidesmal eine bestimmte fest vorgegebene Tippreihe die Gewinnreihe ist. Beide noch bevorstehende Ziehungstermine müssen dabei aber zeitlich eindeutig fixiert sein. Keine der beiden Ziehungen darf bereits stattgefunden haben. Achten Sie bitte darauf, daß es sich hier um die zweimalige Chance einer fest vorgegebenen Tippreihe bei zwei zeitlich determinierten Ausspielungen der Zukunft handelt! Beispiele dafür sind:

- Die Ziehungen am nächsten und übernächsten Samstag.

- Die Ziehungen am ersten und letzten Samstag des kommenden Jahres.

- Die beiden Ziehungen am kommenden Mittwoch.

- Die Ziehung A am ersten Mittwoch und die Ziehung B am zweiten Mittwoch des kommenden Jahres.

17.9.2 Die Chance, daß die Gewinnreihen aus zwei zeitlich vorgegebenen Ziehungen übereinstimmen

Wie groß ist die Chance dafür, daß bei der nächsten Mittwochsausspielung die Gewinnreihen in Ziehung A und Ziehung B gleich sind (übereinstimmen)? Hier handelt es sich um eine andere Fragestellung als in Abschnitt 17.9.1. Dort wurde die zweimalige Chance einer vorgegebenen Reihe untersucht. Jetzt interessiert nur, ob die Gewinnreihen aus beiden Ausspielungen gleich sind. Um welche es sich dabei handelt, spielt keine Rolle.

Wir nehmen an, in der Ziehung A wird die Gewinnreihe 4 8 11 17 19 37 ausgespielt. Welche Chance hat diese Reihe dann bei der anschließenden Ziehung B?

Herr Gscheidle meint, falls diese Reihe nochmals ausgespielt würde, wäre sie ja zweimal hintereinander gekommen. Die Chance dafür sei nach dem vorhergehenden Abschnitt nur etwa 1 zu 195,5 Billionen. Daher sei es praktisch unmöglich, daß diese Reihe nochmals kommt. Die Chance für jede andere Reihe sei bei der Ziehung B doch etwa 14 Millionen mal größer als für die bereits ausgespielte Gewinnreihe aus der Ziehung A. Wenn Herr Gscheidle recht hätte, müßte sich das Ziehungsgerät die Gewinnreihe aus der Ziehung A „merken können". Doch wie soll das geschehen? Die Ziehung B wird unter den gleichen Startbedingungen durchgeführt wie die Ziehung A. Aus diesem Grund muß man davon ausgehen, daß bei der Ziehung B jede der 13 983 816 Reihen die gleiche Chance besitzt, also auch die Gewinnreihe aus der ersten Ziehung A. Damit ist die Chance, daß in beiden Ausspielungen jeweils die gleiche Reihe ausgespielt wird, ungefähr 1 zu 14 Millionen. Dabei spielt es keine Rolle um welche Reihe es sich dabei handelt. Herr Gscheidle hat etwas verwechselt. Er hat die Chance dafür angegeben, daß in zwei zeitlich fixierten Ausspielungen der Zukunft eine bestimmte vorgegebene Reihe beidesmal ausgespielt wird.

Allgemein gilt: Die Chance, daß bei zwei eindeutig vorgegebenen Ziehungsterminen die beiden Gewinnreihen übereinstimmen, ist etwa 1 zu 14 Millionen. Dabei können beide Ziehungstermine noch bevorstehen, es darf aber auch eine Ziehung bereits vorbei sein. Wichtig ist nur, daß mindestens eine der beiden Ziehungen noch nicht durchgeführt wurde, und beide Ziehungstermine zeitlich eindeutig angegeben werden.

Bereits gezogene Gewinnreihen haben in der Zukunft die gleiche Chance wie jede andere Reihe auch. Wer bereits einmal einen Sechser hatte, hat die gleiche Chance, noch einmal einen Sechser zu erzielen wie jemand der noch keinen Sechser hatte. Dabei muß natürlich vorausgesetzt werden, daß beide die gleiche Anzahl Tippreihen abgeben. Die Ausspielungen der Vergangenheit können Sie getrost vergessen. Diese haben keinen Einfluß auf die Gewinnreihen zukünftiger Ziehungen.

Hätte nicht der Mann aus Norddeutschland einen zweiten Sechser, sondern dessen Nachbar den ersten Sechser erzielt, so wäre daraus keine Sensationsmeldung geworden. Vielleicht hat der Gewinner aus Norddeutschland nach dem ersten Sechser seine Einsätze stark erhöht. Dadurch wurde naturgemäß die Chance auf den nächsten Sechser größer.

Der Spieler aus Norddeutschland mit den beiden Sechsern hat die gleiche Chance auf einen weiteren Sechser.

17.10 Die Chance benachbarter Zahlen

Schätzen Sie mal die Anzahl der Tippreihen, bei denen mindestens zwei Zahlen benachbart sind, also nebeneinander liegen. Beispiele dafür sind die Reihen

4 **13 14** 32 39 46   3 8 19 **31 32 33**.

In der ersten Reihe gibt es nur zwei benachbarte Zahlen 13 14. Man spricht hier von einem **Zwilling**. In der zweiten Reihe kommt ein sogenannter **Drilling** (drei benachbarte Zahlen) 31 32 33 vor. In den Reihen

4 7 28 30 41 45   8 15 31 39 47 49

gibt es keine benachbarten Zahlen.

Zunächst bestimmen wir die Anzahl aller Reihen, in denen keine Zahlen direkt nebeneinander liegen. Dann muß es zwischen den aufeinanderfolgenden Zahlen immer eine Lücke geben. Wie viele von allen möglichen Tippreihen besitzen keine benachbarten Zahlen? Die gesuchte Anzahl kann sehr einfach durch folgende Zuordnung bestimmt werden:

Aus jeder Reihe ohne benachbarte Zahlen wird jeweils eine Lücke zwischen zwei Zahlen herausgenommen. Dies geschieht durch eine Subtraktion. Von der zweiten Zahl der Reihe wird 1 subtrahiert, von der dritten Zahl wird 2 subtrahiert, von der vierten 3, von der fünften 4 und von der sechsten 5. Damit gehen die obigen beiden Reihen über in

4 6 26 27 37 40   8 14 29 36 43 44.

Durch diese Rechenoperation entstehen Reihen, deren Zahlen alle zwischen 1 und 44 liegen. Umgekehrt betrachten wir eine beliebige Reihe, bei denen die 6 Zahlen nur aus den Zahlen 1, 2,..., 44 ausgewählt werden z. B.

$$8 \quad 12 \quad 18 \quad 27 \quad 28 \quad 41 \qquad\qquad 9 \quad 15 \quad 28 \quad 39 \quad 41 \quad 43.$$

In diesen Reihen wird zur zweiten Zahl 1 addiert, zur dritten Zahl 2 usw. (hier handelt es sich um die umgekehrte Rechenoperation wie oben). Dann entsteht eine Tippreihe aus den Zahlen 1 bis 49 ohne zwei benachbarte Zahlen, in unserem Beispiel

$$8 \quad 13 \quad 20 \quad 30 \quad 32 \quad 46 \qquad\qquad 9 \quad 16 \quad 30 \quad 42 \quad 45 \quad 48.$$

Die Anzahl der Tippreihen ohne benachbarte Zahlen stimmt daher überein mit der Anzahl aller möglichen Tippreihen aus den Zahlen 1, 2,..., 43, 44. Ihre Anzahl beträgt

$$\binom{44}{6} = \frac{44 \cdot 43 \cdot 42 \cdot 41 \cdot 40 \cdot 39}{1 \cdot 2 \cdot 3 \cdot 4 \cdot 5 \cdot 6} = 7\,059\,052.$$

Somit gibt es insgesamt 7 059 052 verschiedene Tippreihen ohne benachbarte Zahlen. Bei den restlichen 13 983 816 − 7 059 052 = 6 924 764 Tippreihen sind mindestens zwei Zahlen benachbart. Das sind immerhin etwa 49,52 % aller Reihen.

Die Chance, daß eine Gewinnreihe mit mindestens zwei benachbarten Zahlen ausgespielt wird, beträgt daher 6 924 764 : 13 983 816 oder ungefähr 1:2 (genauer 1:1,981). Bei fast der Hälfte aller möglichen Tippreihen sind mindestens zwei Zahlen benachbart. Auf Dauer kommen in ungefähr der Hälfte aller Ausspielungen Gewinnreihen vor, bei denen mindestens zwei Zahlen nebeneinander liegen. Dabei können auch mehrere Zahlen benachbart sein oder gleichzeitig mehrere Zwillinge auftreten. Ich empfehle Ihnen, über einen längeren Zeitraum in den Gewinnreihen nachzuprüfen, ob Zwillinge vorhanden sind.

17.11 Das Spiel gegen die Mitspieler

Die Gewinnquoten hängen von der Anzahl der Gewinne in der jeweiligen Gewinnklasse ab. Falls jemand die Ausschüttungssumme für einen Sechser mit vielen Mitgewinnern teilen muß, erhält er wesentlich weniger ausgezahlt, als wenn er der einzige Gewinner wäre. Aus diesem

Grund sollte man bestrebt sein, Reihen zu tippen, die nicht von sehr vielen anderen Spielern auch ausgewählt werden. Dazu muß allerdings das Tippverhalten der Mitspieler untersucht werden. Dann kann man sehr beliebte Reihen meiden, also gegen die Mitspieler spielen. Ich betone nochmals: Durch das Spiel gegen die Mitspieler wird die Gewinnchance in keiner Weise erhöht. Auf Dauer wird man auch nicht öfter gewinnen als mit anderen Reihen. Doch im Falle eines Gewinnes in den oberen Rängen muß nicht mit vielen Mitspielern geteilt werden, so daß die Quoten höher sind. Das Spiel gegen die Mitspieler erhöht zwar die Quotenerwartung, nicht jedoch die Gewinnchance. Da es kein Spiel gegen den Zufall gibt, werden Sie mit dieser Strategie auch nicht öfter gewinnen, doch im Falle eines Gewinns dürften Ihre Quoten überdurchschnittlich hoch sein.

17.11.1   Geburtstagszahlen

Sehr oft werden „Geburtstagszahlen" benutzt. Wer am 17.8.1937 geboren ist, verwendet beispielsweise die Zahlen 8 17 19 und 37. Dazu nimmt man oft noch zwei Zahlen aus dem Geburtstag einer anderen Person. Falls die Ehefrau am 19.10.1939 geboren ist, kommen noch die Zahlen 10 und 39 dazu. Das ergibt die Geburtstagsreihe 8 10 17 19 37 39. Die Zahl des Geburtsjahres wird oft zerlegt, z.B. 1937 in die zwei Zahlen 19 und 37 oder 1961 in drei Zahlen 19, 6 und 1. Aus diesem Grund wird die 19 in den „Geburtstagsreihen" sehr oft getippt. Der Geburtsmonat liegt immer zwischen 1 und 12 und der Tag zwischen 1 und 31. Dabei kann die Zahl 31 nur bei sechs Geburtsmonaten auftreten. Falls man in die Auswahl der Tippzahlen viele Geburtstagszahlen einbezieht, werden die Möglichkeiten für die Auswahl der Tippreihen stark eingeschränkt. Weil viele Personen so vorgehen, darf man sich nicht wundern, daß die Gewinnquoten sehr stark fallen, wenn in der Gewinnreihe viele Geburtstagszahlen vorkommen. Dies wurde sehr deutlich bei der Samstags-Ziehung am 16.1.1993. Die Gewinnreihe lautete

1 3 10 11 18 25   Zusatzzahl 9   Superzahl 8.

Sämtliche Zahlen einschließlich der Zusatzzahl waren typische Geburtstagszahlen. Dabei gab es noch vier Geburtstagszahlen, die kleiner als 12
waren (Geburtsmonate). Die Quoten für die einzelnen Ränge sind in der
Tabelle 17.16 zusammengestellt, wobei zum Vergleich die Quotenerwartungen angegeben sind. Bei 6 mit Superzahl gab es zwar nur einen

Tabelle 17.16 Quoten bei einer Geburtstagsreihe beim Samstags-Lotto

Gewinnklasse	erwartete Quoten	Quoten
I (6 mit Superzahl)	3 495 954,00	4 396 266,90
II (6 ohne Superzahl)	1 165 318,00	294 234,10
III (5 mit Zusatzzahl)	87 398,85	22 178,40
IV (5 ohne Zusatzzahl)	6 936,42	3 154,90
V (4 Gewinnzahlen)	129,05	78,40
VI (3 mit Zusatzzahl)	71,06	38,50
VII (3 ohne Zusatzzahl)	9,14	7,10

einzigen Gewinner, so daß in der Gewinnklasse I die Quote über dem Erwartungswert lag. In den Klassen II und III betrugen die Quoten jedoch
nur noch ein Viertel der angegebenen Quotenerwartungen, bei 5 ohne
Zusatzzahl gab es 45,5 % der Quotenerwartung. Beim Mittwochs-Lotto
am 17.2.1993 lauteten die Gewinnreihen

Ziehung A: 4   22   38   39   43   48   Zusatzzahl 2
Ziehung B: 10   11   12   13   22   31   Zusatzzahl 15.

In der Ziehung A sind nur 2 Gewinnzahlen kleiner als 31, in der Ziehung
B dagegen kommen ausschließlich Geburtstagszahlen vor, darunter drei
aus den Monatszahlen (höchstens 12). Die in Tabelle 17.17 angegebenen
Quoten waren in der Ziehung B wesentlich niedriger als in der Ziehung
A. Trotzdem war die Quote bei der Ziehung B in der Klasse I etwa doppelt
so groß wie die Quotenerwartung. Der Grund dafür war vermutlich der
Vierling (vier benachbarte Zahlen) 10 11 12 13.

Bei der Samstagsziehung am 6. März 1993

6 12 17 18 30 32   Zusatzzahl 25   Superzahl 2

Tabelle 17.17 Quoten beim Lotto am Mittwoch, den 17.2.1993

Gewinnklasse	erwartete Quoten	Quoten Ziehung A	Quoten Ziehung B
I (6 Gewinnzahlen)	524 393,10	unbesetzt	1 035 963,70
II (5 mit Zusatzzahl)	43 699,43	172 121,60	30 374,40
III (5 ohne Zusatzzahl)	3 121,39	6 297,10	1 754,30
IV (4 Gewinnzahlen)	58,07	79,90	47,70
V (3 Gewinnzahlen)	4,60	5,50	4,20

waren bis auf die 32 alle gezogenen Zahlen einschließich der Zusatzzahl typische Geburtstagszahlen. Bei dieser Häufung von Geburtstagszahlen waren die Quoten sehr niedrig (vgl. Tabelle 17.18).

Tabelle 17.18 Quoten bei 5 Geburtstagszahlen im Samstags-Lotto

Gewinnklasse	Quotenerwartung	tatsächliche Quoten
I (6 mit Superzahl)	3 495 954,30	1 931 130,00
II (6 ohne Superzahl)	1 165 318,00	472 098,20
III (5 mit Zusatzzahl)	87 398,85	48 937,00
IV (5 ohne Zusatzzahl)	6 936,42	3 463,50
V (4 Gewinnzahlen)	129,05	64,80
VI (3 mit Zusatzzahl)	71,06	43,90
VII (3 ohne Zusatzzahl)	9,14	6,60

Bei der Samstagsziehung vom 13. März 1993

6 10 34 37 40 41   Zusatzzahl 23   Superzahl 6

gab es nur zwei Geburtstagszahlen. Schon sind die Quoten deutlich in die Höhe geschnellt (vgl. Tabelle 17.19). In der Gewinnklasse I (6 mit Superzahl) gab es keinen Gewinner. Der zur Verfügung stehende Auszahlungsbetrag von 2 545 655,40 DM kam in den Jackpot.

Tabelle 17.19 Quoten bei zwei Geburtstagszahlen im Lotto am Samstag, den 13.3.1993

Gewinnklassse	erwart. Quoten	tatsächliche Quoten
I (6 mit Superzahl)	3 495 954,30	Jackpot 2 545 565,40
II (6 ohne Superzahl)	1 165 318,00	3 818 348,10
III (5 mit Zusatzzahl)	87 398,85	86 780,60
IV (5 ohne Zusatzzahl)	6 936,42	12 168,00
V (4 Gewinnzahlen)	129,05	158,60
VI (3 mit Zusatzzahl)	71,06	61,20
VII (3 ohne Zusatzzahl)	9,14	9,60

17.11.2 Reihen mit Mustern

Viele Personen füllen ihre Tippzettel nach bestimmten Mustern aus. Unter den 15 am häufigsten getippten Reihen in Abschnitt 18.4. befanden sich folgende "Mustertips":

1	2	3	4	5	6	7
8	9	10	11	12	13	14
15	16	17	18	19	20	21
22	23	24	25	26	27	28
29	30	31	32	33	34	35
36	37	38	39	40	41	42
43	44	45	46	47	48	49

1	2	3	4	5	6	7
8	9	10	11	12	13	14
15	16	17	18	19	20	21
22	23	24	25	26	27	28
29	30	31	32	33	34	35
36	37	38	39	40	41	42
43	44	45	46	47	48	49

1	2	3	4	5	6	7
8	9	10	11	12	13	14
15	16	17	18	19	20	21
22	23	24	25	26	27	28
29	30	31	32	33	34	35
36	37	38	39	40	41	42
43	44	45	46	47	48	49

1	2	3	4	5	6	7
8	9	10	11	12	13	14
15	16	17	18	19	20	21
22	23	24	25	26	27	28
29	30	31	32	33	34	35
36	37	38	39	40	41	42
43	44	45	46	47	48	49

1	2	3	4	5	6	7
8	9	10	11	12	13	14
15	16	17	18	19	20	21
22	23	24	25	26	27	28
29	30	31	32	33	34	35
36	37	38	39	40	41	42
43	44	45	46	47	48	49

1	2	3	4	5	6	7
8	9	10	11	12	13	14
15	16	17	18	19	20	21
22	23	24	25	26	27	28
29	30	31	32	33	34	35
36	37	38	39	40	41	42
43	44	45	46	47	48	49

1	2	3	4	5	6	7
8	9	10	11	12	13	14
15	16	17	18	19	20	21
22	23	24	25	26	27	28
29	30	31	32	33	34	35
36	37	38	39	40	41	42
43	44	45	46	47	48	49

1	2	3	4	5	6	7
8	9	10	11	12	13	14
15	16	17	18	19	20	21
22	23	24	25	26	27	28
29	30	31	32	33	34	35
36	37	38	39	40	41	42
43	44	45	46	47	48	49

1	2	3	4	5	6	7
8	9	10	11	12	13	14
15	16	17	18	19	20	21
22	23	24	25	26	27	28
29	30	31	32	33	34	35
36	37	38	39	40	41	42
43	44	45	46	47	48	49

1	2	3	4	5	6	7
8	9	10	11	12	13	14
15	16	17	18	19	20	21
22	23	24	25	26	27	28
29	30	31	32	33	34	35
36	37	38	39	40	41	42
43	44	45	46	47	48	49

Die zuerst aufgeführte Diagonalreihe 7 13 19 25 31 37 ist achttausendmal öfter getippt worden als der Durchschnitt. Wenn diese Reihe tatsächlich einmal gezogen würde, wären die Gewinnquoten sehr gering. Bei der Samstags-Ziehung dürften dann die Quoten für einen Sechser ohne Zusatzzahl zwischen 100 und 200 DM liegen. Mustertips sollten Sie daher unbedingt meiden.

Kapitel 18
Auswertung abgegebener Tippreihen

In diesem Kapitel werden 6 803 090 Lotto-Reihen ausgewertet, die an einem bestimmten Samstag im Jahre 1993 in Baden-Württemberg getippt wurden. Das sind etwas weniger als die Hälfte aller möglichen Tippreihen. Falls die Spieler die abgegebenen Reihen zufällig ausgewählt hätten, müßte jede der möglichen 13 983 816 Tippreihen im Durchschnitt ungefähr 0,486 mal getippt worden sein. Die absoluten Häufigkeiten der getippten Reihen würden dann um diesen Durchschnittswert schwanken.

18.1 Die Anfangs- und Endzahlen der Tippreihen

In Abschnitt 17.7 haben wir die Anfangs- und Endzahlen aller 13 983 816 Lotto-Reihen untersucht. Dabei wurden die prozentualen Anteile der Reihen mit den jeweiligen Anfangs- und Endzahlen zusammengestellt. In diesem Abschnitt werden die Anfangs- und Endzahlen der abgegebenen Tippreihen untersucht und mit den theoretischen Werten aus Abschnitt 17.7 verglichen.

18.1.1 Anfangszahlen der Tippreihen

In Tabelle 18.1 sind folgende Werte eingetragen: In der ersten Spalte stehen die Anfangszahlen. In der zweite Spalte sind die in Abschnitt 17.7 berechneten prozentualen Anteile aller möglichen Reihen mit der entsprechenden Anfangszahl aufgeführt. In der dritten Spalte steht der prozentuale Anteil der abgegebenen Reihen mit der jeweiligen Anfangszahl.

Tabelle 18.1 Prozentuale Anteile in Abhängigkeit von der Anfangszahl

Anf. Zahl	sämtliche Reihen	getippte Reihen	Anf. Zahl	sämtliche Reihen	getippte Reihen
1	12,24490	11,08157	23	0,47040	0,37531
2	10,96939	11,38061	24	0,37994	0,35922
3	9,80243	11,82158	25	0,30395	0,28202
4	8,73695	9,93013	26	0,24063	0,20930
5	7,76618	8,45329	27	0,18832	0,16432
6	6,88366	7,18878	28	0,14552	0,12859
7	6,08323	6,94862	29	0,11087	0,13034
8	5,35904	3,99052	30	0,08315	0,17686
9	4,70550	5,30213	31	0,06127	0,15198
10	4,11731	4,60067	32	0,04425	0,11326
11	3,58945	3,55455	33	0,03124	0,07219
12	3,11715	2,62797	34	0,02147	0,05033
13	2,69592	2,08436	35	0,01432	0,03806
14	2,32148	1,42081	36	0,00920	0,05761
15	1,98984	1,19069	37	0,00566	0,04979
16	1,69722	1,39545	38	0,00330	0,03406
17	1,44006	1,39315	39	0,00180	0,02297
18	1,21505	1,03099	40	0,00090	0,05187
19	1,01908	0,75157	41	0,00040	0,02195
20	0,84923	0,51271	42	0,00015	0,01026
21	0,70281	0,42836	43	0,000043	0,03053
22	0,57731	0,35788	44	0,000007	0,02189

Beliebte Anfangszahlen:

Mindestens 10 Prozent über den theoretischen Häufigkeiten liegen die getippten Anfangszahlen

3, 7, 9, 10   sowie alle Zahlen von 29 an.

Unbeliebte Anfangszahlen:
Mehr als 10 % unter den theoretischen Häufigkeiten sind die getippten
Anfangszahlen

$$1, 8, 12, 13, 14, 15, 16, 18, 19, 20, 21, 22, 23, 26, 27, 28.$$

In Abschnitt 18.2 werden wir feststellen, daß die Zahl 19 die mit Abstand
beliebteste Zahl ist. Als Anfangszahl einer Reihe tritt sie allerdings
ungefähr 26 Prozent unter dem Durchschnitt auf. Dies ist auch plausibel.
Die 19 steht nämlich sehr oft in Geburtstagsreihen (vgl. Abschnitt 18.3).
In Geburtstagsreihen wird aber in der Regel noch ein Geburtsmonat
hinzugenommen, so daß Geburtstagsreihen zwar sehr oft die Zahl 19
enthalten, mit der Zahl 19 aber nicht oft beginnen.

18.1.2 Endzahlen der getippten Reihen

In Tabelle 18.2 sind die prozentualen Anteile von allen möglichen und
von den abgegebenen Tippreihen in Abhängigkeit von der entsprechenden Endzahl angegeben.

Beliebte Endzahlen:
Mehr als 10 Prozent über den theoretischen Häufigkeiten liegen alle
getippten Endzahlen

$$\text{von 6 bis 33} \qquad \text{sowie} \qquad \text{von 38 bis 41.}$$

Unbeliebte Endzahlen:
Mehr als 10 Prozent unter den theoretischen Häufigkeiten sind die getippten Endzahlen

$$35, 36 \qquad \text{sowie} \qquad \text{alle von 43 an.}$$

Tabelle 18.2 Prozentuale Anteile der Reihen bezüglich der Endzahl

End-Zahl	sämtliche Reihen	getippte Reihen	End-Zahl	sämtliche Reihen	getippte Reihen
6	0,000007	0,04776	28	0,57731	0,98663
7	0,000043	0,01083	29	0,70281	1,05179
8	0,00015	0,00786	30	0,84923	1,47105
9	0,00040	0,02284	31	1,01908	1,64397
10	0,00090	0,02415	32	1,21505	1,74440
11	0,00180	0,03318	33	1,44006	1,94895
12	0,00330	0,05165	34	1,69722	1,71684
13	0,00566	0,05856	35	1,98984	1,79645
14	0,00920	0,05937	36	2,32148	2,00704
15	0,01432	0,06503	37	2,69592	2,72977
16	0,02147	0,08556	38	3,11715	3,51498
17	0,03124	0,11584	39	3,58945	4,67517
18	0,04425	0,17286	40	4,11731	5,35868
19	0,06127	0,28616	41	4,70550	5,63143
20	0,08315	0,25291	42	5,35904	5,00815
21	0,11087	0,35047	43	6,08323	4,99890
22	0,14552	0,31674	44	6,88366	5,94403
23	0,18832	0,39613	45	7,76618	6,92738
24	0,24063	0,53143	46	8,73695	8,02550
25	0,30395	0,70890	47	9,80243	8,13983
26	0,37994	0,81151	48	10,96939	9,14983
27	0,47040	0,90294	49	12,24490	10,21650

18.2 Die Häufigkeiten der getippten Zahlen

In den 6 803 090 zur Verfügung stehenden Tippreihen sind insgesamt $6 \cdot 6\,803\,090 = 40\,818\,540$ Zahlen angekreuzt. Bei gleichmäßiger Auswahl aller 49 Zahlen hätte jede Zahl genau $40\,818\,540/49 = 833\,031$ mal auftreten müssen. Dann wäre der prozentuale Anteil jeder Zahl gleich $\frac{100}{49} \approx 2,04082\%$. Die Häufigkeiten der getippten Zahlen sind in Tabelle 18.3 zusammengestellt.

Tabelle 18.3 Die Häufigkeiten der getippten Zahlen

Zahl	absolute Häufigkeit	prozentuale Häufigkeit	prozentuale Über-Unterschreitung
1	753 889	1,84693	−9,501
2	852 513	2,08854	+2,338
3	978 303	2,39671	+17,439
4	917 899	2,24873	+10,188
5	926 967	2,27095	+11,277
6	894 553	2,19154	+7,385
7	1 024 260	2,50930	+22,956
8	770 174	1,88682	−7,546
9	1 058 107	2,59222	+27,018
10	1 018 807	2,49594	+22,301
11	1 002 643	2,45634	+20,361
12	959 655	2,35103	+15,200
13	844 964	2,07005	+1,432
14	683 764	1,67513	−17,919
15	679 109	1,66373	−18,477
16	864 578	2,11810	+3,787
17	1 022 340	2,50460	+22,725
18	994 098	2,43541	+19,335
19	1 106 215	2,71008	+32,794
20	759 113	1,85973	−8,873
21	784 258	1,92133	−5,855
22	676 659	1,65772	−18,771
23	841 113	2,06062	+0,970
24	951 237	2,33040	+14,190
25	987 868	2,42015	+18,587
26	915 626	2,24316	+9,915
27	852 216	2,08782	+2,303
28	743 596	1,82171	−10,736
29	654 519	1,60348	−21,429
30	840 682	2,05956	+0,918
31	926 524	2,26986	+11,223

Zahl	absolute Häufigkeit	prozentuale Häufigkeit	prozentuale Über-Unterschreitung
32	966 691	2,36826	+16,045
33	927 032	2,27111	+11,284
34	746 644	1,82918	−10,370
35	651 967	1,59723	−21,736
36	614 638	1,50578	−26,217
37	770 346	1,88725	−7,525
38	845 770	2,07202	+1,529
39	865 940	2,12144	+3,950
40	860 534	2,10819	+3,302
41	818 104	2,00425	−1,792
42	669 789	1,64089	−19,596
43	635 974	1,55805	−23,655
44	669 695	1,64066	−19,608
45	705 385	1,72810	−15,323
46	721 216	1,76688	−13,423
47	669 823	1,64098	−19,592
48	697 705	1,70928	−16,245
49	695 038	1,70275	−16,565

In der zweiten Spalte von Tabelle 18.3 sind die absoluten, in der dritten Spalte die prozentualen Häufigkeiten aller getippten Zahlen zusammengestellt. Falls alle Teilnehmer die Zahlen zufällig ausgewählt hätten, müßten alle prozentualen Anteile in der Nähe des Durchschnittswertes 2,04082 % liegen. In der vierten Spalte steht, um wieviel Prozent die jeweilige prozentuale Häufigkeit größer (+) bzw. kleiner (−) als der Durchschnittswert 2,04082 ist.

Beliebte Zahlen:

Etwa 33 Prozent über dem Durchschnitt wurde als beliebteste Zahl die „Geburtsjahreszahl" 19 getippt. Danach folgt die Zahl 9 mit 27 Prozent über dem Durchschnitt. Nach Tabelle 18.3 lauten die beliebtesten Zahlen in der Reihenfolge des Beliebtheitsgrades:

19, 9, 7, 17, 10, 11, 18, 25, 3, 32, 12, 24, 33, 5, 31, 4, 26, 6;

Unbeliebte Zahlen:
Die unbeliebteste Zahl ist die 36. Sie wurde ungefähr 26 Prozent unter
dem Durchschnitt getippt. Nach Tabelle 18.3 erhalten wir die unbeliebtesten Zahlen

$$36, 43, 35, 29, 44, 42, 47, 22, 15, 14,$$
$$49, 48, 45, 46, 28, 34, 1, 20, 8, 37, 21.$$

Die beliebten und unbeliebten Zahlen sind in den nachfolgenden Tippfeldern eingetragen. Dabei wird ersichtlich, daß die unbeliebten Zahlen

1	2	~~3~~	~~4~~	~~5~~	~~6~~	~~7~~
8	~~9~~	~~10~~	~~11~~	~~12~~	13	14
15	16	~~17~~	~~18~~	~~19~~	20	21
22	23	~~24~~	~~25~~	~~26~~	27	28
29	30	~~31~~	~~32~~	~~33~~	34	35
36	37	38	39	40	41	42
43	44	45	46	47	48	49

beliebte Zahlen

~~1~~	2	3	4	5	6	7
~~8~~	9	10	11	12	13	~~14~~
~~15~~	16	17	18	19	~~20~~	~~21~~
~~22~~	23	24	25	26	27	~~28~~
~~29~~	30	31	32	33	~~34~~	~~35~~
~~36~~	~~37~~	38	39	40	41	~~42~~
~~43~~	~~44~~	~~45~~	~~46~~	~~47~~	~~48~~	~~49~~

unbeliebte Zahlen

am rechten und linken Rand sowie in der letzten Zeile des Tippfeldes
liegen, wobei die 7 nicht dazugehört. Die Randzahl 7 spielt also eine
Ausnahmerolle. Hinzu kommen noch die Zahlen 20, 34 und 37, die
nicht am äußersten Rand liegen. Die beliebten Zahlen sind jeweils die
drei mittleren Zahlen in den ersten vier Zeilen des Tippfeldes. Hinzu
kommen noch die Zahlen 6, 7 und 9. Beim Ausfüllen der Tippzettel
werden also die ersten fünf Zeilen bevorzugt, wobei die ersten beiden
Zeilen am beliebtesten sind. Die unbeliebten Zahlen liegen jeweils am
Rand des Tippfeldes, wobei in der ersten Zeile nur die linke Randzahl
1, nicht aber die 7 als rechte Randzahl ist.
Welchen Vorteil können Sie in Ihrem Spiel gegen die Mitspieler aus
diesem Ergebnis gewinnen?
Sie könnten sich auf die 21 unbeliebten Zahlen beschränken. Dann
haben Sie aber nur noch

$$\binom{21}{6} = \frac{21 \cdot 20 \cdot 19 \cdot 18 \cdot 17 \cdot 16}{1 \cdot 2 \cdot 3 \cdot 4 \cdot 5 \cdot 6} = 54\,264$$

Auswahlmöglichkeiten für Ihre Tippreihen. Bei dieser kleinen Anzahl könnte folgende Situation eintreten: Sehr viele Leserinnen und Leser des Buches benutzen ebenfalls diese Strategie. Dann wäre es möglich, daß Tippreihen aus diesen 21 Zahlen sehr oft getippt werden, was wiederum zu niedrigen Quoten führen kann. Aus diesem Grund sollten Sie zu den unbeliebten Zahlen unbedingt noch Zahlen für Ihre Auswahl dazunehmen, die weder beliebt noch unbeliebt sind. Damit die Auswahlmenge noch etwas größer wird, können Sie auch noch ein paar beliebte Zahlen mit in Ihre Auswahl einbeziehen. Die Zahlen in der ersten und letzten Spalte (mit Ausnahme der Zahl 7) sowie die in der letzten Zeile sind z. B. nicht beliebt. Falls Sie aber nur Zahlen aus der ersten Spalte oder der letzten Zeile auswählen, hätten Sie zwar ausschließlich unbeliebte Zahlen getippt. Dabei können allerdings Muster entstehen, die allgemein jedoch beliebt sind. So wurde z. B. die Reihe 44 45 46 47 48 49 bei den ausgewerteten Tippreihen insgesamt 1 489mal getippt. Bei solchen Mustern - auch mit unbeliebten Zahlen - wären die Quoten trotzdem niedrig.

Sie können die 18 beliebten Zahlen meiden und nur Reihen aus den restlichen 31 Zahlen tippen. Dafür haben Sie immerhin

$$\binom{31}{6} = \frac{31 \cdot 30 \cdot 29 \cdot 28 \cdot 27 \cdot 26}{1 \cdot 2 \cdot 3 \cdot 4 \cdot 5 \cdot 6} = 736\,281$$

verschiedene Auswahlmöglichkeiten. Auch hier sollten noch neutrale oder ein paar beliebte Zahlen dazugenommen werden. Doch vermeiden Sie unbedingt Mustertips.

Im Bild 18.1 sind die prozentualen Anteile der einzelnen Zahlen in einem Stabdiagramm graphisch dargestellt. Man erkennt sofort, daß die einzelnen Werte keineswegs um den Idealwert (Durchschnittswert) 2,041 % schwanken.

Im Histogramm kann man einen fast perodischen Verlauf erkennen. Von rechts nach links sieht man deutlich, daß jeweils 7 Zahlen einen ähnlichen Verlauf ergeben. Der Grund dafür ist wohl die Tatsache, daß

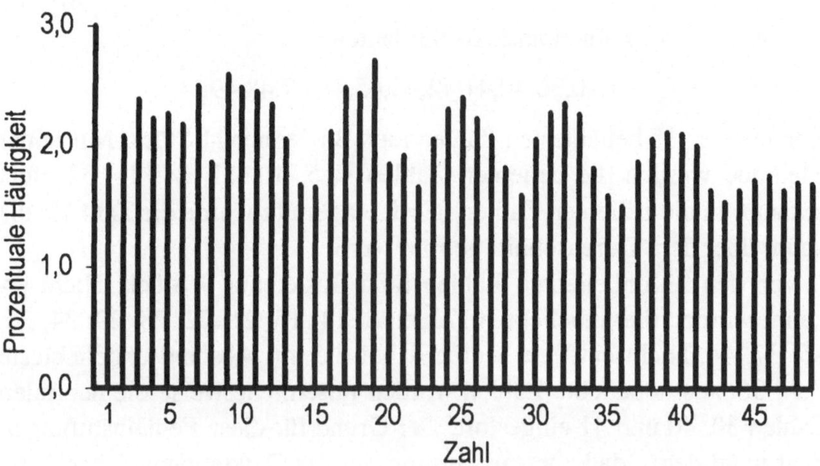

Bild 18.1 Häufigkeiten der getippten Zahlen

in jeder Zeile des Tippfeldes genau sieben Zahlen stehen. Bei den letzten vier Zyklen sind die Gipfel sogar genau in der Mitte der Zeilen bei den Zahlen 25, 32, 39 und 46. Die Täler liegen an den beiden Rändern. In den ersten drei Zyklen wird die Struktur etwas verwischt. Die Zahlen im mittleren Bereich sind immer bevorzugt, die an den Rändern vernachlässigt, mit Ausnahme der 7. Die Zahl 7 ist in der ersten Zeile am häufigsten getippt. Eine weitere Ausnahme in dieser „Gesetzmäßigkeit" bildet die 19 als „Geburtsjahreszahl".

Herbert Basler hat in seinem Buch „Aufgabensammlung zur statistischen Methodenlehre und Wahrscheinlichkeitsrechnung mit einem Anhang Tippstrategien für das LOTTO" (Physica-Verlag Heidelberg) in 1 264 Ausspielungen beim Samstags-Lotto die Gewinnquoten in Abhängigkeit von einzelnen Gewinnzahlen untersucht. Falls bei einer bestimmten Gewinnzahl die Gewinnquoten signifikant unter den Gewinnerwartungen liegen, kann man daraus schließen, daß diese Zahl sehr beliebt ist.

Basler hat folgende beliebte Zahlen gefunden:

$$3,6,7,9,12,13,17,18,19,25,26,\ 33.$$

Die unbeliebten Zahlen nach Basler lauten:

$$1, 20, 30, 40, 41, 42, 43, 45, 46, 47, 48, 49.$$

Von unseren 18 beliebtesten Zahlen fand Basler nur 11 Stück. Mit seiner Methode wurden die beliebten Zahlen 4, 5, 10, 11, 24, 31, 32 nicht erkannt. In die beliebten Zahlen falsch eingereiht wurde die Zahl 13, die kaum über dem Durchschnitt getippt wurde.

Von den 21 unbeliebten Zahlen fand Basler nur 9 Stück. Nicht erkannt wurden die unbeliebten Zahlen 8, 14, 15, 21, 22, 28, 29, 34, 35, 36, 37, 44. Nicht entdeckt wurde dabei die mit Abstand unbeliebteste Zahl 36. Als unbeliebte Zahlen wurden fälschlicherweise die neutralen Zahlen 30, 40 und 41 eingestuft. Der Grund für diese Fehleinstufungen liegt wohl darin, daß zur Auswertung nur die Gewinnquoten von 1264 Ausspielungen verwendet wurden.

Häufigkeit der Zahlen in den Zeilen des Tippfeldes

In Tabelle 18.4 ist zusammengestellt, wie oft die Zahlen aus den einzelnen Zeilen des Tippfeldes ausgewählt wurden. Zur Berechnung der absoluten Zeilen-Häufigkeiten müssen die Häufigkeiten der 7 Zahlen aus der entsprechenden Zeile addiert werden. Division der absoluten Zeilenhäufigkeiten durch die Anzahl aller getippten Zahlen 40 818 540 ergibt die relativen Zeilenhäufigkeiten. Durch Multiplikation mit 100 erhält man die prozentualen Anteile. Falls alle 7 Zeilen gleich oft getippt wären, müßte jede Zeile die absolute Häufigkeit $40\,818\,540/7 = 5\,831\,220$ besitzen. Der prozentuale Anteil wäre $100/7 \approx 14,28571\%$.

Aus Tabelle 18.4 wird ersichtlich, daß die Häufigkeiten von Zeile zu Zeile abnehmen. Je tiefer eine Zeile steht, umso unbeliebter ist sie. Die Anteile der ersten vier Zeilen liegen über dem Durchschnitt 14,28571. Der Grund dafür ist vermutlich die Tatsache, daß in diesem Bereich die Tage aus den Geburtsmonaten sind. In der fünften Zeile befinden sich nur drei Geburtstagszahlen. Das ist wohl der Grund dafür, daß die oberen vier Zeilen stärker besetzt sind als die beiden letzten Zeilen, aus denen mit Abstand am wenigsten Zahlen getippt werden.

Tabelle 18.4 Häufigkeiten der Zahlen aus den Zeilen des Tippfeldes

Zahlen	absolute Häufigkeit	prozentualer Anteil
1 ... 7	6 348 384	15,55270
8 ... 14	6 338 114	15,52754
15 ... 21	6 209 711	15,21297
22 ... 28	5 968 315	14,62158
29 ... 35	5 714 059	13,99869
36 ... 42	5 445 121	13,33982
43 ... 49	4 794 836	11,74671
Summe	40 818 540	100,00001

Häufigkeit der Zahlen in den Spalten des Tippfeldes

In Tabelle 18.5 ist zusammengestellt, wie oft Zahlen aus den einzelnen Spalten des Tippfeldes ausgewählt wurden.

Tabelle 18.5 Häufigkeiten der Zahlen aus den Spalten des Tippfeldes

Spalte		abs. Häufigkeit	proz. Anteil
1	1 8 15 22 29 36 43	4 784 962	11,72252
2	2 9 16 23 30 37 44	5 897 034	14,44695
3	3 10 17 24 31 38 45	6 448 366	15,79764
4	4 11 18 25 32 39 46	6 456 355	15,81721
5	5 12 19 26 33 40 47	6 365 852	15,59549
6	6 13 20 27 34 41 48	5 613 299	13,75184
7	7 14 21 28 35 42 49	5 252 672	12,86835
	Summe	40 818 540	100,00000

Am häufigsten wurden Zahlen aus den drei mittleren Spalten getippt. Danach kommt die zweite und sechste Spalte. Zahlen aus der ersten Spalte des Tippfeldes sind also am unbeliebtesten, danach folgen die aus der letzten Spalte.

18.3 Geburtstagszahlen in den Tippreihen

Als Geburtstagszahlen bezeichnen wir alle Zahlen, die höchstens gleich 31 sind. Zunächst bestimmen wir die Anzahl aller möglichen Tippreihen mit k Geburtstagszahlen für k=0,1,2,3,4,5,6.

Eine Reihe enthält genau dann keine Geburtstagszahl (k=0), wenn alle sechs Zahlen aus den 18 Zahlen ausgewählt werden, die größer als 31. Dafür gibt es insgesamt

$$\binom{18}{6} = \frac{18 \cdot 17 \cdot 16 \cdot 15 \cdot 14 \cdot 13}{1 \cdot 2 \cdot 3 \cdot 4 \cdot 5 \cdot 6} = 18\,564$$

Möglichkeiten. Bei einer Reihe mit k Geburtstagszahlen müssen k Tippzahlen aus den 31 Geburtstagszahlen und $6 - k$ Tippzahlen aus den restlichen 18 Zahlen ausgewählt werden. Dafür gibt es insgesamt

$$\binom{31}{k} \cdot \binom{18}{6 - k}$$

Auswahlmöglichkeiten. Division der Häufigkeiten durch 13 983 816 (Anzahl aller möglichen Reihen) und anschließende Multiplikation mit 100 ergibt den prozentualen Anteil von allen möglichen Reihen, die k Geburtstagszahlen enthalten. Diese theoretischen Anteile sind in der zweiten Spalte der Tabelle 18.6 angegeben. In der dritten Spalte stehen zum Vergleich die prozentualen Anteile der abgegebenen 6 803 090 Tippreihen mit k Geburtstagszahlen.

10,466 Prozent der abgegebenen Tippreihen enthalten ausschließlich Geburtstagszahlen. Aber nur 5,265 Prozent aller möglichen (fast) 14 Millionen Reihen bestehen nur aus Geburtstagszahlen. Damit liegt der Anteil der getippten Reihen mit lauter Geburtstagszahlen (k=6) fast 100 Prozent über dem theoretischen Wert. Bei Gewinnreihen mit 6 Geburtstagszahlen dürften die Quoten für einen Sechser im Durchschnitt bei der Hälfte der entsprechenden Gewinnerwartungen liegen. Zufälligerweise kann es bei einer reinen Geburtstagsreihe auch einmal höhere Quoten geben. Doch dies dürfte nicht allzuoft vorkommen. Wegen der niedrigen Quotenerwartung sollten Sie reine Geburtstagsreihen unbedingt vermeiden. Das gleiche gilt für Reihen ohne Geburtstagszahlen. Diese werden

Tabelle 18.6 Anzahl der Geburtstagszahlen in den Tippreihen

Geburtstags- zahlen	Anteil in % von allen Tippreihen	Anteil in % der abge- gebenen Tippreihen
0	0,133	0,575
1	1,899	1,249
2	10,175	5,897
3	26,230	22,934
4	34,427	37,950
5	21,871	20,929
6	5,265	10,466

etwa 4,3mal über dem Durchschnitt getippt. Es gibt allerdings nur 18 564 Reihen ohne Geburtstagszahlen.

Extrem unterbesetzt sind Tippreihen mit einer oder zwei Geburtstagszahlen. Hier dürften die Quoten für einen Sechser im Durchschnitt um mindestens 60 Prozent über den Gewinnerwartungen liegen. Wenn Sie also Tippreihen abgeben, bei denen nur eine oder zwei Zahlen kleiner oder gleich 31 sind, erhöhen Sie bei einem Sechser die Gewinnerwartung um etwa 60 Prozent. Bei dieser Strategie bleiben Ihnen immer noch 1 422 900 mögliche Tippreihen zur Auswahl.

Die Häufigkeiten der getippten Reihen mit 3, 4 oder 5 Geburtstagszahlen weichen nicht stark von den theoretischen Häufigkeiten ab, so daß in diesen Fällen die Quoten im Durchschnitt in der Nähe der Erwartungswerte liegen werden.

Die Zahl 31 kommt nur in sechs Monaten als Datum vor. Aus diesem Grund ist sie eigentlich gar keine reine Geburtstagszahl mehr. Ich habe die Untersuchungen auch ohne die Zahl 31 durchgeführt. Auch mit dieser Einschränkung werden Reihen mit sechs Geburtstagszahlen stark bevorzugt, während Reihen mit einer oder zwei Geburtstagszahlen wieder stark vernachlässigt bleiben.

18.4 Benachbarte Zahlen

In Abschnitt 17.10 haben wir festgestellt, daß in 49,52 % aller möglichen
Tippreihen mindestens zwei Zahlen benachbart sind. Von den 6 803
090 ausgewerteten Tippreihen enthielten 2 655 982 Reihen benachbarte
Zahlen, daß sind nur 39 Prozent der abgegebenen Reihen. Reihen mit
benachbarten Zahlen werden also nur unterdurchschnittlich oft getippt.

18.5 Die beliebtesten Tippreihen

Ab Seite 216 sind in lexikographischer Reihenfolge alle Tippreihen aufgeführt, die mindestens 25mal abgegeben wurden. Insgesamt wurden
6 803 090 Reihen ausgewertet. Bei fast 14 Millionen möglichen Reihen
wäre bei einer gleichmäßigen Auswahl die durchschnittliche Anzahl für
jede Reihe etwa 0,48650. Eine Reihe, die 15 mal abgegeben wurde, liegt
etwa 51mal über dem Durchschnitt. Auf Seite 218 sind die 76 beliebtesten Tippreihen in der Reihenfolge der Beliebtheit zusammengestellt.
 Die Diagonalreihe von rechts oben nach links unten 7 13 19 25 31 37
wurde am häufigsten und zwar 4 004mal getippt. Sie liegt damit etwa
8 230mal über dem Durchschnitt. Falls diese Reihe tatsächlich einmal
beim Lotto am Samstag ausgespielt würde, dürften die Quoten für einen
Sechser ohne Superzahl unter 200 DM liegen. Die Diagonalreihe von
links oben nach rechts unten 1 9 17 25 33 41 gehört mit einer Häufigkeit
von 2 116 auch noch zu den beliebtesten Reihen. Sie wurde jedoch nur
ungefähr halb so oft getippt wie die Diagonalreihe von rechts oben nach
links unten. Die meisten der 76 beliebtesten Tippreihen aus Tabelle 18.7
sind Mustertips. Einige davon haben wir bereits in Abschnitt 17.11.2 im
Tippfeld angekreuzt. Ich empfehle Ihnen, diese 76 Reihen in die Tippfel-
der einzutragen. Dabei werden Sie fast immer Muster erkennen. Geben
Sie aber bitte nicht - sei es absichtlich oder versehentlich - diese aus-
gefüllten Lotto-Zettel ab. Denn bei all diesen Reihen wären die Quoten
für einem Sechser ohne Superzahl zu Ihrer großen Enttäuschung weit
unter 2 000 DM. Diese mögliche Enttäuschung sollten Sie sich ersparen.

7	13	19	25	31	37	4 004	22	23	24	25	26	27	598
7	14	21	28	35	42	3 817	14	21	28	35	42	49	592
5	27	34	35	37	49	3 698	1	7	9	27	31	40	582
1	2	3	4	5	6	3 249	4	18	22	28	32	46	573
4	11	18	25	32	39	2 821	30	31	32	33	34	35	572
13	19	25	31	37	43	2 335	19	21	26	32	38	49	571
6	12	18	24	30	36	2 288	4	11	18	32	39	46	569
9	17	25	33	41	49	2 227	1	7	24	26	43	49	560
1	9	17	25	33	41	2 116	15	26	33	37	38	45	546
8	16	24	32	40	48	2 097	1	7	17	27	37	47	498
8	14	21	25	36	39	2 083	9	16	23	30	37	44	491
6	25	27	30	34	39	1 896	1	7	18	25	43	49	478
9	17	20	21	26	41	1 868	1	7	24	25	43	49	478
2	10	18	26	34	42	1 551	2	4	6	8	10	12	478
5	10	15	20	25	30	1 527	19	22	30	32	33	45	477
44	45	46	47	48	49	1 489	7	17	27	37	47	49	473
12	24	32	36	40	42	1 459	15	16	17	18	19	20	473
1	10	20	30	40	49	1 387	15	17	20	35	38	44	466
43	44	45	46	47	48	1 341	10	16	28	43	45	48	460
1	7	22	28	43	49	1 317	3	6	9	12	15	18	441
3	10	17	24	31	38	1 292	13	17	20	25	41	46	434
10	18	24	30	33	44	1 269	5	10	15	25	35	45	430
1	8	15	22	29	36	1 212	4	16	18	20	32	46	429
11	18	25	32	39	46	1 202	9	13	23	27	37	41	425
1	2	3	47	48	49	982	2	9	16	23	30	37	416
14	20	26	32	38	44	943	36	37	38	39	40	41	413
5	14	22	23	37	47	918	40	41	42	43	44	45	405
5	12	19	26	33	40	815	6	8	9	29	31	44	401
6	13	20	27	34	41	807	6	18	22	26	30	44	394
1	8	26	27	29	44	718	19	21	32	38	48	49	393
8	15	22	29	36	43	717	11	17	18	19	25	32	379
7	13	19	31	37	43	665	1	11	21	31	41	49	378
1	7	18	32	43	49	640	10	12	24	26	38	40	376
2	14	19	25	26	39	631	3	13	23	30	33	43	374
14	17	18	29	32	44	630	1	7	17	33	43	49	372
3	13	23	33	43	49	627	6	18	25	32	41	46	370
10	17	24	31	38	45	618	29	30	31	32	33	34	369
5	14	20	26	30	41	599	4	18	23	27	32	46	368

1	2	3	4	5	6	3249	1	2	5	6	7	9	35
1	2	3	4	5	7	137	1	2	5	6	8	9	35
1	2	3	4	5	8	34	1	2	5	7	8	9	26
1	2	3	4	5	9	27	1	2	6	7	8	9	33
1	2	3	4	5	10	25	1	2	6	13	30	34	160
1	2	3	4	5	49	61	1	2	7	43	48	49	29
1	2	3	4	6	7	62	1	2	8	9	15	16	69
1	2	3	4	7	8	35	1	2	8	9	48	49	35
1	2	3	4	8	9	35	1	2	8	42	48	49	55
1	2	3	4	48	49	49	1	2	10	11	19	20	29
1	2	3	5	6	7	142	1	2	10	20	30	40	64
1	2	3	5	6	9	33	1	2	11	21	31	41	62
1	2	3	5	7	8	31	1	2	12	22	32	42	35
1	2	3	5	7	9	50	1	2	24	25	48	49	32
1	2	3	5	8	9	31	1	2	25	26	48	49	49
1	2	3	6	7	8	39	1	2	46	47	48	49	39
1	2	3	6	7	9	26	1	3	4	5	6	7	70
1	2	3	6	8	9	25	1	3	4	5	6	9	33
1	2	3	7	8	9	37	1	3	4	5	7	9	38
1	2	3	8	9	10	99	1	3	4	6	7	9	34
1	2	3	8	9	15	39	1	3	4	6	8	9	29
1	2	3	11	12	13	30	1	3	4	11	27	37	26
1	2	3	12	13	14	25	1	3	4	25	33	48	26
1	2	3	17	18	19	26	1	3	5	6	7	8	25
1	2	3	40	41	42	27	1	3	5	6	7	9	30
1	2	3	43	44	45	43	1	3	5	6	7	10	42
1	2	3	46	47	48	26	1	3	5	6	8	9	39
1	2	3	47	48	49	982	1	3	5	6	8	10	26
1	2	4	5	6	7	48	1	3	5	7	8	9	56
1	2	4	5	6	9	24	1	3	5	7	8	10	31
1	2	4	5	7	8	44	1	3	5	7	9	10	34
1	2	4	5	7	9	33	1	3	5	7	9	11	329
1	2	4	5	8	9	27	1	3	5	7	9	12	43
1	2	4	6	7	9	31	1	3	5	7	9	13	64
1	2	4	6	8	9	31	1	3	5	7	10	12	38
1	2	4	8	16	32	94	1	3	5	7	11	13	51
1	2	4	12	27	42	40	1	3	5	7	14	21	25

1	3	5	8	10	12	27		1	5	9	22	38	48	118
1	3	5	9	11	13	88		1	5	10	15	20	25	29
1	3	5	17	27	30	80		1	5	10	20	30	40	29
1	3	5	45	47	49	33		1	5	15	25	35	45	109
1	3	6	7	8	9	27		1	5	16	19	24	48	60
1	3	6	9	17	22	55		1	5	16	19	30	35	94
1	3	7	9	11	13	44		1	5	18	35	45	48	56
1	3	7	11	13	17	27		1	5	20	26	31	43	64
1	3	7	14	21	49	32		1	5	21	36	37	42	181
1	3	10	11	18	25	181		1	5	29	39	40	44	33
1	3	10	13	30	31	28		1	6	7	25	43	49	26
1	3	11	13	31	33	32		1	6	7	28	29	42	173
1	3	13	21	43	44	30		1	6	9	11	14	16	29
1	3	13	22	38	45	92		1	6	9	12	17	18	42
1	3	13	23	33	43	101		1	6	16	26	36	46	118
1	3	13	29	37	46	132		1	6	16	29	33	45	143
1	3	15	17	33	44	28		1	6	24	25	26	31	27
1	3	17	21	26	30	30		1	7	8	14	15	21	48
1	3	18	21	39	45	69		1	7	9	13	17	19	76
1	3	19	21	33	42	53		1	7	9	17	40	46	218
1	3	23	29	34	36	25		1	7	9	25	43	49	31
1	4	5	7	8	9	26		1	7	9	27	31	40	582
1	4	7	15	18	21	26		1	7	9	41	43	49	25
1	4	7	18	32	46	27		1	7	10	20	30	40	48
1	4	7	25	43	49	172		1	7	10	25	43	49	38
1	4	7	43	46	49	276		1	7	11	21	31	41	58
1	4	8	12	19	40	74		1	7	11	22	30	42	124
1	4	9	16	25	36	53		1	7	11	25	43	49	196
1	4	11	14	41	44	35		1	7	11	32	43	49	47
1	4	12	36	44	48	35		1	7	11	39	43	49	130
1	4	13	16	28	36	119		1	7	12	14	21	38	61
1	4	14	24	34	44	59		1	7	12	25	43	49	38
1	4	17	35	37	48	29		1	7	13	19	25	31	45
1	4	18	32	46	49	27		1	7	13	25	43	49	105
1	4	19	23	38	39	57		1	7	13	37	43	49	44
1	4	31	34	35	45	47		1	7	14	21	28	35	125
1	5	7	34	41	42	27		1	7	14	21	28	49	28

1	7	14	25	43	49	27		1	7	25	27	43	49	60
1	7	15	21	29	35	82		1	7	25	28	43	49	105
1	7	15	21	43	49	36		1	7	25	30	43	49	42
1	7	15	25	32	49	29		1	7	25	31	43	49	81
1	7	15	25	43	49	26		1	7	25	32	43	49	63
1	7	16	25	43	49	30		1	7	25	33	43	49	99
1	7	17	18	43	49	38		1	7	25	34	43	49	37
1	7	17	23	42	46	46		1	7	25	35	43	49	34
1	7	17	25	43	49	70		1	7	25	37	43	49	25
1	7	17	26	43	49	32		1	7	25	38	43	49	27
1	7	17	27	37	47	498		1	7	25	39	43	49	265
1	7	17	28	44	49	75		1	7	25	40	43	49	48
1	7	17	32	43	49	49		1	7	25	41	43	49	30
1	7	17	33	43	49	372		1	7	25	43	46	49	274
1	7	17	34	43	49	25		1	7	25	43	48	49	25
1	7	18	25	43	49	478		1	7	26	31	43	49	28
1	7	18	29	35	46	33		1	7	27	31	32	41	29
1	7	18	30	34	46	27		1	7	29	35	43	49	43
1	7	18	31	43	49	27		1	7	31	32	43	49	41
1	7	18	32	43	49	640		1	7	32	33	43	49	27
1	7	18	39	43	49	81		1	7	32	39	43	49	27
1	7	19	24	43	49	26		1	8	13	17	39	49	27
1	7	19	25	43	49	75		1	8	14	22	38	47	111
1	7	19	31	43	49	259		1	8	15	18	25	44	149
1	7	21	25	43	49	38		1	8	15	22	29	30	33
1	7	22	25	43	49	87		1	8	15	22	29	36	1212
1	7	22	28	43	49	1317		1	8	15	22	29	43	78
1	7	23	25	43	49	44		1	8	15	22	36	43	51
1	7	23	26	43	49	42		1	8	15	23	30	37	32
1	7	23	27	43	49	136		1	8	15	28	35	42	46
1	7	23	28	35	45	105		1	8	15	29	36	43	104
1	7	24	25	43	49	478		1	8	15	35	42	49	137
1	7	24	26	43	49	560		1	8	16	23	31	38	35
1	7	24	27	43	49	38		1	8	16	24	32	40	53
1	7	24	32	43	49	40		1	8	17	18	40	42	30
1	7	24	33	43	49	35		1	8	18	28	38	48	72
1	7	25	26	43	49	355		1	8	22	29	36	43	43

1	8	26	27	29	44	718	1	11	18	26	37	39	75
1	9	11	15	33	38	50	1	11	18	27	30	31	39
1	9	15	23	29	37	64	1	11	19	37	38	49	26
1	9	17	24	30	36	36	1	11	21	22	31	41	56
1	9	17	25	31	37	56	1	11	21	25	31	41	31
1	9	17	25	33	41	2 116	1	11	21	26	31	41	42
1	9	17	25	33	49	60	1	11	21	31	32	41	26
1	9	17	25	41	49	31	1	11	21	31	40	41	27
1	9	17	31	37	43	36	1	11	21	31	41	42	124
1	9	17	33	41	49	301	1	11	21	31	41	43	114
1	9	18	27	36	45	54	1	11	21	31	41	44	93
1	9	19	29	39	49	138	1	11	21	31	41	45	109
1	10	11	20	30	40	46	1	11	21	31	41	46	76
1	10	11	21	31	41	111	1	11	21	31	41	47	43
1	10	14	22	26	33	73	1	11	21	31	41	48	50
1	10	16	25	27	42	43	1	11	21	31	41	49	378
1	10	17	35	39	43	104	1	11	22	33	44	49	251
1	10	18	26	34	42	44	1	11	24	31	38	42	97
1	10	19	28	33	38	36	1	11	24	32	34	41	59
1	10	19	28	37	46	166	1	11	26	34	35	49	34
1	10	20	25	30	40	60	1	11	28	33	44	45	164
1	10	20	30	40	41	47	1	12	14	23	25	34	31
1	10	20	30	40	43	32	1	12	17	25	31	42	75
1	10	20	30	40	45	49	1	12	17	25	34	38	30
1	10	20	30	40	46	25	1	12	17	29	39	43	26
1	10	20	30	40	48	38	1	12	22	38	41	44	124
1	10	20	30	40	49	1 387	1	12	23	31	41	48	145
1	10	22	28	29	44	44	1	12	23	34	45	49	28
1	10	37	43	44	47	37	1	13	14	22	41	42	59
1	11	12	21	31	41	32	1	13	15	16	23	45	124
1	11	12	23	28	34	52	1	13	17	21	30	40	118
1	11	13	21	31	41	31	1	13	17	33	37	49	123
1	11	13	22	33	44	27	1	13	20	22	40	46	27
1	11	14	37	38	39	31	1	13	22	34	41	43	110
1	11	15	21	31	41	32	1	13	22	37	39	46	116
1	11	17	21	31	41	32	1	13	22	38	41	46	33
1	11	17	30	41	47	199	1	13	23	30	40	41	147

1	13	23	31	42	44	47		2	4	6	7	8	9	29
1	13	23	44	45	47	186		2	4	6	8	10	12	478
1	14	15	28	29	42	69		2	4	6	9	11	13	57
1	14	15	38	41	42	44		2	4	6	10	12	14	78
1	15	16	21	24	32	133		2	4	6	10	12	18	57
1	15	19	27	34	36	86		2	4	6	16	18	20	43
1	15	19	31	32	43	29		2	4	6	18	32	46	47
1	15	22	29	36	43	55		2	4	6	33	36	40	29
1	17	19	31	33	49	156		2	4	6	44	46	48	72
1	17	25	33	41	49	82		2	4	8	16	32	46	43
1	18	19	26	35	36	56		2	4	8	16	32	48	56
1	18	22	34	40	41	34		2	4	8	16	32	49	44
1	18	27	29	37	44	32		2	4	8	17	25	41	27
1	19	25	36	40	44	26		2	4	8	23	40	49	26
1	20	38	40	41	42	35		2	4	10	25	29	39	34
1	21	23	24	36	44	161		2	4	14	24	34	44	36
1	21	26	35	37	42	25		2	4	15	31	38	49	64
1	22	30	31	36	40	42		2	4	16	17	37	45	168
1	25	26	28	34	48	26		2	4	16	18	30	32	35
1	26	30	33	38	39	40		2	4	16	30	31	37	80
1	31	32	36	38	39	48		2	4	17	18	29	30	68
1	37	39	43	44	47	53		2	4	20	24	40	42	25
1	45	46	47	48	49	53		2	5	6	8	10	16	53
2	3	4	5	6	7	278		2	5	7	9	11	13	36
2	3	4	5	6	8	29		2	5	7	14	26	44	60
2	3	4	6	7	9	28		2	5	7	33	44	45	124
2	3	5	6	8	9	31		2	5	10	24	27	29	37
2	3	5	16	39	49	41		2	5	15	25	35	45	28
2	3	6	7	8	9	26		2	5	16	19	30	33	48
2	3	6	21	22	44	263		2	5	16	24	29	33	83
2	3	10	26	30	43	93		2	5	22	29	39	46	51
2	3	12	22	32	42	41		2	5	23	26	44	47	35
2	3	13	23	33	43	36		2	6	7	19	39	49	156
2	3	17	21	38	46	29		2	6	10	12	18	25	33
2	3	28	31	42	49	53		2	6	11	23	27	39	28
2	4	5	6	7	9	25		2	6	12	16	18	21	26
2	4	5	7	8	9	25		2	6	12	22	32	42	26

2	6	13	14	26	35	37
2	6	13	14	40	41	30
2	6	13	14	46	48	32
2	6	16	20	30	34	83
2	6	16	20	37	41	35
2	6	16	26	36	46	71
2	6	18	23	27	39	29
2	6	18	30	34	39	35
2	6	18	30	34	46	120
2	6	18	32	44	48	56
2	6	18	33	35	44	27
2	6	18	33	36	47	31
2	6	19	21	36	45	31
2	6	22	28	44	48	44
2	6	23	27	44	48	197
2	6	23	28	43	44	48
2	6	24	26	44	48	33
2	6	25	32	33	46	130
2	6	26	35	40	41	32
2	6	26	35	46	48	34
2	6	30	31	33	36	53
2	6	40	41	46	48	32
2	7	11	16	31	37	64
2	7	11	24	30	46	34
2	7	12	22	32	42	38
2	7	12	22	34	44	27
2	7	14	21	28	35	30
2	7	15	17	39	43	113
2	7	17	20	29	49	137
2	7	17	27	37	47	146
2	7	18	30	34	46	26
2	7	19	20	39	41	64
2	8	14	20	26	32	28
2	8	15	22	29	36	40
2	8	16	22	30	36	133
2	8	16	24	32	40	45
2	8	18	28	38	48	53

2	8	22	25	40	48	34
2	8	29	31	32	43	57
2	9	14	18	21	26	26
2	9	16	23	30	37	416
2	9	16	23	30	44	26
2	9	16	23	37	44	40
2	9	16	24	31	38	26
2	9	16	30	37	44	35
2	9	17	24	32	39	38
2	9	18	19	22	47	55
2	9	19	29	39	49	25
2	10	12	22	32	42	25
2	10	16	24	30	38	137
2	10	18	24	30	36	146
2	10	18	24	30	38	35
2	10	18	24	32	38	25
2	10	18	24	32	40	49
2	10	18	25	31	37	42
2	10	18	25	32	39	35
2	10	18	26	32	38	102
2	10	18	26	34	35	26
2	10	18	26	34	40	25
2	10	18	26	34	41	29
2	10	18	26	34	42	1 551
2	10	18	31	37	43	32
2	10	18	31	39	47	29
2	10	18	32	40	48	26
2	10	20	30	40	49	44
2	11	13	25	30	47	29
2	11	15	29	33	38	64
2	11	16	17	35	38	48
2	11	16	25	30	39	53
2	11	16	26	31	40	30
2	11	16	27	31	42	43
2	11	16	29	33	46	112
2	11	20	29	38	47	128
2	11	24	33	38	47	27

2	11	26	33	35	48	26		2	15	24	27	44	46	39
2	12	13	22	32	42	37		2	15	24	33	37	46	34
2	12	14	17	42	46	56		2	16	18	36	45	46	68
2	12	16	26	30	40	60		2	16	19	30	33	47	26
2	12	17	22	32	42	35		2	16	23	30	37	44	44
2	12	17	26	31	40	25		2	17	22	35	41	47	28
2	12	20	22	32	42	143		2	17	23	35	43	46	83
2	12	21	22	32	42	54		2	17	25	26	27	40	47
2	12	22	23	32	42	26		2	17	33	34	41	48	36
2	12	22	27	32	42	26		2	18	19	23	37	38	83
2	12	22	32	37	42	28		2	19	21	25	26	39	27
2	12	22	32	41	42	26		2	19	22	25	37	49	87
2	12	22	32	42	43	134		2	21	24	26	32	42	30
2	12	22	32	42	44	140		2	21	27	31	41	48	18
2	12	22	32	42	45	98		2	21	31	41	44	49	55
2	12	22	32	42	46	101		2	21	32	38	48	49	53
2	12	22	32	42	47	49		2	24	31	32	34	46	19
2	12	22	32	42	48	97		2	24	32	34	36	41	20
2	12	22	32	42	49	151		2	25	28	37	40	44	15
2	12	23	27	40	49	28		2	26	30	32	37	46	25
2	12	24	34	38	48	25		2	27	28	41	44	46	73
2	13	15	26	31	33	35		2	27	31	38	40	48	23
2	13	15	28	36	43	28		3	4	5	6	7	8	47
2	13	16	23	44	49	37		3	4	5	7	8	9	29
2	13	16	27	30	41	39		3	4	5	10	11	12	35
2	13	17	33	37	48	33		3	4	5	24	25	46	113
2	13	18	30	34	46	25		3	4	5	37	39	46	37
2	13	24	35	46	47	99		3	4	5	45	46	47	27
2	13	25	37	39	44	61		3	4	7	10	11	16	55
2	14	16	19	25	41	193		3	4	10	11	17	18	68
2	14	18	21	29	45	140		3	4	11	39	40	46	45
2	14	19	25	26	39	631		3	4	13	23	33	43	52
2	14	21	32	36	40	30		3	4	14	24	34	44	32
2	14	26	27	40	48	25		3	4	15	19	32	41	56
2	15	16	44	46	49	210		3	4	17	18	31	32	43
2	15	22	31	37	47	136		3	5	7	9	11	13	97
2	15	22	37	39	41	30		3	5	9	13	15	21	29

3	5	9	27	35	37	51		3	7	13	17	33	37	31
3	5	10	16	21	40	26		3	7	13	23	33	43	119
3	5	11	17	19	25	59		3	7	14	18	22	23	30
3	5	13	23	33	43	37		3	7	14	21	28	35	32
3	5	14	16	38	45	32		3	7	17	27	37	47	267
3	5	15	25	35	45	50		3	7	18	19	25	43	41
3	5	17	19	31	33	121		3	7	19	31	35	43	25
3	5	18	31	33	46	36		3	7	20	29	36	47	33
3	5	18	32	45	47	26		3	8	11	17	32	49	66
3	5	24	26	45	47	56		3	8	12	16	26	41	58
3	5	24	35	42	46	96		3	8	13	18	23	28	30
3	6	7	9	10	32	27		3	8	13	23	33	43	49
3	6	8	16	36	40	28		3	8	17	25	30	34	52
3	6	9	12	15	18	441		3	8	18	28	38	48	55
3	6	9	12	18	21	33		3	8	19	38	44	47	28
3	6	9	12	18	24	37		3	9	13	19	27	40	63
3	6	9	12	24	48	25		3	9	13	23	33	43	48
3	6	9	18	27	36	40		3	9	15	21	27	33	34
3	6	9	33	36	39	42		3	9	15	23	31	39	61
3	6	12	18	24	36	25		3	9	15	35	41	47	39
3	6	12	24	36	48	75		3	9	17	23	31	37	64
3	6	12	24	48	49	29		3	9	17	26	39	43	50
3	6	13	23	33	43	78		3	9	18	27	36	45	49
3	6	16	26	36	46	92		3	9	19	29	39	49	41
3	6	17	20	31	34	81		3	9	21	37	39	41	25
3	6	17	20	38	41	26		3	10	13	23	33	43	51
3	6	17	32	33	35	50		3	10	17	18	25	32	30
3	6	19	27	38	45	151		3	10	17	19	26	33	25
3	6	19	31	41	49	26		3	10	17	23	30	37	33
3	6	20	26	27	45	28		3	10	17	24	31	32	25
3	6	24	27	45	48	51		3	10	17	24	31	38	1 292
3	6	33	37	42	43	35		3	10	17	24	31	45	119
3	7	9	22	23	33	31		3	10	17	24	38	45	62
3	7	11	13	17	21	30		3	10	17	25	32	39	102
3	7	13	15	31	43	57		3	10	17	25	32	40	27
3	7	13	17	23	27	36		3	10	17	25	33	41	44
3	7	13	17	27	33	30		3	10	17	26	33	40	97

3	10	17	27	34	41	41	3	11	20	39	41	47	27
3	10	17	31	38	45	204	3	11	23	31	36	48	98
3	10	17	32	39	46	47	3	11	23	35	39	43	77
3	10	17	33	40	47	79	3	11	24	33	38	47	25
3	10	17	34	41	48	25	3	12	13	16	23	41	104
3	10	17	36	42	48	35	3	12	15	26	32	35	58
3	10	18	24	32	38	25	3	12	16	26	31	40	31
3	10	18	25	31	38	33	3	12	17	24	39	40	25
3	10	18	25	33	40	83	3	12	17	26	31	39	27
3	10	18	26	34	42	34	3	12	17	26	31	40	180
3	10	20	23	40	43	99	3	12	17	27	31	40	25
3	10	20	33	38	40	40	3	12	18	20	22	41	50
3	10	24	31	38	45	51	3	12	18	23	35	43	37
3	10	28	29	41	44	28	3	12	18	24	37	42	52
3	11	13	23	33	43	49	3	12	21	30	31	39	31
3	11	14	25	31	42	59	3	12	21	30	39	48	65
3	11	16	32	36	46	168	3	12	23	31	32	48	80
3	11	17	25	31	39	291	3	12	24	33	38	47	33
3	11	17	41	47	49	61	3	12	25	28	34	41	29
3	11	18	24	38	44	74	3	12	26	31	42	49	25
3	11	18	25	32	39	41	3	13	14	23	33	43	36
3	11	19	23	31	39	33	3	13	15	23	33	43	44
3	11	19	24	32	40	39	3	13	16	23	33	43	47
3	11	19	25	31	37	186	3	13	16	25	37	41	38
3	11	19	25	31	39	29	3	13	17	23	33	43	74
3	11	19	25	33	39	32	3	13	17	26	31	41	27
3	11	19	25	33	41	41	3	13	17	27	31	41	85
3	11	19	26	32	38	28	3	13	17	33	37	47	25
3	11	19	26	38	41	25	3	13	18	23	33	38	36
3	11	19	27	33	39	93	3	13	18	23	33	43	132
3	11	19	27	35	41	157	3	13	18	25	26	38	30
3	11	19	27	35	42	74	3	13	19	23	33	43	74
3	11	19	27	35	43	50	3	13	19	30	36	37	141
3	11	19	27	35	49	28	3	13	20	23	33	43	28
3	11	19	31	39	47	34	3	13	21	23	33	43	48
3	11	19	32	38	44	26	3	13	23	24	33	43	46
3	11	19	33	39	45	28	3	13	23	25	33	43	54

3	13	23	26	33	43	44	3	17	19	31	33	47	40
3	13	23	27	33	43	42	3	17	19	31	33	49	28
3	13	23	28	33	43	40	3	17	20	31	34	48	25
3	13	23	30	33	43	374	3	17	22	37	39	40	55
3	13	23	31	33	43	81	3	17	24	31	38	45	82
3	13	23	32	33	43	65	3	17	26	31	40	45	41
3	13	23	33	34	43	45	3	17	27	31	41	45	36
3	13	23	33	35	43	64	3	18	26	28	31	33	27
3	13	23	33	36	43	53	3	18	27	29	32	36	326
3	13	23	33	37	43	76	3	19	20	42	43	47	32
3	13	23	33	38	43	118	3	19	21	32	38	49	26
3	13	23	33	39	43	91	3	19	24	25	36	42	25
3	13	23	33	40	43	61	3	21	22	34	38	40	61
3	13	23	33	41	43	66	3	21	24	25	32	34	33
3	13	23	33	42	43	92	3	21	35	38	45	48	25
3	13	23	33	43	44	218	3	23	29	30	41	43	101
3	13	23	33	43	45	124	3	25	27	29	36	49	54
3	13	23	33	43	46	207	3	25	27	31	38	44	93
3	13	23	33	43	47	236	3	25	27	33	42	49	31
3	13	23	33	43	48	240	3	25	32	33	35	47	25
3	13	23	33	43	49	627	4	5	6	7	8	9	61
3	13	26	30	37	45	97	4	5	6	44	45	46	25
3	14	15	19	24	42	77	4	5	11	12	18	19	25
3	14	19	22	45	49	32	4	5	12	17	28	45	74
3	14	22	26	38	48	30	4	5	13	28	29	32	57
3	14	33	37	41	45	48	4	5	14	24	34	44	33
3	15	16	23	37	38	41	4	5	15	22	25	39	40
3	15	17	19	31	45	25	4	5	16	37	42	45	112
3	15	19	26	32	35	63	4	5	16	37	45	49	115
3	15	19	31	35	47	42	4	5	20	42	47	49	151
3	15	27	28	33	45	63	4	5	25	35	41	44	64
3	15	28	33	38	43	131	4	6	8	10	12	14	29
3	16	22	37	44	45	166	4	6	8	10	15	31	185
3	16	24	35	44	49	39	4	6	9	12	20	41	35
3	16	27	38	43	48	35	4	6	11	19	21	48	27
3	16	28	33	45	48	28	4	6	16	22	24	37	106
3	17	19	31	33	45	43	4	6	16	26	36	46	40

4	6	18	20	32	34	39		4	8	16	32	40	48	30
4	6	18	24	30	32	40		4	8	17	20	30	41	122
4	6	20	25	32	42	145		4	8	17	25	39	44	29
4	6	25	32	41	49	163		4	8	18	28	38	48	116
4	7	8	19	26	27	33		4	8	19	22	38	39	32
4	7	9	14	22	38	179		4	8	31	34	38	49	27
4	7	10	11	16	18	32		4	9	13	18	32	46	25
4	7	10	11	16	28	36		4	9	13	25	37	41	101
4	7	10	16	28	45	56		4	9	13	37	41	46	29
4	7	10	20	30	40	26		4	9	14	31	32	48	25
4	7	12	14	23	41	40		4	9	16	25	36	49	51
4	7	12	23	29	44	66		4	10	11	12	18	25	90
4	7	14	21	28	35	25		4	10	12	16	18	20	28
4	7	14	24	34	44	56		4	10	12	16	20	22	32
4	7	15	18	25	29	27		4	10	12	16	20	25	49
4	7	16	28	33	45	25		4	10	12	17	19	25	35
4	7	16	28	45	48	44		4	10	12	18	24	26	70
4	7	16	43	45	48	29		4	10	12	18	25	32	48
4	7	17	27	37	47	131		4	10	12	24	26	32	32
4	7	18	29	37	46	32		4	10	12	24	26	39	28
4	7	18	32	43	46	37		4	10	12	38	40	46	25
4	7	19	22	33	44	35		4	10	14	19	27	32	29
4	7	22	25	28	46	45		4	10	14	19	27	33	31
4	7	34	36	46	48	186		4	10	14	24	34	44	37
4	8	10	23	33	38	35		4	10	16	19	25	31	27
4	8	12	13	25	40	84		4	10	16	20	26	32	25
4	8	12	16	20	24	366		4	10	16	22	29	36	25
4	8	12	16	24	32	36		4	10	16	22	30	38	93
4	8	12	18	33	41	26		4	10	16	22	35	40	94
4	8	13	20	21	36	36		4	10	16	24	32	40	135
4	8	13	22	37	49	117		4	10	16	25	31	37	30
4	8	13	24	28	34	46		4	10	16	25	33	41	26
4	8	14	24	34	44	76		4	10	16	26	32	38	28
4	8	14	36	42	46	49		4	10	16	27	33	39	26
4	8	15	29	39	43	42		4	10	16	28	33	45	46
4	8	16	24	32	40	71		4	10	16	28	45	48	44
4	8	16	24	32	48	27		4	10	17	24	31	38	31

4	10	18	24	32	38	252	4	11	23	27	39	46	37
4	10	19	24	33	38	51	4	11	24	26	39	46	35
4	10	20	30	40	44	25	4	11	25	32	39	46	117
4	10	20	42	43	48	30	4	12	14	24	34	44	25
4	10	26	36	40	43	118	4	12	14	39	43	45	25
4	10	29	37	39	44	30	4	12	17	20	44	45	27
4	11	13	15	46	47	284	4	12	17	26	31	40	34
4	11	14	24	34	44	31	4	12	17	29	34	43	110
4	11	16	28	45	48	30	4	12	18	24	32	40	27
4	11	17	18	19	25	31	4	12	18	26	32	40	177
4	11	17	19	25	32	71	4	12	19	22	30	44	92
4	11	17	24	32	39	44	4	12	20	26	32	38	84
4	11	17	42	43	45	35	4	12	20	28	34	40	61
4	11	18	24	25	26	34	4	12	20	28	36	44	35
4	11	18	24	26	32	65	4	12	21	24	29	39	29
4	11	18	24	30	36	27	4	13	14	24	34	44	33
4	11	18	24	31	38	68	4	13	16	25	34	37	29
4	11	18	25	31	33	39	4	13	16	25	37	41	31
4	11	18	25	32	33	31	4	13	16	28	45	48	52
4	11	18	25	32	39	2 821	4	13	17	21	39	46	92
4	11	18	25	32	46	238	4	13	17	26	31	40	27
4	11	18	25	39	46	104	4	13	17	27	31	40	27
4	11	18	26	33	40	77	4	13	18	27	32	41	41
4	11	18	26	34	42	36	4	13	22	25	28	46	47
4	11	18	27	34	41	33	4	13	22	29	40	47	33
4	11	18	30	37	44	33	4	13	22	31	40	49	70
4	11	18	31	38	45	41	4	14	15	24	34	44	48
4	11	18	32	39	46	569	4	14	16	22	33	41	95
4	11	18	33	40	47	32	4	14	16	24	34	44	37
4	11	19	21	29	41	33	4	14	17	24	34	44	28
4	11	19	26	31	38	25	4	14	18	24	34	44	42
4	11	19	26	32	39	25	4	14	19	24	34	44	56
4	11	19	26	34	41	30	4	14	21	32	43	49	34
4	11	19	29	38	39	25	4	14	22	29	37	49	33
4	11	22	25	28	46	56	4	14	24	25	34	44	33
4	11	22	28	39	46	82	4	14	24	29	34	44	27
4	11	23	25	27	39	33	4	14	24	30	34	44	25

4	14	24	32	34	44	31		4	17	19	32	37	41	25
4	14	24	34	35	44	28		4	17	19	32	45	47	34
4	14	24	34	38	44	43		4	17	19	33	35	48	77
4	14	24	34	39	44	53		4	17	20	31	34	46	37
4	14	24	34	40	44	266		4	17	23	24	36	37	94
4	14	24	34	41	44	31		4	17	26	31	40	45	39
4	14	24	34	42	44	31		4	17	32	35	41	48	85
4	14	24	34	43	44	48		4	18	21	32	41	48	64
4	14	24	34	44	45	141		4	18	22	25	28	46	61
4	14	24	34	44	46	110		4	18	22	28	32	46	573
4	14	24	34	44	47	103		4	18	23	24	32	45	40
4	14	24	34	44	48	168		4	18	23	27	32	46	368
4	14	24	34	44	49	207		4	18	24	25	26	32	25
4	15	16	20	31	42	113		4	18	24	26	32	46	158
4	15	18	21	32	46	280		4	18	25	32	39	46	178
4	15	20	26	32	47	52		4	18	27	32	41	46	29
4	15	21	29	35	46	82		4	18	29	32	35	46	100
4	16	18	20	32	46	429		4	18	30	32	34	46	88
4	16	19	30	33	45	26		4	18	32	36	42	46	35
4	16	19	31	34	46	34		4	18	32	37	41	46	39
4	16	20	25	37	41	40		4	18	32	38	40	46	29
4	16	20	30	34	46	97		4	18	32	43	46	49	45
4	16	20	32	37	41	51		4	18	32	44	46	48	41
4	16	20	32	37	48	27		4	19	23	24	31	43	38
4	16	20	32	41	44	41		4	22	24	26	28	46	48
4	16	20	32	44	48	85		4	22	25	28	32	46	62
4	16	20	37	41	46	27		4	22	25	28	37	46	29
4	16	21	22	36	46	29		4	22	25	28	39	46	37
4	16	22	28	30	36	29		4	22	25	28	46	49	57
4	16	28	33	45	48	47		4	22	25	31	33	43	104
4	16	28	43	45	48	38		4	24	28	29	35	45	23
4	17	19	22	40	42	29		4	24	33	34	38	39	36
4	17	19	23	33	37	83		4	26	30	33	34	39	36
4	17	19	25	31	33	58		4	26	32	33	36	48	63
4	17	19	30	34	46	25		4	26	33	34	36	48	170
4	17	19	31	33	39	27		4	26	33	36	38	48	30
4	17	19	31	33	46	98		5	6	7	8	9	10	92

5	6	7	12	13	14	47	5	9	12	19	21	28	56
5	6	7	13	14	21	27	5	9	13	23	26	28	75
5	6	7	43	44	45	76	5	9	18	27	36	45	27
5	6	7	47	48	49	47	5	9	19	29	39	49	40
5	6	8	15	20	31	52	5	10	12	18	25	44	81
5	6	10	20	30	40	30	5	10	13	14	27	47	39
5	6	12	13	19	20	26	5	10	15	20	25	30	1 527
5	6	12	21	31	41	64	5	10	15	20	25	35	80
5	6	15	19	30	33	30	5	10	15	20	25	40	38
5	6	15	25	35	45	57	5	10	15	20	30	40	126
5	6	16	26	36	46	39	5	10	15	25	30	35	56
5	6	16	34	35	41	46	5	10	15	25	30	40	26
5	6	19	20	25	33	72	5	10	15	25	35	40	25
5	7	8	21	42	46	28	5	10	15	25	35	45	430
5	7	9	11	13	15	26	5	10	15	27	31	36	35
5	7	11	12	15	41	32	5	10	15	35	40	45	26
5	7	11	13	15	36	29	5	10	19	24	33	37	25
5	7	11	13	17	19	33	5	10	19	24	33	38	113
5	7	14	21	28	35	36	5	10	19	31	40	45	25
5	7	15	25	35	45	52	5	10	20	24	33	38	26
5	7	16	18	22	45	100	5	10	20	25	30	35	43
5	7	17	27	37	47	110	5	10	20	25	30	40	195
5	7	19	22	42	48	25	5	10	20	25	40	45	31
5	7	22	37	47	49	42	5	10	20	30	35	40	39
5	7	30	33	35	37	78	5	10	20	30	40	45	222
5	8	10	11	18	31	109	5	10	20	30	40	49	84
5	8	11	14	16	19	31	5	10	21	24	34	37	139
5	8	11	20	36	46	35	5	10	22	25	34	42	34
5	8	11	22	24	27	31	5	10	25	30	40	45	34
5	8	11	31	32	36	29	5	11	13	17	23	29	28
5	8	11	38	41	49	30	5	11	15	25	35	45	45
5	8	14	21	28	33	47	5	11	16	21	27	41	116
5	8	15	25	35	45	28	5	11	17	20	26	32	36
5	8	17	23	40	47	35	5	11	17	21	29	38	83
5	8	18	28	38	48	74	5	11	17	23	29	30	28
5	8	18	32	35	47	28	5	11	17	23	29	33	28
5	9	10	25	26	45	28	5	11	17	23	29	35	26

5	11	17	23	29	36	51	5	14	18	20	24	33	39
5	11	17	23	29	37	112	5	14	18	22	29	35	39
5	11	17	23	31	39	84	5	14	20	26	30	41	599
5	11	17	24	32	40	29	5	14	22	23	37	47	918
5	11	17	25	31	37	50	5	14	23	32	41	49	25
5	11	17	25	33	41	216	5	14	23	34	39	44	30
5	11	17	26	32	38	35	5	14	24	33	47	48	100
5	11	17	27	33	39	28	5	14	24	34	46	48	132
5	11	17	32	40	48	26	5	15	16	25	35	45	37
5	11	17	33	39	45	28	5	15	17	25	35	45	32
5	11	18	25	32	39	27	5	15	19	25	35	45	29
5	11	19	23	25	26	39	5	15	20	25	30	35	50
5	11	19	25	33	39	198	5	15	20	25	35	45	122
5	12	14	21	24	33	98	5	15	21	25	35	45	33
5	12	15	25	35	45	39	5	15	25	26	35	45	54
5	12	18	19	29	45	41	5	15	25	27	35	45	27
5	12	18	24	30	36	28	5	15	25	29	35	45	39
5	12	18	25	31	38	34	5	15	25	30	35	45	117
5	12	18	25	33	40	30	5	15	25	31	35	45	32
5	12	18	27	35	44	28	5	15	25	32	35	45	45
5	12	19	24	31	38	40	5	15	25	33	35	45	30
5	12	19	25	31	37	25	5	15	25	35	36	45	44
5	12	19	25	32	39	56	5	15	25	35	37	45	42
5	12	19	26	33	40	815	5	15	25	35	38	45	39
5	12	19	26	33	47	70	5	15	25	35	39	45	51
5	12	19	26	40	47	42	5	15	25	35	40	45	133
5	12	19	31	38	45	37	5	15	25	35	41	45	32
5	12	19	32	39	46	28	5	15	25	35	43	45	35
5	12	19	33	40	47	93	5	15	25	35	44	45	47
5	12	26	33	40	47	48	5	15	25	35	45	46	184
5	13	15	18	39	46	131	5	15	25	35	45	47	88
5	13	15	25	35	45	85	5	15	25	35	45	48	103
5	13	18	29	32	35	31	5	15	25	35	45	49	298
5	13	19	27	33	41	87	5	15	33	43	48	49	42
5	13	21	27	33	39	77	5	17	18	24	26	41	25
5	13	21	29	37	45	111	5	17	19	20	43	47	27
5	14	15	25	35	45	38	5	17	19	31	33	45	25

5	17	21	29	33	45	52	6	7	16	24	46	48	34
5	17	23	42	44	46	96	6	7	16	26	36	46	61
5	17	26	31	40	45	26	6	7	17	27	37	47	53
5	17	26	32	35	37	67	6	7	18	23	37	49	53
5	17	26	32	35	43	31	6	7	25	31	34	44	27
5	17	32	34	43	45	133	6	8	9	29	31	44	401
5	19	20	21	30	34	96	6	8	10	19	29	37	79
5	19	23	37	40	47	59	6	8	11	14	41	49	234
5	19	26	33	40	47	53	6	8	12	26	32	49	53
5	20	21	26	30	48	31	6	8	14	19	32	44	43
5	20	21	32	33	48	25	6	8	18	26	30	44	31
5	20	21	39	47	48	26	6	8	18	28	38	48	65
5	20	25	33	41	43	290	6	9	12	26	32	49	37
5	20	26	32	39	48	31	6	9	13	20	34	48	29
5	20	26	33	47	48	26	6	9	13	24	33	47	35
5	24	26	29	33	38	82	6	9	16	26	36	46	25
5	24	28	30	44	49	214	6	9	19	29	39	49	52
5	25	27	30	34	39	80	6	9	19	31	41	44	28
5	25	35	41	44	45	45	6	10	14	29	32	36	28
5	27	30	34	35	37	117	6	10	15	17	25	41	81
5	27	30	34	35	49	79	6	10	15	20	25	30	26
5	27	30	34	37	49	64	6	10	16	26	36	46	68
5	27	30	35	37	49	34	6	10	18	22	30	34	26
5	27	34	35	37	47	26	6	10	18	22	30	41	27
5	27	34	35	37	48	43	6	10	19	23	33	38	26
5	27	34	35	37	49	3 698	6	10	19	24	33	38	52
5	29	34	40	41	45	26	6	10	19	24	34	38	25
5	30	34	35	37	49	30	6	10	20	23	33	38	25
5	32	36	39	40	45	88	6	10	20	24	33	38	30
6	7	8	9	10	11	59	6	10	20	24	34	38	47
6	7	9	11	20	45	28	6	10	20	25	30	40	38
6	7	11	17	36	41	297	6	10	20	30	40	44	32
6	7	12	23	24	41	61	6	10	20	30	40	49	32
6	7	12	32	39	45	32	6	11	13	33	34	42	48
6	7	13	14	20	21	69	6	11	13	33	35	38	39
6	7	14	21	28	35	40	6	11	16	21	26	31	29
6	7	14	36	43	44	52	6	11	16	26	36	46	72

6	11	18	19	24	39	161	6	13	20	24	31	38	25
6	11	19	25	27	43	35	6	13	20	25	32	39	26
6	11	20	25	34	39	26	6	13	20	26	32	38	36
6	11	24	26	29	36	80	6	13	20	26	33	40	39
6	12	15	16	28	48	26	6	13	20	27	34	41	807
6	12	15	33	37	42	47	6	13	20	27	34	48	51
6	12	16	26	36	46	93	6	13	20	27	41	48	27
6	12	17	18	30	32	190	6	13	20	30	37	44	28
6	12	17	26	33	38	36	6	13	20	32	39	46	31
6	12	17	38	40	47	31	6	13	20	34	41	48	54
6	12	18	24	30	32	35	6	13	27	34	41	48	45
6	12	18	24	30	36	2 288	6	13	39	41	44	47	94
6	12	18	24	30	38	32	6	14	16	26	36	46	30
6	12	18	24	31	38	25	6	14	18	30	37	41	133
6	12	18	24	32	36	35	6	14	20	26	32	38	35
6	12	18	24	32	38	67	6	14	20	28	34	42	104
6	12	18	24	32	40	163	6	14	21	28	35	42	40
6	12	18	24	36	42	35	6	14	22	30	38	46	27
6	12	18	24	36	48	31	6	14	22	31	37	44	51
6	12	18	25	33	41	48	6	15	23	30	31	49	34
6	12	18	26	32	38	57	6	15	25	31	35	42	169
6	12	18	26	32	40	31	6	16	17	26	36	46	37
6	12	18	26	34	42	121	6	16	17	41	42	49	61
6	12	18	31	37	43	33	6	16	18	26	36	46	33
6	12	18	33	39	45	26	6	16	20	26	36	46	32
6	12	19	26	33	40	26	6	16	22	30	36	48	74
6	12	19	26	44	45	37	6	16	24	26	36	46	29
6	12	20	26	34	40	74	6	16	25	26	36	46	27
6	12	20	27	39	46	75	6	16	25	37	40	41	65
6	12	24	36	42	48	29	6	16	26	27	36	46	33
6	12	25	26	35	39	35	6	16	26	28	36	46	42
6	13	15	16	18	23	99	6	16	26	30	36	46	41
6	13	16	26	36	46	65	6	16	26	31	36	46	75
6	13	18	23	26	30	29	6	16	26	32	36	46	61
6	13	18	34	42	49	59	6	16	26	33	36	46	38
6	13	19	25	31	37	44	6	16	26	34	36	46	40
6	13	19	26	32	39	41	6	16	26	35	36	46	59

6	16	26	36	37	46	25	7	8	17	24	37	48	31
6	16	26	36	38	46	32	7	8	17	27	37	47	90
6	16	26	36	39	46	40	7	8	17	29	36	42	37
6	16	26	36	40	46	40	7	8	18	19	32	49	117
6	16	26	36	41	46	59	7	8	18	28	38	48	78
6	16	26	36	42	46	82	7	8	18	42	47	48	25
6	16	26	36	45	46	40	7	8	19	25	33	38	46
6	16	26	36	46	47	142	7	8	20	23	35	42	25
6	16	26	36	46	48	92	7	8	21	22	35	36	62
6	16	26	36	46	49	175	7	8	24	30	33	37	244
6	17	18	26	35	39	41	7	8	26	37	40	43	28
6	17	20	21	39	41	30	7	8	9	10	11	12	167
6	17	26	32	35	37	39	7	8	10	31	32	38	30
6	17	36	37	42	44	40	7	8	12	23	41	43	25
6	18	19	23	34	46	78	7	8	15	23	39	44	92
6	18	22	26	30	41	28	7	8	17	22	32	44	43
6	18	22	26	30	44	394	7	8	17	24	37	48	31
6	18	22	30	41	44	73	7	8	17	27	37	47	90
6	18	25	32	41	46	370	7	8	17	29	36	42	37
6	18	26	30	41	44	69	7	8	18	19	32	49	117
6	18	27	29	35	48	33	7	8	18	28	38	48	78
6	19	30	31	39	41	28	7	8	18	42	47	48	25
6	20	27	34	41	48	49	7	8	19	25	33	38	46
6	22	34	35	48	49	28	7	8	20	23	35	42	25
6	24	26	27	32	39	33	7	8	21	22	35	36	62
6	25	27	30	33	39	46	7	8	24	30	33	37	244
6	25	27	30	34	39	1 896	7	8	26	37	40	43	28
6	27	34	35	37	49	61	7	9	11	18	35	42	28
6	28	35	36	38	48	94	7	9	13	17	19	25	26
6	28	35	36	38	49	51	7	9	15	18	25	40	33
6	28	38	40	43	46	40	7	9	15	24	31	49	52
6	32	33	35	44	47	26	7	9	17	27	37	47	60
7	8	9	10	11	12	167	7	9	19	29	39	49	71
7	8	10	31	32	38	30	7	9	19	31	41	43	63
7	8	12	23	41	43	25	7	10	11	16	18	28	61
7	8	15	23	39	44	92	7	10	11	16	28	45	26
7	8	17	22	32	44	43	7	10	13	16	28	45	28

7	10	16	25	33	40	81	7	13	16	28	45	48	29
7	10	16	28	29	36	41	7	13	16	32	40	43	25
7	10	16	28	33	43	43	7	13	16	32	40	46	31
7	10	16	28	33	45	138	7	13	17	20	23	43	32
7	10	16	28	33	48	44	7	13	17	27	37	47	253
7	10	16	28	43	45	100	7	13	19	24	30	36	26
7	10	16	28	43	48	36	7	13	19	25	31	32	25
7	10	16	28	45	48	232	7	13	19	25	31	37	4 004
7	10	16	33	43	45	28	7	13	19	25	31	38	44
7	10	16	33	45	48	73	7	13	19	25	31	39	40
7	10	16	43	45	48	71	7	13	19	25	31	43	188
7	10	17	27	37	47	92	7	13	19	25	32	39	29
7	10	20	25	30	40	38	7	13	19	25	33	41	136
7	10	20	30	40	43	42	7	13	19	25	37	43	82
7	10	20	30	40	49	45	7	13	19	26	32	38	28
7	10	22	23	25	41	30	7	13	19	26	33	40	31
7	10	22	28	31	44	33	7	13	19	26	34	42	102
7	10	28	33	45	48	34	7	13	19	27	33	39	43
7	10	28	43	45	48	29	7	13	19	27	33	41	26
7	10	34	37	40	41	174	7	13	19	27	35	41	44
7	11	13	17	19	23	44	7	13	19	31	37	43	665
7	11	13	22	33	44	42	7	13	19	31	39	47	31
7	11	14	35	41	45	40	7	13	19	33	41	49	92
7	11	15	30	34	42	73	7	13	20	24	35	38	36
7	11	17	27	37	47	136	7	13	20	27	34	41	31
7	11	22	31	37	42	28	7	13	21	27	35	41	241
7	11	22	33	44	49	25	7	13	21	28	35	42	38
7	11	23	25	27	39	32	7	13	21	29	37	43	44
7	11	23	27	39	43	25	7	13	25	31	37	43	100
7	12	13	16	23	32	29	7	13	28	34	39	47	116
7	12	15	33	39	45	124	7	14	15	23	36	41	58
7	12	17	22	31	40	33	7	14	16	20	34	44	116
7	12	17	27	37	47	82	7	14	17	27	37	47	200
7	12	18	24	30	36	28	7	14	20	26	32	38	46
7	12	29	35	42	46	28	7	14	20	27	33	40	43
7	13	14	21	28	35	27	7	14	20	27	35	42	25
7	13	15	33	46	47	26	7	14	21	22	29	36	53

7	14	21	27	33	39	52	7	17	21	27	37	47	74
7	14	21	27	34	41	74	7	17	22	26	27	35	25
7	14	21	28	33	35	25	7	17	22	27	37	47	59
7	14	21	28	34	35	33	7	17	23	27	37	47	53
7	14	21	28	35	40	34	7	17	24	27	37	47	31
7	14	21	28	35	41	61	7	17	24	35	38	45	118
7	14	21	28	35	42	3817	7	17	25	27	37	47	83
7	14	21	28	35	43	26	7	17	26	27	37	47	29
7	14	21	28	35	49	283	7	17	26	31	34	47	90
7	14	21	28	42	49	132	7	17	27	28	37	47	53
7	14	21	29	36	43	215	7	17	27	29	37	47	50
7	14	21	34	41	48	25	7	17	27	30	37	47	48
7	14	21	35	42	49	257	7	17	27	31	37	47	71
7	14	22	39	43	47	35	7	17	27	32	37	47	232
7	14	24	33	43	49	41	7	17	27	33	37	47	105
7	14	28	35	42	49	94	7	17	27	34	37	47	45
7	15	17	27	37	47	40	7	17	27	35	37	47	83
7	15	20	28	33	39	75	7	17	27	37	38	47	42
7	15	21	29	35	43	33	7	17	27	37	39	47	45
7	15	23	28	33	37	29	7	17	27	37	40	47	65
7	15	23	31	39	47	43	7	17	27	37	41	47	66
7	15	27	30	36	49	25	7	17	27	37	42	47	75
7	16	17	27	37	47	38	7	17	27	37	43	47	67
7	16	19	31	40	43	32	7	17	27	37	44	47	48
7	16	19	31	41	43	27	7	17	27	37	45	47	43
7	16	28	33	43	45	47	7	17	27	37	46	47	55
7	16	28	33	43	48	26	7	17	27	37	47	48	190
7	16	28	33	45	48	143	7	17	27	37	47	49	473
7	16	28	38	45	48	26	7	17	38	41	44	49	128
7	16	28	43	45	48	134	7	18	22	28	34	42	38
7	16	31	42	45	48	37	7	18	29	31	44	48	51
7	16	33	43	45	48	63	7	18	34	38	40	49	104
7	17	18	27	37	47	58	7	19	20	26	33	46	46
7	17	19	22	23	27	28	7	19	25	31	37	43	106
7	17	19	27	37	47	59	7	20	24	33	39	46	32
7	17	19	31	33	43	153	7	21	28	35	42	49	124
7	17	20	27	37	47	41	7	22	26	27	36	41	63

7	23	28	29	33	37	69	8	14	17	20	38	48	44
7	25	26	31	36	48	220	8	14	17	34	38	43	38
7	26	28	31	35	40	119	8	14	17	39	43	49	55
7	27	30	31	35	43	42	8	14	18	32	36	42	35
7	29	31	41	43	45	34	8	14	21	25	35	36	37
8	9	10	11	12	13	163	8	14	21	25	36	39	2 083
8	9	13	14	21	41	34	8	14	22	28	36	42	231
8	9	14	22	24	33	52	8	14	25	36	42	46	38
8	9	15	18	30	42	73	8	15	17	23	29	45	109
8	9	19	25	30	39	66	8	15	21	36	40	43	56
8	10	12	14	16	18	36	8	15	22	28	35	42	54
8	10	12	16	18	20	44	8	15	22	29	36	43	717
8	10	18	28	38	48	34	8	15	22	30	38	46	26
8	11	14	22	25	28	31	8	15	22	35	42	49	44
8	11	14	29	32	35	35	8	15	23	29	31	37	52
8	11	14	36	39	42	34	8	15	23	30	38	45	29
8	11	15	19	31	32	30	8	15	23	31	39	47	37
8	11	16	17	37	47	25	8	16	18	28	38	48	49
8	11	17	19	31	41	29	8	16	19	20	25	40	30
8	11	18	27	33	46	82	8	16	20	24	26	32	26
8	11	27	34	41	44	37	8	16	22	30	36	44	98
8	11	31	32	34	39	75	8	16	24	31	37	43	42
8	12	16	20	24	28	27	8	16	24	32	38	44	49
8	12	16	25	32	48	42	8	16	24	32	40	47	27
8	12	23	27	33	37	54	8	16	24	32	40	48	2 097
8	12	25	29	32	44	30	8	16	24	32	40	49	26
8	12	30	32	35	38	71	8	17	26	42	47	48	44
8	12	30	32	45	49	42	8	17	27	32	41	45	42
8	13	15	31	39	47	104	8	18	19	28	38	48	36
8	13	18	28	38	48	63	8	18	23	28	38	48	34
8	13	21	25	37	42	33	8	18	24	28	38	48	30
8	13	24	28	29	34	25	8	18	28	29	38	48	58
8	13	24	28	34	44	192	8	18	28	30	38	48	26
8	13	26	27	29	43	59	8	18	28	31	38	48	27
8	13	28	34	44	46	53	8	18	28	32	38	48	52
8	14	15	21	22	28	38	8	18	28	33	38	48	49
8	14	16	20	24	26	31	8	18	28	38	40	48	44

8	18	28	38	41	48	29	9	10	23	24	36	49	122
8	18	28	38	42	48	29	9	10	24	25	39	40	30
8	18	28	38	43	48	31	9	11	13	15	17	19	76
8	18	28	38	44	48	29	9	11	13	16	18	20	26
8	18	28	38	46	48	26	9	11	13	17	19	21	68
8	18	28	38	48	49	199	9	11	13	17	19	25	66
8	19	20	24	33	45	35	9	11	13	22	40	46	55
8	19	20	31	40	43	47	9	11	13	23	25	27	102
8	19	20	31	40	44	37	9	11	13	24	26	28	34
8	19	21	32	33	36	46	9	11	13	24	26	32	27
8	19	22	37	44	45	55	9	11	13	24	26	39	67
8	19	22	38	43	48	39	9	11	13	25	37	41	56
8	19	27	37	41	44	41	9	11	13	30	32	34	54
8	20	21	33	41	44	31	9	11	13	37	39	41	75
8	20	25	30	36	37	68	9	11	17	19	25	27	26
8	21	22	35	36	49	54	9	11	17	23	25	31	41
8	21	26	41	45	49	20	9	11	18	30	36	46	49
8	21	28	35	42	48	108	9	11	19	29	39	49	32
8	22	26	28	32	48	32	9	11	20	24	34	39	45
8	22	26	30	31	48	218	9	11	23	25	27	39	25
8	29	32	41	43	47	50	9	11	23	25	33	47	99
8	31	32	33	43	46	49	9	11	23	25	37	39	90
8	32	42	44	46	47	52	9	11	24	26	38	40	31
9	10	11	12	13	14	182	9	11	24	26	39	41	43
9	10	11	16	17	18	37	9	11	28	30	42	45	32
9	10	11	19	20	21	25	9	12	14	23	25	44	34
9	10	11	24	25	26	25	9	12	19	28	36	43	120
9	10	11	37	40	46	56	9	12	20	25	37	41	74
9	10	16	17	21	38	73	9	12	21	31	37	44	364
9	10	16	17	23	24	34	9	12	22	37	41	47	123
9	10	16	25	38	40	85	9	12	23	26	37	40	203
9	10	17	23	32	47	45	9	12	24	26	38	40	36
9	10	18	19	27	28	37	9	12	24	27	37	40	47
9	10	19	25	29	41	32	9	12	24	27	37	41	27
9	10	19	29	39	49	66	9	12	24	27	38	41	25
9	10	21	25	32	49	57	9	12	24	27	39	42	25
9	10	22	34	46	48	41	9	12	24	33	37	47	25

9	12	32	41	43	45	201		9	13	25	37	39	41	63
9	13	17	19	25	32	70		9	13	25	37	41	46	368
9	13	17	25	33	41	45		9	13	25	37	41	47	32
9	13	17	26	31	40	25		9	13	25	37	41	49	40
9	13	18	23	27	32	73		9	13	30	34	44	48	25
9	13	18	23	27	39	43		9	14	15	28	31	47	38
9	13	18	23	33	38	34		9	14	17	20	21	26	34
9	13	18	25	30	34	27		9	14	18	30	34	39	32
9	13	18	25	37	41	33		9	14	19	29	39	49	31
9	13	18	27	30	39	35		9	14	21	25	36	39	27
9	13	18	27	30	40	28		9	14	22	35	41	48	37
9	13	18	27	36	45	27		9	14	23	28	37	42	28
9	13	18	30	34	39	85		9	15	17	23	32	43	41
9	13	18	30	34	46	62		9	15	22	26	37	40	49
9	13	18	31	33	46	28		9	15	23	29	37	43	106
9	13	18	31	34	46	36		9	15	23	31	39	47	39
9	13	18	32	37	41	188		9	15	26	29	38	42	27
9	13	19	29	39	49	56		9	15	28	31	42	43	75
9	13	22	27	36	45	74		9	16	17	23	41	44	27
9	13	22	28	37	41	53		9	16	22	26	44	46	227
9	13	23	25	37	41	39		9	16	23	27	33	41	25
9	13	23	26	37	41	36		9	16	23	27	34	41	36
9	13	23	26	38	41	29		9	16	23	30	37	44	491
9	13	23	27	37	41	425		9	16	23	31	38	45	39
9	13	24	26	37	41	188		9	16	23	32	39	46	33
9	13	24	27	37	40	25		9	16	23	33	40	47	28
9	13	24	27	37	41	30		9	16	24	31	39	46	46
9	13	24	27	38	41	37		9	16	24	32	40	48	43
9	13	25	27	37	41	34		9	16	25	32	41	48	36
9	13	25	28	37	41	46		9	16	26	30	35	42	25
9	13	25	29	35	46	111		9	16	28	29	31	43	69
9	13	25	30	34	39	47		9	17	18	19	40	46	39
9	13	25	30	34	46	54		9	17	19	25	31	33	43
9	13	25	30	41	45	25		9	17	19	31	33	41	31
9	13	25	32	37	41	77		9	17	20	21	26	41	1 868
9	13	25	34	37	46	35		9	17	20	26	35	41	33
9	13	25	34	37	47	35		9	17	21	27	33	47	45

9	17	23	29	32	43	28	9	19	23	26	47	48	45
9	17	23	31	37	45	126	9	19	23	33	37	47	75
9	17	25	27	33	39	30	9	19	24	29	39	49	50
9	17	25	30	38	46	27	9	19	24	33	38	47	27
9	17	25	31	37	43	201	9	19	24	34	37	46	26
9	17	25	31	39	47	66	9	19	25	26	31	39	48
9	17	25	32	38	44	67	9	19	25	29	39	49	45
9	17	25	32	39	46	27	9	19	26	34	43	47	30
9	17	25	33	37	41	49	9	19	27	29	39	49	39
9	17	25	33	38	41	28	9	19	28	29	39	49	69
9	17	25	33	39	45	105	9	19	29	30	39	49	31
9	17	25	33	40	49	31	9	19	29	31	39	49	27
9	17	25	33	41	42	45	9	19	29	33	39	49	27
9	17	25	33	41	46	25	9	19	29	34	39	49	28
9	17	25	33	41	47	48	9	19	29	35	39	49	33
9	17	25	33	41	48	52	9	19	29	39	40	49	35
9	17	25	33	41	49	2 227	9	19	29	39	42	49	40
9	18	19	29	39	49	51	9	19	29	39	43	49	50
9	18	21	26	41	44	52	9	19	29	39	44	49	30
9	18	21	29	44	45	126	9	19	29	39	45	49	41
9	18	23	27	32	37	46	9	19	29	39	48	49	85
9	18	23	27	32	41	43	9	20	23	34	37	48	43
9	18	23	32	37	46	68	9	20	28	43	48	49	37
9	18	27	30	39	48	59	9	21	22	32	48	49	32
9	18	27	31	36	45	46	9	21	22	36	48	49	33
9	18	27	31	40	45	25	9	21	26	29	36	38	69
9	18	27	32	36	45	64	9	21	26	32	38	49	32
9	18	27	32	37	46	30	9	27	32	37	44	47	35
9	18	27	33	39	45	30	9	35	38	39	43	45	34
9	18	27	36	40	45	35	10	11	12	13	14	15	71
9	18	27	36	42	45	29	10	11	12	17	18	19	79
9	18	27	36	45	46	33	10	11	12	18	25	32	61
9	18	27	36	45	47	36	10	11	12	24	25	26	38
9	18	27	36	45	48	70	10	11	12	31	32	33	41
9	18	27	36	45	49	189	10	11	12	38	39	40	36
9	19	21	28	29	44	26	10	11	13	21	29	34	29
9	19	21	32	38	49	50	10	11	13	22	35	45	210

10	11	16	28	45	48	36	10	13	24	26	38	41	30
10	11	17	18	24	25	89	10	13	24	27	37	40	30
10	11	18	25	32	39	25	10	13	24	27	38	41	262
10	11	20	21	30	31	34	10	13	25	30	34	39	35
10	11	20	30	40	41	27	10	13	25	30	41	45	25
10	11	24	25	38	39	70	10	13	25	37	41	46	45
10	11	25	26	40	41	27	10	14	22	26	38	42	25
10	11	27	31	42	45	31	10	14	24	28	38	42	45
10	11	32	37	40	49	82	10	14	25	29	38	45	258
10	12	14	16	18	20	73	10	15	20	25	30	35	109
10	12	14	24	26	28	27	10	15	20	25	30	40	89
10	12	17	19	24	26	38	10	15	20	30	35	40	26
10	12	17	24	26	30	38	10	15	20	30	40	45	35
10	12	17	24	29	36	83	10	15	22	23	34	41	31
10	12	17	37	38	49	27	10	16	17	18	24	31	25
10	12	18	24	26	32	141	10	16	18	23	25	31	28
10	12	18	25	31	33	46	10	16	18	24	30	32	36
10	12	18	25	32	39	30	10	16	18	28	45	48	33
10	12	18	31	33	39	31	10	16	19	28	30	39	229
10	12	18	32	38	40	43	10	16	21	28	45	48	25
10	12	21	34	44	49	143	10	16	21	37	39	45	28
10	12	23	25	27	39	31	10	16	22	30	38	46	60
10	12	23	27	38	40	56	10	16	24	30	38	44	84
10	12	24	26	38	40	376	10	16	24	32	40	48	25
10	12	25	41	47	49	71	10	16	27	31	38	40	31
10	13	16	23	29	36	191	10	16	28	33	43	45	58
10	13	16	28	29	47	29	10	16	28	33	43	48	30
10	13	17	26	30	49	28	10	16	28	33	45	48	155
10	13	17	29	31	36	80	10	16	28	43	45	48	460
10	13	18	25	32	37	47	10	16	33	43	45	48	59
10	13	18	27	32	46	110	10	17	18	40	42	44	118
10	13	23	26	37	40	25	10	17	19	24	43	44	60
10	13	23	26	38	40	27	10	17	24	25	32	39	37
10	13	23	26	38	41	60	10	17	24	26	33	40	48
10	13	23	26	38	48	25	10	17	24	30	37	44	28
10	13	23	27	38	41	25	10	17	24	31	32	33	49
10	13	24	26	38	40	33	10	17	24	31	38	45	618

10	17	24	32	39	46	74	10	19	23	34	38	47	30
10	17	24	32	40	48	32	10	19	24	28	33	38	27
10	17	24	33	40	47	54	10	19	24	33	37	46	30
10	17	25	32	40	47	68	10	19	24	33	38	46	32
10	17	25	33	41	49	37	10	19	24	33	38	47	192
10	17	26	34	42	48	40	10	20	21	30	31	40	25
10	18	20	26	43	46	71	10	20	21	30	40	41	25
10	18	21	22	27	42	32	10	20	21	38	46	49	25
10	18	22	34	35	43	279	10	20	23	32	37	41	27
10	18	23	26	31	39	30	10	20	24	33	38	47	25
10	18	24	26	32	38	36	10	20	24	34	38	48	79
10	18	24	26	32	40	31	10	20	25	30	34	39	35
10	18	24	30	32	44	29	10	20	25	30	35	40	89
10	18	24	30	33	43	30	10	20	25	30	40	43	31
10	18	24	30	33	44	1 269	10	20	25	30	40	44	66
10	18	24	30	33	45	28	10	20	25	30	40	45	157
10	18	24	30	34	44	27	10	20	25	30	40	46	29
10	18	24	32	38	46	261	10	20	25	30	40	48	35
10	18	24	33	38	47	29	10	20	25	30	40	49	70
10	18	25	27	31	44	53	10	20	30	31	40	41	58
10	18	25	32	39	46	25	10	20	30	33	40	44	33
10	18	26	30	38	46	40	10	20	30	35	40	45	54
10	18	26	31	37	43	29	10	20	30	40	41	42	108
10	18	26	31	39	47	47	10	20	30	40	42	43	26
10	18	26	32	38	44	184	10	20	30	40	42	49	26
10	18	26	32	38	46	35	10	20	30	40	43	49	47
10	18	26	32	40	48	25	10	20	30	40	44	46	25
10	18	26	33	39	45	27	10	20	30	40	44	48	31
10	18	26	34	40	46	66	10	20	30	40	45	49	42
10	18	26	34	42	48	53	10	20	30	40	47	48	29
10	18	26	34	42	49	44	10	20	30	40	48	49	121
10	18	28	32	35	38	31	10	21	39	42	46	48	18
10	19	23	27	32	38	45	10	22	25	36	42	44	56
10	19	23	32	37	41	28	10	23	26	31	33	47	25
10	19	23	32	41	44	27	10	24	31	40	41	49	84
10	19	23	33	38	47	33	10	27	36	43	45	49	51
10	19	23	33	38	48	35	11	12	13	14	15	16	63

11	12	14	22	24	41	26	11	16	21	24	32	43	32
11	12	14	23	44	48	148	11	16	25	30	39	44	45
11	12	14	35	37	43	71	11	16	26	30	39	41	103
11	12	17	23	27	40	43	11	16	26	31	37	41	31
11	12	18	19	25	26	31	11	16	30	36	38	43	248
11	12	19	33	37	42	63	11	17	18	19	25	32	379
11	12	22	33	41	42	104	11	17	19	23	25	27	46
11	12	25	26	39	40	37	11	17	19	23	25	31	25
11	12	39	42	46	49	64	11	17	19	23	27	32	88
11	13	15	17	19	21	52	11	17	19	23	27	39	26
11	13	17	19	23	25	25	11	17	19	24	26	32	146
11	13	19	25	27	30	89	11	17	19	25	31	33	224
11	13	19	25	27	33	31	11	17	19	25	32	39	98
11	13	19	38	41	43	43	11	17	19	28	33	44	26
11	13	23	25	27	39	25	11	17	19	31	33	39	122
11	13	24	26	37	45	29	11	17	20	23	26	32	33
11	13	24	26	41	42	25	11	17	23	26	32	38	40
11	13	25	27	39	41	89	11	17	23	27	33	39	41
11	13	27	32	43	48	30	11	17	23	29	37	45	44
11	14	25	28	39	42	40	11	17	23	31	39	47	90
11	14	29	31	35	36	46	11	17	25	31	39	45	184
11	14	29	31	37	49	60	11	17	25	33	39	45	30
11	15	16	22	35	41	57	11	17	26	31	40	45	33
11	15	16	29	39	43	27	11	17	29	30	37	43	37
11	15	17	41	46	49	32	11	18	19	44	46	49	53
11	15	20	24	32	45	65	11	18	20	22	39	49	63
11	15	24	25	38	44	206	11	18	23	27	32	39	51
11	16	17	35	36	38	29	11	18	23	35	41	42	35
11	16	18	20	25	32	29	11	18	24	25	26	32	59
11	16	18	27	32	39	115	11	18	24	26	32	39	138
11	16	20	24	26	32	50	11	18	24	28	30	41	59
11	16	20	25	30	34	41	11	18	25	26	29	33	222
11	16	20	25	37	40	27	11	18	25	30	37	44	28
11	16	20	25	37	41	25	11	18	25	31	32	33	40
11	16	20	25	39	46	26	11	18	25	31	33	39	46
11	16	20	30	34	39	158	11	18	25	31	38	45	32
11	16	20	32	37	41	70	11	18	25	32	39	46	1 202

11	18	25	33	40	47	47	12	17	22	31	33	45	41
11	18	26	33	41	48	30	12	17	26	31	40	45	72
11	19	23	27	31	39	25	12	17	27	31	40	45	27
11	19	23	28	36	39	100	12	17	30	33	45	48	30
11	19	25	27	37	43	28	12	18	23	24	36	47	26
11	19	25	31	34	45	34	12	18	23	25	27	44	89
11	19	25	33	39	47	96	12	18	24	26	32	38	30
11	19	27	33	39	45	58	12	18	24	27	33	39	36
11	19	27	35	41	47	44	12	18	24	30	34	36	34
11	19	32	41	43	44	57	12	18	24	30	36	42	26
11	20	22	24	34	44	25	12	18	24	30	36	43	36
11	20	23	32	37	41	25	12	18	24	30	36	44	25
11	20	25	34	39	48	45	12	18	24	30	38	46	49
11	20	26	30	33	41	49	12	18	24	32	38	44	30
11	22	24	26	28	39	51	12	18	24	32	40	48	126
11	22	25	28	39	46	27	12	18	24	33	39	45	37
11	23	25	27	37	39	26	12	18	26	32	40	46	110
11	23	25	27	39	46	117	12	19	23	25	40	43	234
11	23	25	27	39	49	38	12	19	25	31	37	43	25
11	23	27	32	37	41	25	12	19	26	31	38	45	26
11	23	27	37	41	46	25	12	19	26	32	39	46	31
11	23	31	35	39	41	44	12	19	26	33	40	47	333
11	28	30	32	42	45	27	12	19	27	36	40	47	88
11	28	30	41	42	45	146	12	20	26	34	40	48	40
11	28	30	42	45	46	39	12	20	28	34	40	46	39
11	29	30	31	48	49	31	12	24	26	32	38	43	55
12	13	14	15	16	17	46	12	24	32	36	40	42	1459
12	13	14	19	20	21	28	12	25	28	33	37	41	26
12	13	16	34	35	42	52	12	27	33	34	43	47	36
12	13	18	19	28	37	93	12	30	44	45	46	48	40
12	13	19	20	26	27	26	13	14	15	16	17	18	141
12	14	16	18	20	22	26	13	14	20	21	27	28	31
12	14	21	23	25	41	44	13	14	26	35	40	41	35
12	14	21	28	29	43	30	13	14	26	35	46	48	32
12	14	28	31	36	42	64	13	14	40	41	46	48	33
12	15	19	27	28	48	91	13	15	16	19	20	27	31
12	15	23	27	40	42	155	13	15	16	21	25	42	48

13	15	17	19	21	23	43	14	15	17	25	34	49	28
13	15	19	25	38	43	199	14	15	19	20	25	33	111
13	15	19	35	39	44	34	14	15	28	29	42	43	54
13	15	24	30	43	47	45	14	16	18	20	22	24	40
13	16	25	34	37	46	30	14	16	18	23	32	37	30
13	16	25	34	37	47	26	14	16	19	22	24	27	30
13	16	25	37	41	46	27	14	16	19	31	32	36	33
13	16	27	30	41	44	26	14	16	19	38	41	49	33
13	16	29	41	44	48	124	14	16	20	24	26	32	35
13	17	19	25	31	33	41	14	16	22	30	35	47	91
13	17	19	26	27	35	45	14	16	39	41	44	47	78
13	17	20	25	41	46	434	14	17	18	29	32	44	630
13	17	20	32	34	44	88	14	17	18	33	35	41	32
13	17	21	37	44	45	37	14	17	21	33	42	43	93
13	17	24	25	32	36	77	14	18	33	37	44	47	61
13	17	25	26	32	43	56	14	19	20	21	35	47	70
13	17	27	31	41	45	53	14	19	26	39	40	47	35
13	17	37	41	45	48	56	14	20	23	26	31	38	31
13	18	23	27	32	37	28	14	20	26	32	38	43	26
13	18	27	28	34	39	230	14	20	26	32	38	44	943
13	18	27	32	41	46	37	14	20	26	32	40	48	25
13	18	32	40	43	45	56	14	20	26	33	41	49	35
13	19	24	30	35	40	140	14	20	28	34	42	48	75
13	19	25	31	37	43	2 335	14	21	25	35	36	39	36
13	19	25	31	39	47	40	14	21	27	33	39	45	31
13	19	25	33	39	45	35	14	21	28	29	36	43	26
13	19	25	33	41	49	75	14	21	28	35	42	48	55
13	19	27	33	41	47	50	14	21	28	35	42	49	592
13	20	25	34	39	40	33	14	24	26	29	30	40	260
13	20	27	34	39	40	51	14	24	34	35	43	46	46
13	20	27	34	41	48	289	14	26	31	40	48	49	105
13	21	27	33	39	45	38	14	26	38	42	46	49	77
13	21	27	35	41	49	64	14	31	35	38	39	40	29
13	22	33	39	43	45	45	14	34	36	40	41	43	133
13	25	27	38	46	49	197	14	36	40	41	43	44	37
13	25	33	37	41	43	68	15	16	17	18	19	20	473
14	15	16	17	18	19	56	15	16	17	18	19	21	47

15	16	17	18	20	21	40	15	23	27	31	33	39	33
15	16	17	19	20	21	37	15	23	31	39	41	47	65
15	16	17	22	23	24	35	15	23	31	39	47	48	34
15	16	17	25	26	27	32	15	23	31	39	47	49	32
15	16	18	23	26	30	26	15	24	25	34	43	46	83
15	16	22	23	29	30	40	15	24	27	36	44	46	39
15	16	24	25	33	34	55	15	24	30	32	43	46	34
15	16	28	45	48	49	31	15	26	33	37	38	45	546
15	17	18	19	20	21	25	15	29	30	34	43	44	71
15	17	18	26	34	49	222	15	40	46	47	48	49	29
15	17	19	21	23	25	68	16	17	18	19	20	21	204
15	17	19	21	31	33	26	16	17	18	23	24	25	37
15	17	19	23	25	27	79	16	17	18	25	26	27	25
15	17	19	29	31	33	27	16	17	18	26	27	28	28
15	17	20	23	31	35	72	16	17	18	31	32	33	25
15	17	20	24	31	36	225	16	17	18	32	33	34	43
15	17	20	27	28	39	210	16	17	23	24	30	31	49
15	17	20	35	38	44	466	16	17	24	25	32	33	29
15	17	24	27	44	46	40	16	17	25	26	34	35	31
15	17	26	27	40	41	309	16	17	33	35	40	41	28
15	17	26	31	44	49	27	16	18	20	22	24	26	96
15	17	29	32	47	48	53	16	18	20	23	25	27	34
15	18	21	29	32	35	62	16	18	20	24	26	28	59
15	18	21	36	39	42	29	16	18	20	24	26	32	101
15	19	22	23	27	35	27	16	18	20	30	32	34	171
15	19	22	28	31	37	54	16	18	20	31	33	35	30
15	20	22	32	33	43	67	16	18	20	31	33	46	25
15	20	23	26	31	32	30	16	18	20	37	39	41	37
15	20	25	30	35	40	51	16	18	24	26	32	34	47
15	21	22	28	29	35	112	16	18	24	30	32	38	39
15	21	23	27	29	35	28	16	18	26	27	35	44	51
15	21	23	27	31	33	33	16	18	30	32	44	46	52
15	21	27	30	33	38	43	16	19	23	26	30	33	26
15	21	29	35	43	49	62	16	19	25	31	41	49	34
15	22	28	29	35	42	27	16	19	28	33	45	48	54
15	22	29	35	42	49	28	16	19	28	43	45	48	28
15	22	29	36	43	44	32	16	19	29	30	32	41	78

16	19	30	33	44	47	76	17	18	19	47	48	49	36
16	19	31	33	45	48	28	17	18	21	24	33	34	112
16	20	21	26	27	34	30	17	18	23	26	31	32	54
16	20	23	27	30	34	36	17	18	24	25	31	32	130
16	20	24	26	30	34	27	17	18	25	26	33	34	41
16	20	24	26	32	39	54	17	18	25	32	39	46	25
16	20	25	30	34	39	65	17	19	21	23	25	27	72
16	20	25	32	37	41	40	17	19	21	31	33	35	46
16	20	30	34	44	48	41	17	19	21	32	38	49	58
16	20	38	40	42	45	34	17	19	23	27	29	35	25
16	21	22	25	34	42	189	17	19	23	27	31	33	59
16	21	24	27	32	33	28	17	19	24	25	31	33	25
16	21	25	30	34	48	59	17	19	24	26	31	33	99
16	22	24	29	30	32	26	17	19	25	27	31	33	35
16	24	26	28	39	45	131	17	19	25	31	33	37	31
16	24	32	40	42	48	30	17	19	25	31	33	39	294
16	24	32	40	48	49	42	17	19	25	31	33	41	25
16	24	39	40	43	44	36	17	19	25	31	33	46	96
16	25	33	37	40	44	28	17	19	25	31	33	49	39
16	28	33	38	45	48	39	17	19	25	32	38	40	40
16	28	33	43	45	48	231	17	19	25	38	40	46	26
16	28	38	43	45	48	34	17	19	31	33	45	47	124
16	30	41	42	43	49	91	17	20	25	26	31	34	25
16	33	36	37	42	43	321	17	20	31	34	45	48	51
16	33	38	43	45	48	26	17	21	27	39	42	48	30
17	18	19	20	21	22	43	17	21	32	38	48	49	26
17	18	19	24	25	26	156	17	22	28	31	34	38	206
17	18	19	25	26	27	43	17	23	36	37	44	49	88
17	18	19	25	32	39	70	17	26	32	35	37	43	42
17	18	19	26	27	28	28	17	35	36	43	45	46	87
17	18	19	30	31	32	26	18	19	20	21	22	23	35
17	18	19	31	32	33	86	18	19	20	22	35	40	161
17	18	19	32	33	34	25	18	19	25	26	32	33	52
17	18	19	34	46	48	112	18	20	22	24	26	28	31
17	18	19	37	38	39	28	18	20	26	32	34	40	29
17	18	19	38	39	40	28	18	20	32	34	46	48	34
17	18	19	40	41	42	27	18	22	23	27	32	36	246

18	22	24	26	28	32	45	20	22	24	26	28	29	28
18	22	24	29	38	40	191	20	22	24	26	28	30	55
18	23	25	30	42	45	30	20	22	31	40	41	47	68
18	23	26	30	31	37	25	20	24	27	31	45	48	28
18	23	27	31	33	39	40	20	24	27	34	43	47	43
18	23	27	32	37	41	52	20	24	30	34	38	49	129
18	23	32	33	35	37	79	20	25	30	35	40	45	126
18	23	39	41	44	47	62	20	29	35	42	46	48	35
18	24	25	26	32	39	257	21	22	23	24	25	26	116
18	24	26	30	32	34	77	21	22	24	26	28	29	25
18	24	26	30	34	39	66	21	22	28	29	35	36	26
18	24	26	31	33	39	131	21	23	25	27	28	29	27
18	24	26	32	38	40	106	21	23	25	27	29	31	31
18	24	26	32	39	46	54	21	23	27	31	33	39	26
18	24	26	38	40	46	26	21	23	32	36	38	40	33
18	24	27	30	33	39	34	21	23	37	39	42	46	81
18	25	30	32	39	46	28	21	24	27	30	33	36	41
18	25	31	32	33	39	33	21	25	26	32	48	49	42
18	25	31	33	37	41	26	21	26	32	35	46	48	78
18	25	31	33	39	46	31	21	26	32	38	48	49	30
18	25	32	38	40	46	27	21	27	28	39	44	48	47
19	20	21	22	23	24	157	21	28	33	43	45	48	26
19	20	21	26	27	28	31	21	31	32	38	48	49	52
19	20	21	40	41	42	25	21	31	32	45	48	49	35
19	20	22	35	39	43	27	21	31	33	38	48	49	41
19	20	23	36	38	41	55	21	32	33	38	45	48	34
19	20	42	43	44	49	37	21	32	33	38	45	49	40
19	21	23	25	27	29	26	21	32	33	38	48	49	238
19	21	26	32	38	49	571	22	23	24	25	26	27	598
19	21	30	35	36	43	37	22	23	24	25	26	28	43
19	21	32	38	48	49	393	22	23	24	26	27	28	88
19	22	30	32	33	45	477	22	23	24	29	30	31	38
19	23	26	35	38	44	184	22	23	24	32	33	34	37
19	31	35	41	42	44	29	22	23	29	30	36	37	28
20	21	22	23	24	25	133	22	23	31	32	40	41	26
20	21	27	28	34	35	30	22	24	25	26	27	28	32
20	21	30	31	40	41	35	22	24	26	28	30	32	83

22	24	26	30	32	34	78		25	26	32	33	39	40	27
22	24	27	31	32	36	30		25	27	29	31	33	35	40
22	24	27	38	41	49	33		25	27	30	33	34	39	37
22	26	29	31	40	46	88		25	30	34	38	40	46	28
22	26	31	39	43	47	51		25	30	34	39	44	48	35
22	28	29	35	36	42	35		25	31	32	33	39	46	74
22	28	30	34	38	40	26		25	31	33	37	39	41	47
22	29	36	43	44	45	28		25	31	33	37	41	43	45
22	30	34	38	40	46	49		25	31	33	37	41	46	41
23	24	25	26	27	28	286		25	31	33	37	41	49	30
23	24	25	30	31	32	51		25	31	33	38	40	46	36
23	24	25	31	32	33	35		25	31	33	39	45	47	42
23	24	25	32	33	34	28		26	27	28	29	30	31	81
23	24	30	31	37	38	37		26	27	28	33	34	35	32
23	25	27	29	31	33	87		26	28	30	32	34	36	46
23	25	27	30	32	34	42		26	30	31	37	39	41	32
23	25	27	31	33	35	75		26	30	39	41	44	47	65
23	25	27	31	33	39	83		26	35	40	41	46	48	36
23	25	27	37	39	41	69		26	39	41	44	45	48	30
23	25	27	38	40	42	25		27	28	29	30	31	32	28
23	26	30	33	38	39	47		27	28	34	35	41	42	33
23	27	31	33	39	46	31		27	29	31	33	35	37	26
23	27	32	37	41	46	34		27	29	33	37	39	45	26
24	25	26	27	28	29	74		27	30	34	35	37	49	59
24	25	26	30	31	32	204		28	29	30	31	32	33	36
24	25	26	31	32	33	156		28	30	34	38	40	46	27
24	25	26	32	33	34	30		28	33	38	43	45	48	29
24	25	26	32	39	46	29		28	35	42	47	48	49	31
24	25	26	33	34	35	27		29	30	31	32	33	34	369
24	25	26	38	39	40	28		29	30	31	33	34	35	27
24	25	30	33	38	39	26		29	30	31	36	37	38	40
24	25	31	32	38	39	49		29	30	36	37	43	44	75
24	26	28	30	32	34	65		29	31	33	35	37	39	82
24	26	31	33	38	40	40		29	31	33	37	39	41	62
24	26	32	38	40	46	48		29	32	35	43	46	49	25
24	32	33	35	37	40	31		29	33	37	40	44	49	28
25	26	27	28	29	30	142		29	35	36	42	43	49	51

29	35	37	41	45	47	38	32	34	36	38	40	42	34
29	36	37	43	44	45	39	32	34	44	45	48	49	35
30	31	32	33	34	35	572	32	38	40	44	46	48	74
30	31	32	36	37	38	28	33	34	35	36	37	38	106
30	31	32	37	38	39	63	33	34	35	37	38	39	28
30	31	32	40	41	42	50	33	34	35	40	41	42	47
30	31	33	35	37	39	45	33	34	35	43	44	45	32
30	31	37	38	44	45	25	33	34	35	47	48	49	29
30	32	33	35	36	38	31	33	34	38	39	43	44	25
30	32	33	35	37	39	37	34	35	36	37	38	39	104
30	32	34	35	36	38	26	34	35	39	47	48	49	90
30	32	34	35	37	39	37	34	35	41	42	48	49	105
30	32	34	36	37	38	25	35	36	37	38	39	40	43
30	32	34	36	38	39	55	35	41	42	47	48	49	67
30	32	34	36	38	40	171	35	42	46	47	48	49	53
30	32	34	37	39	41	46	36	37	38	39	40	41	413
30	32	34	38	40	42	46	36	37	38	39	40	42	33
30	32	34	38	40	46	60	36	37	38	40	41	42	55
30	32	34	44	46	48	57	36	37	38	43	44	45	130
31	32	33	34	35	36	219	36	37	38	46	47	48	34
31	32	33	35	37	49	52	36	37	38	47	48	49	65
31	32	33	37	38	39	47	36	38	40	42	44	46	82
31	32	33	38	39	40	74	36	38	40	42	44	48	25
31	32	33	40	41	42	28	36	38	40	43	45	47	36
31	32	36	38	41	49	31	36	38	40	44	46	48	149
31	32	37	40	43	48	48	36	39	42	43	46	49	29
31	32	38	39	45	46	37	36	39	42	44	46	48	27
31	33	35	37	39	41	100	37	38	39	40	41	42	290
31	33	35	40	42	46	28	37	38	39	44	45	46	31
31	33	37	41	43	49	90	37	38	39	47	48	49	103
31	37	39	41	44	47	99	37	39	41	43	45	47	239
31	37	39	43	45	47	30	37	39	41	43	47	49	16
32	33	34	35	36	37	107	37	39	41	44	46	48	106
32	33	34	36	37	38	25	37	39	41	45	47	49	113
32	33	35	36	37	49	50	37	39	43	45	47	49	38
32	33	38	41	44	49	26	37	41	43	45	47	49	43
32	33	39	40	46	47	37	38	39	40	41	42	43	87

38	39	40	45	46	47	66	40	42	44	46	47	49	33
38	39	40	47	48	49	34	40	42	44	46	48	49	149
38	40	42	44	46	48	270	40	42	46	47	48	49	38
38	40	42	45	47	49	33	40	43	44	45	48	49	38
38	40	43	45	47	49	26	40	43	44	46	48	49	30
38	41	43	45	47	49	30	40	45	46	47	48	49	27
39	40	41	42	43	44	44	41	42	43	44	45	46	132
39	41	43	45	47	49	192	41	42	43	44	45	47	25
40	41	42	43	44	45	405	41	42	43	44	46	48	30
40	41	42	43	48	49	29	41	42	43	44	48	49	42
40	41	42	44	45	46	43	41	42	43	45	46	47	27
40	41	42	44	46	48	65	41	42	43	45	46	48	32
40	41	42	45	46	47	26	41	42	43	45	47	48	27
40	41	42	46	47	48	32	41	42	43	45	47	49	80
40	41	42	47	48	49	327	41	42	43	47	48	49	26
40	41	43	45	46	48	31	41	42	44	45	47	48	33
40	41	43	45	47	48	28	41	42	44	45	47	49	39
40	41	43	45	47	49	70	41	42	44	46	47	49	31
40	41	44	45	46	48	32	41	42	44	46	48	49	44
40	41	44	45	47	48	28	41	42	45	46	48	49	27
40	41	44	45	47	49	25	41	42	46	47	48	49	58
40	41	44	45	48	49	25	41	43	44	45	46	48	25
40	41	44	46	48	49	47	41	43	44	45	47	48	26
40	41	46	47	48	49	29	41	43	44	45	47	49	31
40	42	43	44	46	48	71	41	43	44	46	47	49	39
40	42	43	44	46	49	34	41	43	44	46	48	49	40
40	42	43	44	47	49	26	41	43	45	46	47	48	27
40	42	43	45	46	48	70	41	43	45	46	47	49	46
40	42	43	45	46	49	45	41	43	45	46	48	49	50
40	42	43	45	47	48	52	41	43	45	47	48	49	57
40	42	43	45	47	49	155	42	43	44	45	46	47	117
40	42	43	45	48	49	49	42	43	44	45	46	48	25
40	42	43	46	48	49	45	42	43	44	45	48	49	30
40	42	44	45	46	48	46	42	43	44	46	47	48	26
40	42	44	45	47	49	40	42	43	44	46	47	49	31
40	42	44	45	48	49	32	42	43	44	46	48	49	40
40	42	44	46	47	48	33	42	43	44	47	48	49	32

42	43	45	46	47	49	33		43	44	45	46	47	48	1 341
42	43	45	46	48	49	74		43	44	45	46	47	49	154
42	43	45	47	48	49	41		43	44	45	46	48	49	100
42	43	46	47	48	49	29		43	44	45	47	48	49	222
42	44	45	46	47	48	29		43	44	46	47	48	49	83
42	44	46	47	48	49	32		43	45	46	47	48	49	177
42	45	46	47	48	49	41		44	45	46	47	48	49	1 489

Kapitel 19
Vorschläge zur Quotenerhöhung

In diesem Kapitel sollen Tippvorschläge gemacht werden, bei denen die Quotenerwartungen im Mittel über dem Durchschnitt liegen. Dazu benutzen wir die in den Kapiteln 17 und 18 gewonnenen Erkenntnisse. Wenn Sie allerdings erwarten, daß ich Ihnen dabei eine Empfehlung für nur wenige Tippreihen gebe, so muß ich Sie enttäuschen, und zwar in Ihrem eigenen Interesse. Stellen Sie sich vor, ich würde an dieser Stelle einige hundert oder tausend Tippreihen nennen. Dann bestünde doch die Gefahr, daß sich die gesamte Leserschaft auf diese Tippreihen stürzen würde. Plötzlich wären diese Reihen sehr beliebt, was im Gewinnfall zu extrem niedrigen Quoten führen könnte. Durch das veränderte Tippverhalten würde also genau das Gegenteil von meinem Ziel erreicht werden. Aus diesem Grund ist es unverantwortlich, wenn jemand eine öffentliche Empfehlung für nur wenige Tippreihen abgibt, die seiner Meinung nach sehr interessant sind. Wenn diese Reihen von vielen Personen übernommen werden, könnten sie plötzlich zu den beliebtesten Tippreihen gehören. Durch dieses veränderte Tippverhalten wären dann die Quoten bei diesen Reihen extrem niedrig.

19.1 Das hoffnungslose Spiel gegen den Zufall

In Abschnitt 17.5 haben wir festgestellt, daß das Systemspielen die Chance auf einen Sechser in keiner Weise erhöht. Mit der gleichen Anzahl anderer, aber verschiedener Tippreihen ist die Chance auf einen Sechser genausogroß wie mit dem Vollsystem. Wir haben sogar gesehen, daß man mit der gleichen Anzahl anderer Tippreihen viel öfter gewinnt als mit dem Vollsystem. Dafür hat man im Falle eines Gewinns im

Vollsystem gleich mehrere Gewinne. Ähnlich ist es bei den in Abschnitt 17.6 erwähnten VEW-Systemen.

Bei jeder einzelnen Ziehung liegt die gleiche Ausgangssituation vor. Sie wird unabhängig von den Ergebnissen der früheren Ausspielungen durchgeführt. Daher ist die Gewinnreihe in jeder Ziehung völlig unabhängig von den Gewinnreihen und Gewinnzahlen der Vergangenheit. Aus diesem Grund kann es keinen Nachholbedarf von Zahlen geben, die schon längere Zeit nicht mehr ausgespielt wurden. Auch hat jede schon dagewesene Gewinnreihe in der Zukunft die gleiche Gewinnchance wie jede andere Reihe auch. Es gibt also keine Möglichkeit, gegen den Zufall zu spielen. Wenn Sie ein „System" kaufen oder selbst entwickeln und damit einen großen Gewinn erzielen, dann haben Sie den Gewinn nicht dem System, sondern einzig und allein dem Zufall zu verdanken. Den Zufall können Sie nicht „uberlisten". Wenn es aber schon keine Strategie gibt, mit der man öfter gewinnen kann, sollte man versuchen, solche Tippreihen abzugeben, bei denen mit höheren Gewinnquoten zu rechnen ist. Mit dieser Strategie wird man zwar auch nicht öfter, aber mehr gewinnen.

19.2   Meiden Sie Reihen mit Mustern

In Kapitel 18 haben wir gesehen, daß Tippreihen mit Mustern sehr beliebt sind. Falls eine solche Muster-Reihe einmal ausgespielt wird, dürften die Quoten in den oberen Rängen sehr niedrig sein. Es ist sogar möglich, daß bei speziellen Gewinnreihen mit Mustern die Quoten für einen Sechser ohne Superzahl unter 200 DM liegen (s. Abschnitt 17.11.2 und 18.4). Am Samstag abend würden sich vielleicht mehr als 25000 Personen über einen Sechser freuen. Sie alle wären jedoch nach Bekanntgabe der Quoten bitter enttäuscht. Wenn Sie sich eine solche Enttäuschung ersparen wollen, sollten Sie unbedingt von sämtlichen „Mustertips" die Finger lassen.

19.3 Vorsicht bei Geburtstagszahlen

In Tabelle 18.6 haben wir festgestellt, daß Geburtstagszahlen, also Zahlen zwischen 1 und 31 sehr beliebt sind.

Tippreihen mit keiner Geburtstagszahl werden ungefähr 4,3mal öfter getippt als andere Reihen. Daher sollten Sie in jede Ihrer Tippreihen mindestens eine Geburtstagszahl aufnehmen. Es gibt nur $\binom{18}{6} = 18564$ Reihen ohne Geburtstagszahlen.

Reihen mit einer oder zwei Geburtstagszahlen sind dagegen unbeliebt. Bei solchen Gewinnreihen dürften die Quoten in den oberen Rängen im Mittel um etwa 60 Prozent über dem Gesamtdurchschnitt liegen. Aus diesem Grund sollten Sie unbedingt Tippreihen mit einer oder zwei Geburtstagszahlen bevorzugen. Hierfür stehen Ihnen immerhin 1 688 508, also ungefähr 12,075 Prozent aller Reihen zur Verfügung. Wegen dieser großen Anzahl ist die Gefahr nicht groß, daß durch ein verändertes Tippverhalten die Quoten wieder sinken.

Reihen mit drei Geburtstagszahlen werden etwa 12,6 Prozent unter dem Durchschnitt getippt. Daher sollten Sie auch Reihen mit drei Geburtstagszahlen tippen.

Tippreihen mit vier Geburtstagszahlen liegen etwa 10 Prozent über dem Durchschnitt. Diese sollten nicht zu Ihren Favoriten gehören.

Fünf Geburtstagszahlen werden nur 4,3 Prozent über dem Durchschnitt getippt. Die Quoten dürften bei solchen Gewinnreihen im Gesamttrend liegen. Trotzdem kann es bei Gewinnreihen mit fünf Geburtstagszahlen zufallsbedingt auch einmal hohe Quoten geben, wie bei der Ausspielung am Samstag, den 25. 6. 1994. Bei der Gewinnreihe

$$1 \quad 2 \quad 10 \quad 29 \quad 30 \quad 35 \qquad \text{Zusatzzahl} \quad 14 \quad \text{Superzahl} \quad 7$$

gab es sehr hohe Quoten. Sie finden diese in Tabelle 19.1. Der Grund für diese hohen Quoten dürften die beiden Zwillinge (benachbarten Zahlen) 1, 2 und 29, 30 in der Gewinnreihe sein.

Tippreihen mit 6 Geburtstagszahlen werden nach Tabelle 18.6 fast doppelt so oft getippt wie andere Reihen. Damit dürften bei reinen Geburtstagsreihen die Quoten in den oberen Gewinnklassen im Durch-

Tabelle 19.1: Quoten bei der Ziehung am Samstag, den 25.6.1994

Gewinnklasse	Quotenerwartung	Quoten
I (6 mit Superzahl)	3 495 954,30	4 696 625,70
II (6 ohne Superzahl)	1 165 318,00	2 328 048,10
III (5 mit Zusatzzahl)	87 398,85	174 603,60
IV (5 ohne Zusatzzahl)	6 936,42	10 553,20
V (4 Gewinnzahlen)	129,05	159,30
VI (3 mit Zusatzzahl)	71,06	92,50
VII (3 ohne Zusatzzahl)	9,14	10,20

schnitt nur etwa halb so hoch sein wie sonst. Tippreihen mit 6 Geburtstagszahlen sollten für Sie tabu sein.

Beim Mittwochs-Lotto am 6.7.1994 lauteten die Gewinnreihen

Ziehung A:	4	6	34	37	39	45	Zusatzzahl 46
Ziehung B:	7	12	14	30	39	47	Zusatzzahl 42.

In Tabelle 19.2 sind die Quotenerwartungen sowie die Quoten für beide Ziehungen zusammengestellt.

Tabelle 19.2 Quoten beim Lotto am Mittwoch, den 6.7.1994

Klasse	erwartete Quoten	Quoten Ziehung A	Quoten Ziehung B
I (6 Gewinnzahlen)	524 393,10	847 995,90	423 997,90
II (5 mit Zusatzzahl)	43 699,43	423 997,90	42 399,70
III (5 ohne Zusatzzahl)	3 121,39	4 988,20	4 297,20
IV (4 Gewinnzahlen)	58,07	79,40	67,10
V (3 Gewinnzahlen)	4,60	5,20	4,80

In der Ziehung A gab es nur zwei Geburtstagszahlen. Nach unserer Analyse sind Tippreihen mit zwei Geburtstagszahlen nicht beliebt. Wie zu erwarten war, lagen in der Klasse I die Quoten über 60 Prozent über dem Erwartungswert. Die Quote für fünf Richtige mit Zusatzzahl war sogar 9,7mal größer als die entsprechende Quotenerwartung. Auch in den Gewinnklassen III und IV waren die Quoten überdurchschnittlich hoch.

Unter den Gewinnzahlen der Ziehung B befanden sich vier Geburtstagszahlen. Reihen mit vier Geburttagszahlen werden ungefähr 10 Prozent über dem Durchschnitt getippt. Wie zu erwarten war, lagen alle Quoten der Ziehung B deutlich unter denen der Ziehung A.

19.4   Meiden Sie beliebte Zahlen

Die beliebten Zahlen lauten nach Abschnitt 18.2 in der Reihenfolge des Beliebtheitsgrades

$$19, 9, 7, 17, 10, 11, 18, 25, 3, 32, 12, 24, 33, 5, 31, 4, 26.$$

Dabei wurde die beliebteste Zahl 19 ungefähr 33 Prozent, die Zahl 26 immer noch etwa 10 Prozent über dem Durchschnitt getippt. Diese Zahlen sind für Sie nicht interessant.

19.5   Bevorzugen Sie unbeliebte Zahlen

Nach Abschnitt 18.2 sind

$$36, 43, 35, 29, 44, 42, 47, 22, 15, 14, 49,$$
$$48, 45, 46, 28, 34, 1, 20, 8, 37, 21$$

in dieser Reihenfolge die unbeliebten Zahlen. Dabei wird die unbeliebteste Zahl 36 etwa 26 Prozent und die 21 ungefähr 6 Prozent unter dem Durchschnitt getippt. Diese Zahlen sollten Sie stark in Ihre Auswahl einbeziehen.

19.6 „Tippgemeinschaften"- eine Alternative?

In letzter Zeit gibt es immer mehr Gesellschaften, die Mitglieder in sogenannten „Tippgemeinschaften betreuen". Jedes Mitglied kann gegen einen bestimmten Wocheneinsatz und eine zusätzliche Gebühr an einer Spielgemeinschaft teilnehmen, die Woche für Woche die gleichen Tippreihen abgibt. Die Gewinne werden dann anteilmäßig auf die Mitspieler in den einzelnen Gruppen aufgeteilt. Den Werbetext einer derartigen Gesellschaft können Sie auf Seite 3 nachlesen. Auf Seite 178 haben wir bereits festgestellt, daß die in diesem Text aufgestellten Behauptungen nicht den Tatsachen entsprechen.

Es gibt aber auch Anbieter, die behaupten, bei den von ihnen benutzten Tippreihen würden die Gewinnquoten wesentlich über dem Durchschnitt liegen. Vielleicht haben sie tatsächlich die Quoten in Abhängigkeit von den Gewinn- oder abgegebenen Tippreihen untersucht. Falls die in den Werbetexten aufgestellten Behauptungen zutreffen sollten, hätten die Mitspieler zwar keine größere Gewinnchance, jedoch eine größere Quotenerwartung. Dabei muß allerdings die Frage gestellt werden, ob die dadurch erzielte höhere Gewinnerwartung wirklich größer ist als die Gebühren, welche die Teilnehmer Woche für Woche zusätzlich zu ihrem Einsatz bezahlen müssen.

Eines dürfte sicher sein: Auf Dauer gibt es auch bei diesen Tippgemeinschaften viel mehr Teilnehmer, die mehr einzahlen als sie gewinnen. Ich halte es kaum für möglich, daß der Gesamteinsatz einschließlich der erhobenen Gebühren auf Dauer zurückgewonnen werden kann. Einen sicheren Gewinn macht nur der Anbieter, der die Gebühren kassiert, unabhängig vom Erfolg.

Wenn z. B. eine einzelne Tippgemeinschaft aus 50 Mitspielern besteht, muß jeder Gewinn unter 50 Personen anteilmäßig aufgeteilt werden. Im Falle eines Hauptgewinns sind dann gleichzeitig 50 Personen daran beteiligt. Daher bekommt jeder entsprechend weniger ausgezahlt. Bei einem zwei Millionengewinn gibt es dann - gleiche Einsätze aller Spieler vorausgesetzt - für jeden 40 000 DM.

Geworben wird oft mit der Anzahl der Sechser, die bisher in allen angebotenen Tippgemeinschaften zusammen angefallen sind. Wenn die

Gesellschaft in ihrer bisherigen Tätigkeit 25 Sechser erzielt hat, kann beim Lotto am Samstag davon ausgegangen werden, daß von ihr bisher ungefähr 25 · 13 983 816, also ungefähr 350 Millionen Tippreihen abgegeben wurden. Hätten alle Mitspieler für diesen Gesamtbetrag und die anfallenden Gebühren selbst gespielt, so hätten vermutlich mehr als 25 davon einen Sechser erzielt, ohne daß sie den Gewinn mit anderen hätten teilen müssen. Diese Spieler sind um ihre große Chance „gebracht worden". Zum Glück ist nicht bekannt, um welche Mitspieler es sich dabei handelt. Anstelle von 25 Millionären gibt es in allen Spielgemeinschaften zusammen vielleicht ungefähr 1 250 Gewinner mit einem jeweiligen Gewinn von vermutlich unter 100 000 DM.

Wer selbst tippt, hat eine - allerdings äußerst kleine - Chance, mit einem geringen Einsatz mehr als eine Million DM zu gewinnen. Wer jedoch nur bei Spielgemeinschaften mitspielt, hat kaum eine Chance, in einer einzelnen Ausspielung eine Million zu erhalten; es sei denn, daß er selbst alle Anteile der entsprechenden Spielgemeinschaft übernimmt. Durch die Teilnahme an solchen Tippgemeinschaften haben Sie zwar die Chance auf einen Gewinn in mittlerer Höhe (vielleicht 50 000 DM), einen Millionengewinn können Sie jedoch nicht erwarten.

Sachwortverzeichnis

Von Krebsen und Kriminellen

Mathematische Modelle in Biologie und Soziologie

von Edward Beltrami

1993. VIII, 198 Seiten mit 46 Abbildungen. Gebunden.
ISBN 3-528-06514-X

Aus dem Inhalt: Krebse und Kriminelle – Abgeordnetensitze und: Wer sammelt den ganzen Müll auf? – ... und währenddessen brennt die Stadt – Masern und Sardinen – Algenblüte, Umweltverschmutzung und Eichhörnchen – Alles nur ein Spiel! – Anhänge zur bedingten Wahrscheinlichkeit, lineare Differentialgleichungen – Ordnung und Vektorfunktionen.

„Wofür kann man diese ganze Mathematik denn einmal gebrauchen?", fragen sich viele Studierende in den Anfangssemestern ihres Studiums, besonders in den Sozialwissenschaften. Wie moderne Mathematik für wissenschaftliche Untersuchungen eingesetzt werden kann, zeigt der Autor anhand von realen Untersuchungen aus Biologie und Sozialwissenschaften, aber auch aus dem Umweltbereich. Das Buch setzt nur geringe Mathematik-Kenntnisse voraus und richtet sich somit nicht nur an Studenten der verschiedensten Fachrichtungen, sondern auch an alle, die ebenfalls wissen wollen, wofür Mathematik gut sein kann.

Verlag Vieweg · Postfach 58 29 · 65048 Wiesbaden

Karl Bosch

Elementare Einführung in die angewandte Statistik

4., durchgesehene Auflage 1987. VIII, 210 Seiten mit 41 Abbildungen. (vieweg studium, Band 27; Basiswissen) Paperback. ISBN 3-528-37227-3

Aus dem Inhalt: Eindimensionale Darstellungen: Elementare Stichprobentheorie (Beschreibende Statistik) – Zufallsstichproben – Parameterschätzung – Parametertests – Varianzanalyse – Der Chi-Quadrat-Anpassungstest – Verteilungsfunktionen und empirische Verteilungsfunktionen. Der Kolomogoroff-Smirnov-Test / Zweidimensionale Darstellungen: Zweidimensionale Stichproben – Kontingenztafeln (Der Chi-Quadrat-Unabhängigkeitstest) – Kovarianz und Korrelation – Regressionsanalyse – Verteilungsfreie Verfahren.

Elementare Einführung in die Wahrscheinlichkeitsrechnung

5., durchgesehene Auflage 1986. VI, 192 Seiten, 82 Beispiele, 73 Übungsaufgaben mit vollständigem Lösungsweg (vieweg studium, Band 25; Basiswissen) Paperback. ISBN 3-528-47225-1

Verlag Vieweg · Postfach 58 29 · 65048 Wiesbaden